정보통신 개론

이호웅 · 백덕화 공저

머리말

현대사회는 통신 및 컴퓨터 기술의 비약적인 발전과 통신사업의 자유화, 개방화 추세에 따라 세계 정보통신 시장은 국경을 초월한 무한 경쟁시대로 급변하고 있다. 정보통신에 대한 수요의 증가로 인해 오늘날 우리 사회는 정보화의 물결로 종래에는 전혀 경험해 보지 못했던 새로운 세계가 다가오고 있다. 4차 산업혁명에서 정보통신 기술은 기술진보와 사회진화의 중심에 있으며, 경제, 산업, 문화, 교육 등 사회 모든 분야의 혁신을 주도하고 있다.

4차 산업혁명에서 인공지능(AI), 빅데이터(Bigdata), 클라우드(Cloud), 사물인터넷(IoT)은 연결성, 개방성, 공유성, 융합성 등의 특징을 지니고 있는데 주요 선진국에서 이미 정책에 반영하고 있으며 관련 인력을 양성하는 등 빠르게 움직이고 있는 상황이다. 정보화 사회는 눈부시게 빠른 속도와 다양한 융합으로 지식, 정보, 정보통신 등의 무형의 재화로 대체하는 사회이며, 우리는 이미 여러 분야에서 이런 정보화 사회를 경험하고 있다. 향후 생존 전략 및 보다 나은 삶을 영위하기 위한 수단으로 모든 나라들은 정보화 사회에서 세계 경제의 주도권 확보를 위해 노력하고 있으며, 이러한 정보화의 기반이 되는 초고속 정보통신 기반의 구축을 위해 새로운 시장의 증대 및 고용 창출로써 지속적인 국가 발전을 추구하고 있다.

이 교재는 정보통신에 대한 기본 지식을 습득하여 4차 산업혁명 시대에 적합한 인재가 되길 바라면서 가능하면 쉽게 기술하고자 노력하였다. 이 책의 구성은 정보통신의 개념, 데이터 전송 기술, 통신 프로토콜, 데이터 통신망, 뉴미디어 등의 순으로 기술되어 있다. 여러 가지 면에서 미비한 점이 많지만 부족한 사항은 계속 수정 · 보완할 것을 약속한다.

끝으로 본 교재는 집필하면서 국내외 많은 서적을 참고하였으므로 원저자 분들에게 감사드리며, 이 책의 출판에 도움을 주신 기한재 모든 직원 여러분께 깊은 감사를 드린다.

저자

차례

제 1 장

정보통신의 개념

1.1 통신모형과 기능

컴퓨터와 통신기술의 비약적인 발전은 정보화 사회로의 진입에 가속화가 되는 계기가 되었으며, 현대 사회에서 컴퓨터와 통신의 접목은 정보통신의 시작을 알리는 계기가 되었다.

그림 1-1은 정보통신 분야에서 이론적인 연구의 장을 연 샤논(Shannon)의 정보통신 체계모형이다. 샤논이 발표한 논문인 "통신의 수학적 이론(mathematical theory of communication)"은 통신의 이론이면서 정보 전달의 이론이었다. 샤논은 이 논문에서 정보라는 것을 송신자로부터 수신자로 전달되는 것으로 보았는데, 이것이야말로 정보의 가장 기본적인 자세인 것이다.

보내는 정보(정보원)와 받는 정보(수신자)는 어떤 의미를 지니는 내용을 말하며, 이러한 정보는 입·출력장치와 송·수신기라는 도구나 수단을 통하여 표현된다.

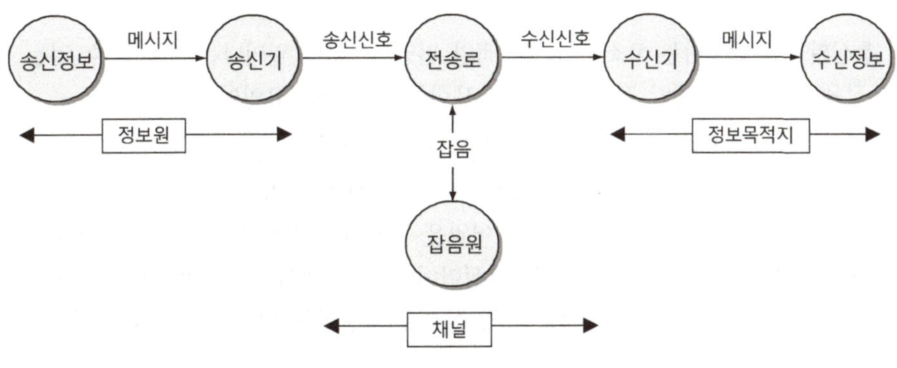

[그림 1-1] 샤논의 통신모형

샤논의 통신모형에는 알리고자 하는 내용의 표현과 통신수단을 통한 전달방법 사이에서 최소한의 체계적이고 통일된 규칙과 약속이 있어야 함이 내포되어 있다. 즉, 정보원과 수신자가 모두 같은 언어를 사용하는 경우에는 메시지를 올바르게 재현하지만, 한쪽이 인간이고 다른 한쪽이 기계일 때에는 양자의 언어가 다르다. 이런 경우에는 정보원과 수신자가 받아들이는 메시지는 서로 다른 종류이므로 상대방이 말하는 의미를 파악할 수 없다.

▸ **정보원(Information source)**

전송할 정보를 발생시키는 근원(source)으로, 모든 정보는 이들 정보원으로부터 다양한 형태의 메시지(message)로 표현되며, 전화기 및 개인용 컴퓨터이다.

▸ **송신기(Transmitter)**

정보원으로부터 나온 메시지를 송신신호의 형태로 전송로에 전달한다. 보다 효율적인 전송을 위해서 정보를 변환하고 인코드하며, 가장 보편적인 방법이 변조인데 이는 반송파를 사용하여 전송로의 성질에 적합하게 변환하는 것이다.

▸ **전송로(Channel)**

송신기와 수신기를 연결하는 물리적인 매체를 말하며, 케이블에 의한 유선 전송로와 전자파에 의한 무선 전송로가 있다.

▸ **수신기(Receiver)**

수신기는 전송로에서 신호를 받아 수신자가 취급할 수 있는 형태로 변환하는 과정을 말한다. 수신신호는 전송로를 통하는 과정에서 잡음 등으로 인해 약해졌기 때문에 수신기에서는 여러 단계로 증폭을 시키며 송신기 변조과정의 역으로 신호를 원형으로 복원시키는 복조를 실행한다.

▸ **수신자(Destination)**

정보를 받아야 할 인간 또는 기계를 말하며, 수신기로부터 데이터를 받는다.

▸ **잡음(Noise)**

이상적인 통신환경을 방해하는 요소로서 자연적인 원인으로부터 일어나는 예측할 수 없는 전기신호를 의미한다. 잡음은 통신시스템의 전체 효율성을 제한하는 주요한 요인이 된다.

최근 들어 정보통신이라 함은 정보의 전달에 대한 신속, 정확, 경제성의 요구가 커짐으로서 전기통신의 발전과 더불어 정보처리를 극대화하는 컴퓨터 기술의 진보에 따라 고도화된 텔레커뮤니케이션(telecommunication)을 뜻하게 되었다. 이 단어의 어원은 원거리를 의미하는 그리스어 텔레(tele)와 통신을 의미하는 커뮤니케이션(communications)의 합성어이다. 즉, 텔레커뮤니케이션(telecommunication)은 거리의 제한을 극복하여 음성, 자료, 영상 등의 정보를 교환하고 처리하는 것을 말한다.

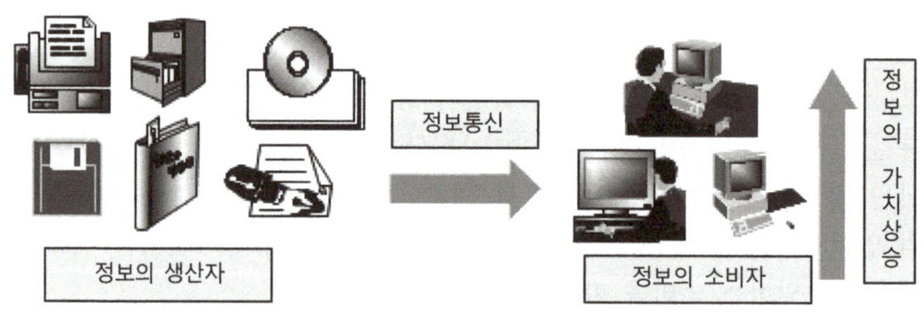

정보통신은 정보를 필요로 하는 사람에게 전달함으로써
정보의 가치가 상승한다.

[그림 1-2] 정보통신의 본질

정보통신이란 국제 전신 전화 자문위원회(CCITT)에서는 "데이터를 발생하는 터미널과 데이터를 처리하는 컴퓨터에 의하여 처리된 정보의 전송"이라 정의하고 있다. 즉, "데이터 전송기술과 컴퓨터에 의한 데이터의 처리 기능을 결합한 것"이라 할 수 있다. 현대적인 의미의 정보통신이란 "음성,

문서, 영상 등의 정보를 시간과 거리의 제한을 두지 않고 주고받는 것"이라 할 수 있다.

정보통신 시스템의 기능

정보통신 시스템이 갖추어야 할 기본적인 기능과 역할을 정리하면 다음과 같다.

① 연결성(connectivity)
② 정보전달의 안정성(robustness)
③ 운영의 지능성(intelligence)
④ 서비스 품질보장 및 향상(service quality)
⑤ 자원활용의 효율성(efficient resource management)

1.2 정보통신의 정의

1.2.1 정보와 데이터(Information and Data)

정보는 통신의 궁극적인 목적이며 의미 없는 데이터를 처리, 가공하여 그 목적을 달성하기 위한 의사 결정의 도구로 사용될 수 있도록 하는 어떤 의미가 있는 기호의 집합이며, 사람들에 의해 평가된 것으로 문제해결에 유용한 데이터를 말한다. 여기서, 데이터란 사실, 명령 등을 형식화하여 표현한 것으로서 인간 또는 기계가 감지할 수 있도록 숫자, 문자, 기호 등을 이용하여 형식화한 것이다. 정보처리란 수집된 데이터를 선택, 분석, 평가하는 일련의 과정을 말한다.

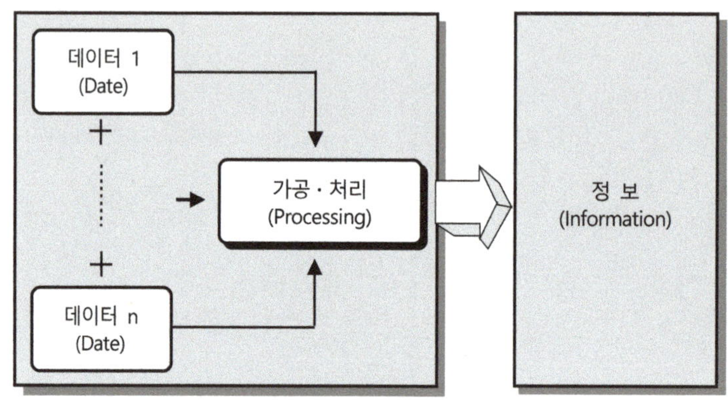

【그림 1-3】 정보와 데이터

1. 정보의 특성

정보 형태의 종류는 정보의 가치가 얼마나 있는 지에 따라 자료(data), 정보(information), 지식(knowledge)으로 구분된다. 자료란 단순한 관찰이나 조사 등을 통하여 수집 · 생산되는 사실 또는 측정치를 말한다. 정보는 자료가 정리되고 처리되어 어떤 의미를 부여한 것을 말한다. 정보는 자료처리라는 과정을 거쳐 자료를 처리 · 가공하는 것으로 어떠한 주체에게 의사 결정을 할 수 있도록 함으로써 그 가치가 인정되는 것이다. 정보의 표현은 구체적인 언어, 즉, 문자의 배열이나 0과 1의 계열과 같은 기호를 써서 표현하며 이를 메시지(message)라 한다.

```
정보(Information) = 데이터(Data) + 해석(interpretation)
```

정보와 데이터

데이터(data)는 데이터를 만들어 사용하는 사용자간에 합의된 임의의 형태로 표현된 사실 및 개념, 명령 등을 말한다. 컴퓨터에서는 0과 1의 형태로 만들어져 사용되는 2진수 또는 비트(bit)로 표현된다. 이 데이터가 인간이나 컴퓨터에 의해 의미를 부여받을 때 정보(information)가 된다.

2. 통신의 정의

통신(Communication)은 사람과 사람 사이의 의사소통이나 정보를 교환하는 것으로 통신의 통(通)은 도달한다 또는 연결한다는 의미이고, 신(信)이란 신호를 말하므로 통신은 "신호를 연결한다"는 풀이가 가능하지만 개념상으로는 의사와 정보의 전달이라 할 수 있다. 통신이란 "신호원이라고 하는 시간과 공간상의 한 지점에서 목적지 또는 사용자라고 하는 다른 지점으로 정보가 전달되는 과정"이다.

통신의 기본형은 인간의 대화이며 대화의 목적은 의사표현으로 통신은 인간 생활에서 매우 중요한 역할을 하고 있다. 이러한 의사의 전달은 정보의 이동이며, 정보의 전달은 도구나 수단을 통하여 전달되는데 여기서 도구나 수단의 역할을 하는 것이 송신기와 수신기이며 이것들을 연결하는 물리 매체를 통신로라 한다. 이와 같이 통신이란 "신호원이라고 하는 시간과 공간상의 한 점에서 목적지 혹은 사용자라 하는 다른 점으로 정보가 전달되는 과정"이다.

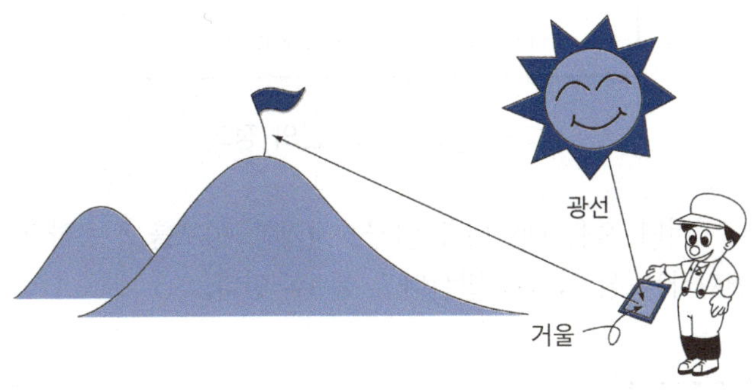

【그림 1-4】 중계에 의한 통신(봉화대)

1.2.2 신호의 전송

신호는 전자기파의 형태에 따라 아날로그(analog) 신호와 디지털(digital) 신호로 구분하며, 통신을 위한 아날로그 신호의 전송에서는 그 신호의 성분을 손실없이 충실하게 전송하는 것이 중요하고, 디지털 신호의 전송에는 1과 0의 신호 요소를 에러(error)없이 전송하는 것이 중요하다.

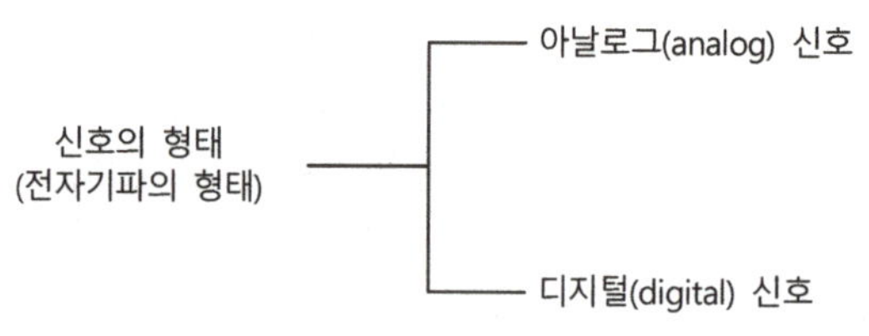

【그림 1-5】 신호의 분류

1.2.3 정보통신의 개념

정보통신이란 송신자와 수신자간에 효과적으로 정보를 전달하거나 받는 과정으로 음성, 부호, 문자 또는 영상 등의 형태로 된 정보를 저장, 처리하는 장치(컴퓨터)나 그에 부수되는 입출력 장치 등을 정보의 유통 경로인 전기통신 회선에 접속하여 정보를 검색 또는 상호 교환하는 것이라 말할 수 있다.

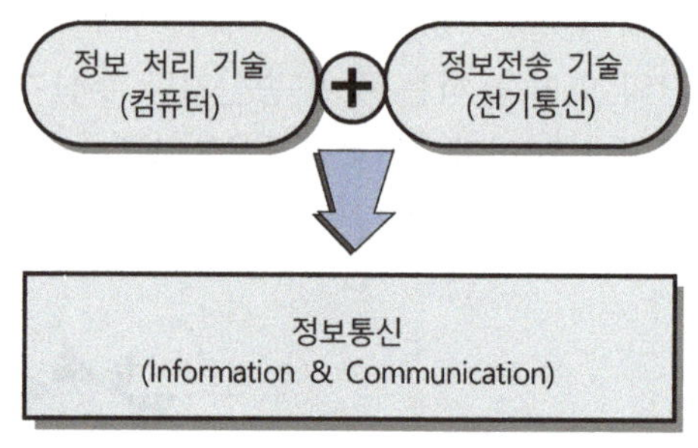

【그림 1-6】 정보통신의 정의

따라서 정보통신이란 데이터나 혹은 데이터를 가공·처리한 정보를 전송하고, 전송되어 온 것을 가공·처리하여 정보로 변환하는 전 과정을 말한다고 볼 수 있다.

【그림 1-7】 정보통신의 개요

1.2.4 정보화 사회

미국의 다니엘 벨 교수는 산업사회 이후의 사회(Post industrial society) 즉, 정보화 사회의 도래를 주장하면서 정보화 사회란 정보를 물질, 에너지에 이은 제3의 자원으로 인식하여 정보의 생성, 가공, 축적 및 활용을 통해 유용가치를 높이는 활동이라 한다.

정보화 사회에서는 탈 규격화와 개성화, 다양화, 소규모화, 분산화 등이 대두되고 있다. 미국의 저명한 미래학자인 앨빈 토플러는 제3의 물결이라는 저서에서 이러한 사회의 변화를 정보화의 물결이라고 하였으며 이러한 사회를 4차 산업사회 또는 정보화 사회라 말하고 있다. 정보화 사회(Information society)는 정보화의 비중이 점차 증대되는 사회로 정보를 하나의 자원으로 인식하고 생산, 가공, 저장, 처리, 이용 등을 체계화하여 관리 및 활용함으로써 물리적 자원에 버금가는 가치를 부여하는 사회를 말한다.

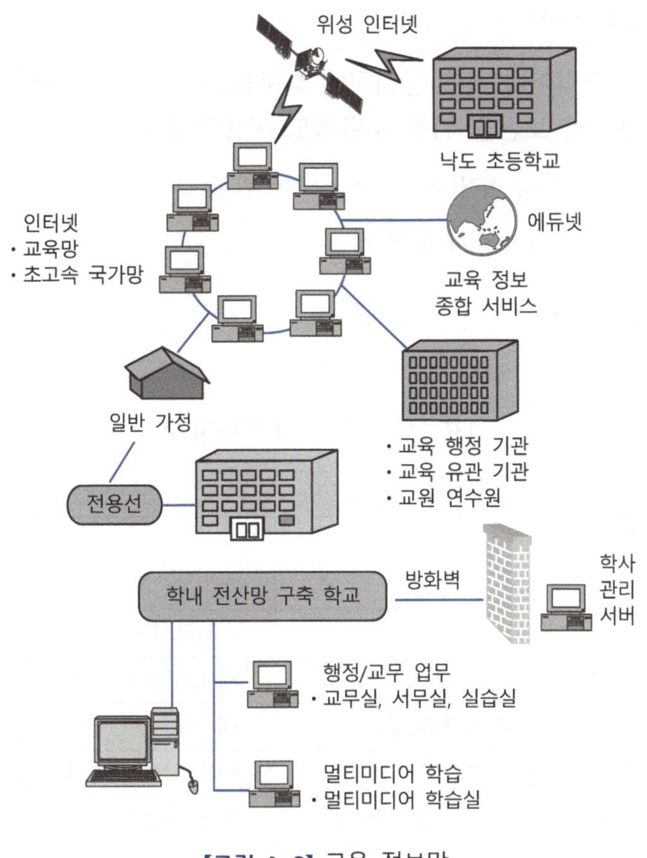

【그림 1-8】 교육 정보망

정보화 사회의 특성

재물의 소유보다는 보람된 사회생활 및 쾌적한 생활을 하는 것에 비중을 두었고, 첨단 기술의 발전으로 지적 정보가 충만하게 되었으며 소량 다품종 생산 및 주문 생산, 자동화의 진전, 재택근무의 실현 등이 가능하게 되었다.

- 가정자동화(HA : Home Automation), 사무자동화(OA : Office Automation)
- 홈쇼핑(HS : Home Shopping), 홈뱅킹(HB : Home Banking)
- 공장자동화(FA : Factory Automation)

1.3 정보통신의 발달

1.3.1 전기통신 이전의 역사

고대의 통신은 인간의 오감이나 혹은 물리적인 도구를 이용하는 형태이다. 이것은 지적인 의사전달뿐만 아니라 종족의 보존을 위한 수단에도 이용되었다.

- 시각(연기, 봉화), 청각(북, 나팔), 촉각(맹인용 문자 등)에 관한 것
- 후각(냄새, 향기)에 관한 것, 미각(맛)에 관한 것

1.3.2 전기통신의 발달

【표 1.1】 정보통신의 역사(국외)

년 도	발전 사항	비 고
1826	Ohm의 법칙	
1844	모르스 부호에 의한 전신 통신	전기통신의 시초
1876	벨의 전화 발명	음성통신의 시초
1946	전자계산기(컴퓨터) 발명(ENIAC)	세계 최초의 컴퓨터
1951	상업용 컴퓨터의 출현(UNIVAC)	세계 최초의 상업용 컴퓨터
1958	반 자동 방공시스템 출현(SAGE)	세계 최초의 데이터 통신 시스템
1963	상업용 데이터 통신 시스템(SABRE)	세계 최초의 상업용 데이터 통신 시스템
1964	시분할 시스템 등장(CTSS)	대학 내 최초의 데이터 통신 시스템
1968	무선패킷통신망 등장(ALOHA)	민간 레벨의 패킷 통신망
1975	패킷교환방식, 데이터 통신 서비스 개시	공중 패킷교환 서비스 시작
1984	OSI 7계층 참조 모델을 발표	네트워크 상호 접속을 통한 정보 교환
1980년대	ISDN, LAN, B-ISDN, VAN	다양한 형태의 정보통신망 등장
1980년대	TCP/IP 프로토콜 사용 확대	인터넷의 태동
1990년대	인터넷의 보급과 웹 등장	상업적인 네트워크 등장
2000년대	인터넷, 웹 확산	이동통신의 확산

컴퓨터와 통신 기술이 결합한 데이터 통신 시스템의 기원은 1958년 미국에서 군사 목적으로 개발한 SAGE(Semi-Automatic Ground Environment) 시스템을 말한다. 이것은 수십 km 이상의 장거리

데이터 전송을 위한 최초의 원거리 통신망(WAN)이다.

이 시스템은 온라인 시스템으로서 지상 센터에 있는 컴퓨터와 항공 레이다망을 통신회선으로 연결하고, 모든 항공기로부터 전달되는 정보를 컴퓨터로 분석 처리하여 임무 수행중인 전투기에 지령을 내려주는 시스템이다.

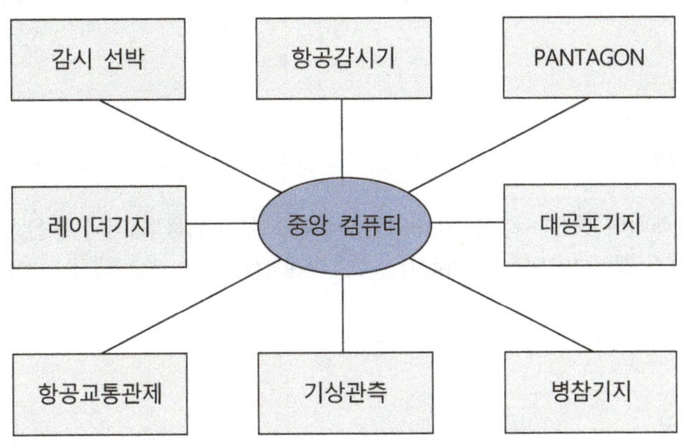

[그림 1-9] SAGE 시스템

그 후 1961년에 발표된 세계 최초의 상업용 데이터 통신 시스템인 SABRE(Semi-Automatic Business Research Environment)는 미국 항공 회사(American Airline)에서 온라인에 의한 여객기의 대규모 좌석 예약과 원격 검침, 회사 업무를 종합적으로 처리하는 시스템으로, 1964년에 완성되었다.

또한 컴퓨터 시스템을 다수의 이용자가 공동으로 이용하기 위한 TSS(Time Sharing System) 개발에 주력하게 되었고, 이런 목적의 시스템으로 미국의 MIT대학에서 가동한 CTSS(Compatible Time Sharing System)을 들 수 있다.

세계선진국들은 초고속 정보통신 시스템 구축을 국가의 최우선 과제로 추진 중이며 음성, 영상 데이터 등 다양한 대량의 정보를 수십에서 수백 Gbps급의 초고속 정보통신 시스템으로 구축 중에 있다.

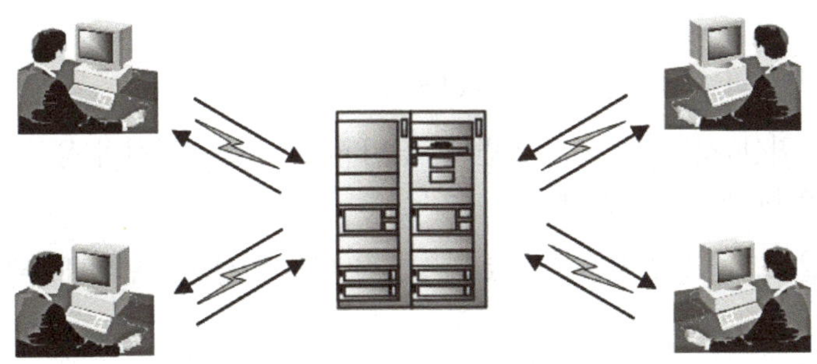

[그림 1-10] 시분할방식(TSS) 시스템

【표 1.2】 정보통신의 역사(국내)

년 도	발전 사항	비고
1973	외환은행과 부산지점간 온라인 시스템	국내 데이터 통신의 효시
1984	공중 데이터 통신망 등장(데이콤)	DACOM-Net
1991	공중 데이터 통신망 등장(한국통신)	HINET-P

정보 통신의 역사

SAGE(1958년, 세계 최초 데이터 통신) → SABRE(1961년, 세계 최초 상업용 데이터 통신) → ARPANET(1971년, 최초 패킷 통신망) → 패킷 서비스 개시(1975년, Telnet사) → OSI 7계층(1977년, ISO 제정) → ISDN, LAN, B-ISDN, VAN

정보 통신의 발달

음성용 전용 회선을 이용한 중·저속 데이터 전송 → 기존 회선 교환망을 개방하여 통신에 이용 → 광대역 데이터 전송 회선 이용 → 디지털 전용 회선 구축 → 데이터 전용 교환망 구축 → 종합 정보 통신망 구축 → 광대역 종합 정보 통신망 구축

1.3.3 정보전송 기술의 발전과정

정보통신은 정보처리를 하는 컴퓨터와 정보전송을 행하는 전기통신이 결합된 것이다. 정보통신의 기본요소는 정보제공자와 정보수신자, 전송채널이다. 정보통신에서의 통신채널은 전기통신을 이용하게 되며, 정보제공자와 정보수신자가 소유하고 있는 컴퓨터 또는 데이터 처리능력을 갖는 기계를 단말기라 한다.

사회가 고도화되면서 다양하고 신속한 정보의 대량 전송이 요구되며, 회선 구조는 급속히 발전하였으며 이러한 발전 과정은 다음과 같은 5단계로 구분할 수 있다.

▸ 1단계 : 전용 일반 통신회선을 이용한 데이터전송

- 전화나 전신용 전용회선(point to point)에 변복조장비(modem)를 부착하여 음성대역 내에서 9,600bps 이하의 데이터를 전송하는 것을 말한다.
- 디지털 신호를 아날로그 신호로 혹은 아날로그 신호를 디지털 신호로 변환해 주는 변복조기가 이용되었다.
- 변복조기를 이용하여 송수신측이 직접 통신회선으로 연결하는 방법을 사용하였다.

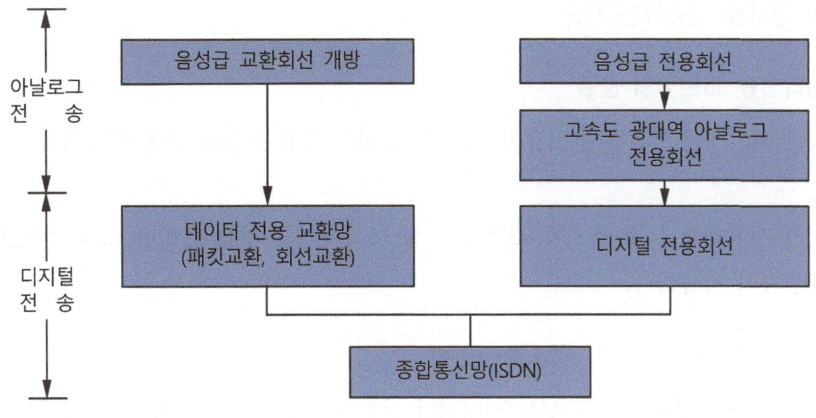

【그림 1-11】 정보전송의 발전과정

▸ **2단계 : 공중전화교환망(PSTN; Public Switched Telephone Network)을 이용한 전송**

- 기존의 아날로그 전송시스템을 이용하나 교환의 기능이 있기 때문에 다자간 통신이 가능하며, 기존의 전화망을 이용하기 때문에 매우 경제적이다.
- 광범위하게 공급된 공중전화망과 전신망을 이용하는 편리성과 실질적으로 데이터 통신의 보급에 크게 기여한 방식
- 송수신 컴퓨터 간에 직접 통신 회선을 연결하지 않고 기존의 음성전용 공중전화교환망을 이용하며 정보전송을 위해 기존 PSTN에 변복조기를 사용하여 연결하였다.

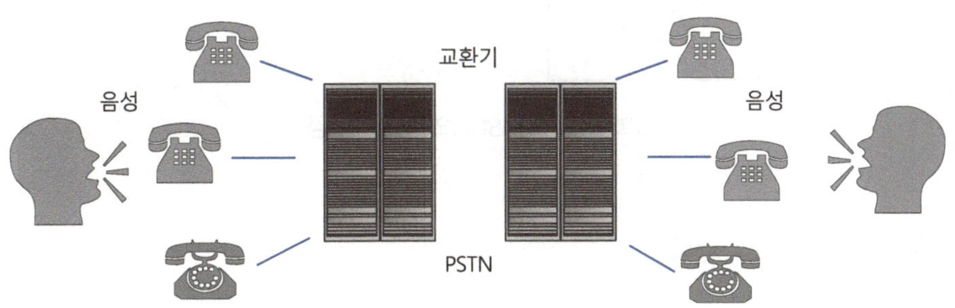

【그림 1-12】 PSTN 통신망

▸ **3단계 : 광대역 데이터 전송회선을 이용한 전송**

- 특정 통신회선을 이용한 고속 데이터통신은 광대역 디지털 전용회선을 통하여 교환 없이 특정지점 간을 전송하는 단계
- 기존의 음성 통화 대역인 4KHz가 갖는 대역제한에 의한 정보전송의 한계를 극복하기 위한 방법으로 디지털 교환을 위한 준비단계이다.
- 하나의 통신 회선에 여러 개의 데이터를 동시에 전송하기 위한 것으로, 음성 주파수 대역으로 나누어

동시에 여러 정보를 전송하는 기술

▸ **4단계 : 데이터전용 교환망의 운용**

- 디지털 전송방식을 데이터 전송에 이용한 것으로, 데이터 교환을 위한 고속 디지털 교환망을 운용하는 단계이다.
- 디지털 데이터 전용회선을 송 수신측 컴퓨터 간에 연결시키고 정보 교환을 하는 방법으로 고품질 및 고속의 정보전송이 가능하다.

▸ **5단계 : 종합정보통신망(ISDN)이 구축되는 단계**

- 기존의 아날로그 신호 형태의 모든 정보를 디지털 신호화하여 전송하며, B-ISDN에서는 동화상이나 실시간처리의 자료도 동시 전송이 원활하다.
- 종합정보통신망(ISDN; Integrated Service Digital Network)을 구축하여 음성, 화상, 데이터 등이 모두 같은 통신 회선을 이용하여 디지털방식으로 전송한다.

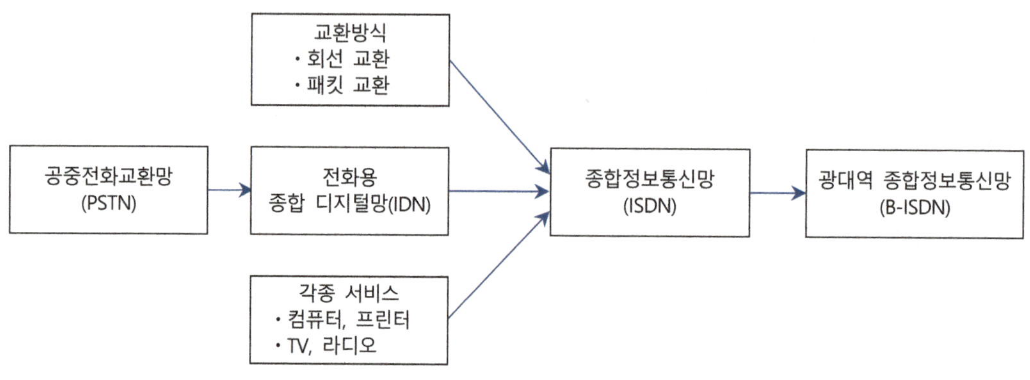

【그림 1-13】 ISDN의 출현 배경

1.3.4 정보통신 서비스의 분류

1. 통신회선 관점에서의 서비스

정보통신 시스템의 큰 특징은 데이터 전송회선에 있다. 데이터 전송회선에는 시스템의 통신설비를 특정의 이용자가 점유하는 전용회선과, 교환기를 거쳐서 불특정의 이용자가 공동으로 이용하는 교환회선이 있다.

교환회선에는 가입 전화계약에 의한 통신회선을 전화기나 음향결합장치 등을 거쳐서 데이터 통신에 이용할 수 있다. 또한 회선뿐만 아니라 컴퓨터시스템까지 포함한 정보통신 서비스도 있을 수 있다. 전자를 회선서비스, 후자를 설비서비스라 한다.

▸ **음성 통신 서비스**

- 일반적으로 전화망을 이용한 통신
- 현재까지도 가장 널리 사용되고 있는 정보 통신 서비스
- 음성 우편(voice mail), 자동 응답 시스템(ARS; Automatic Response System), 3자 통화 서비스, AOD (Audio On Demand) 등을 들 수 있다.

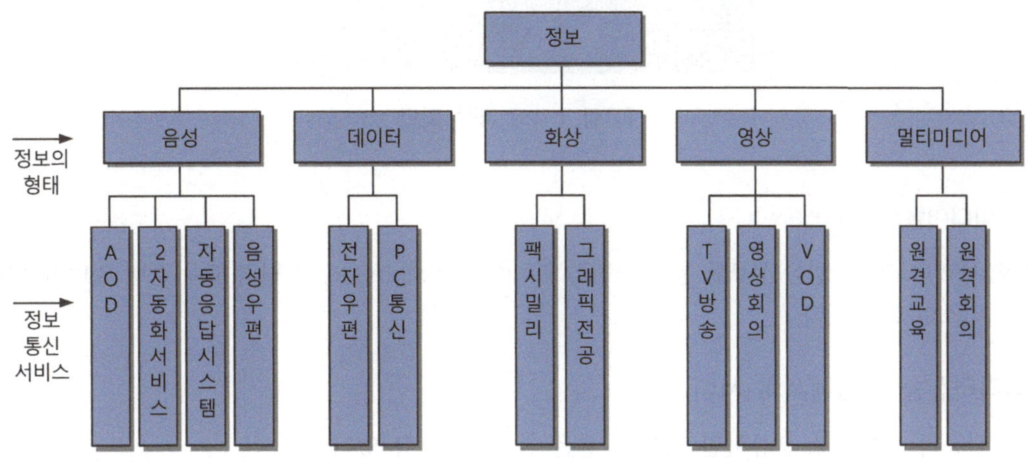

[그림 1-14] 정보의 표현 형태와 서비스 종류

▸ **데이터통신 서비스**

- 음성을 제외한 다른 모든 형태의 정보전송 서비스를 가리키는 것
- 화상 통신이나 영상 통신 서비스를 포함한다.
- 문자나 숫자를 디지털 코드 신호로 나타내어 전송하는 서비스
- PC 통신을 통해 파일을 주고받거나 전자 우편 서비스를 이용하는 것
- 서류 내에 들어 있는 문자나 숫자를 디지털 코드 형태로 다룬다.

▸ **화상통신 서비스**

- 그림이나 도표, 차트, 그래픽 등의 정보를 전송하는 서비스
- 서류의 전체 도면을 화소로 분해하여 다룬다.
- 최근 디지털 팩시밀리의 등장과 함께 고기능화 및 고속화되고 있다.
- 컴퓨터 그래픽의 전송도 화상 통신에 해당한다.

▸ **영상통신 서비스**

TV 방송, 비디오텍스, 영상 응답 시스템(VRS; Video Response System), VOD(Video On Demand), 영상회의

【그림 1-15】 영상 회의

▸ **멀티미디어통신 서비스**

음성, 데이터, 화상, 영상 정보를 통합한 원격 회의(teleconferencing)나 원격 교육 등이 멀티미디어 통신 서비스의 한 예이다.

2. 데이터전송 관점에서의 서비스

데이터전송의 목적으로 분류하면 다음과 같은 통신서비스가 있다.

▸ **데이터 집배신(集配信) 서비스**

- 다수의 단말로부터 데이터를 수집하거나 처리 결과를 필요한 단말에 출력하는 것으로 데이터 전송을 주체로 하는 통신 서비스
- 각지에서 발생하는 데이터를 단말장치를 사이에 두고 중앙의 컴퓨터로 모아 처리하고, 그 결과를 다시 각지로 보내는 것
- 매출이나 수주 등으로 발생하는 데이터를 모아 한꺼번에 집계를 내고, 재고량의 갱신, 출하 지시의 작성 등의 과정을 거친다. 데이터통신 시스템의 일반적인 형태이며, 데이터를 받아들이는 동작을 집신(data gathering), 배분하는 동작을 배신(data dispatching)이라고 하며, 이 시스템을 데이터 집·배신 시스템이라고 부른다.

▸ **메시지 교환 서비스**(데이터 교환 시스템)

- 컴퓨터를 거쳐서 단말로부터의 메시지를 필요한 단말로 전송하는 것
- 멀리 떨어져 있는 사람들이 컴퓨터를 이용하여 대화하는 것

▸ **조회처리 서비스**

- 컴퓨터 시스템에 축적되어 있는 파일을 단말에서 검색할 수 있다.
- 파일의 조회나 갱신과 같은 처리를 하여 처리 결과를 필요한 단말로 통신회선을 거쳐서 보내는 통신 서비스이다.

3. 이용목적 관점에서의 서비스

정보통신 시스템이 가지고 있는 기능을 이용하는 입장에서 다음의 세 가지가 있다.

▸ 정보처리 서비스

- 컴퓨터 시스템의 처리능력이나 파일 기능을 불특정 다수의 이용자가 공동으로 이용하여 이용자 상호 간의 편의, 비용 절감을 노리는 통신 서비스
- 재고관리나 은행 온라인 시스템과 같은 사무 계산 서비스

▸ 정보제공 서비스

- 컴퓨터 시스템의 파일에 축적되어 있는 정보를 공동으로 이용하는 것을 목적으로 하는 통신 서비스
- 파일에 있는 정보의 검색과 갱신을 할 수 있는 정보검색 서비스
- 파일에 저장되어 있는 정보를 이용자의 조회에 따라서 제공하는 정보안내 서비스

▸ 네트워크 서비스

- 여러 곳에 분산되어 있는 컴퓨터 시스템, 프로그램 또는 데이터 등의 각종 자원을 통신 회선을 거쳐서 이용하는 것
- 최근에는 여러가지 응용분야에 적합하도록 VAN(Value Added Network : 부가가치통신망) 등 다양한 형태의 서비스를 제공하고 있다.

1.4 정보통신 시스템의 구성

1.4.1 기본구성의 개요

정보통신이란 다양한 형태의 정보를 컴퓨터 등에서 처리하고, 처리된 데이터를 전송하는 기술 및 처리기술을 말한다.

정보통신 시스템은 컴퓨터와 원격지의 단말장치 또는 컴퓨터 상호 간을 통신회선으로 접속하여 정보처리를 하는 온라인 시스템이다.

정보통신 시스템의 기본적인 구성은 이용자와 정보통신 시스템에서 데이터의 입출력을 담당하는 데이터단말장치(DTE; data terminal equipment), 컴퓨터 상호 간을 통신회선으로 접속하여 정보의 가공, 처리, 저장 등을 수행하는 정보처리 시스템, 그리고 이 양자를 유기적으로 결합하여 어떤 목적이나 기능을 수행하기 위해 연결하는 정보전송 회선으로 되어 있다.

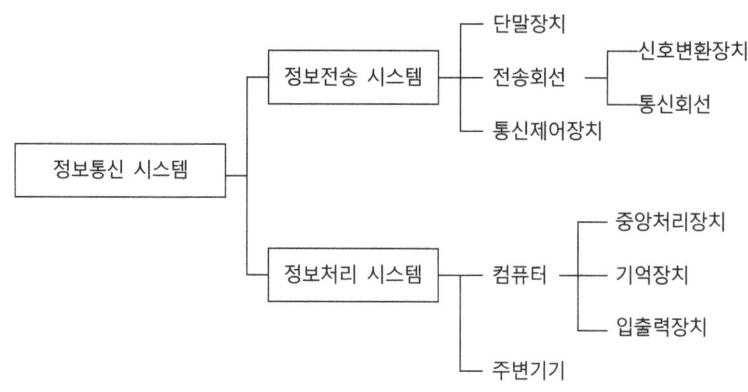

【그림 1-16】 정보통신 시스템의 분류

정보전송 시스템은 데이터 입출력을 담당하는 단말장치, 데이터를 전송하기 위한 전송제어장치 및 전송회선, 그리고 통신제어장치로 구성된다.

정보처리 시스템은 컴퓨터 시스템과 컴퓨터와 단말장치 간에 정보를 송수신하기 위한 프로그램인 통신 소프트웨어로 구성된다.

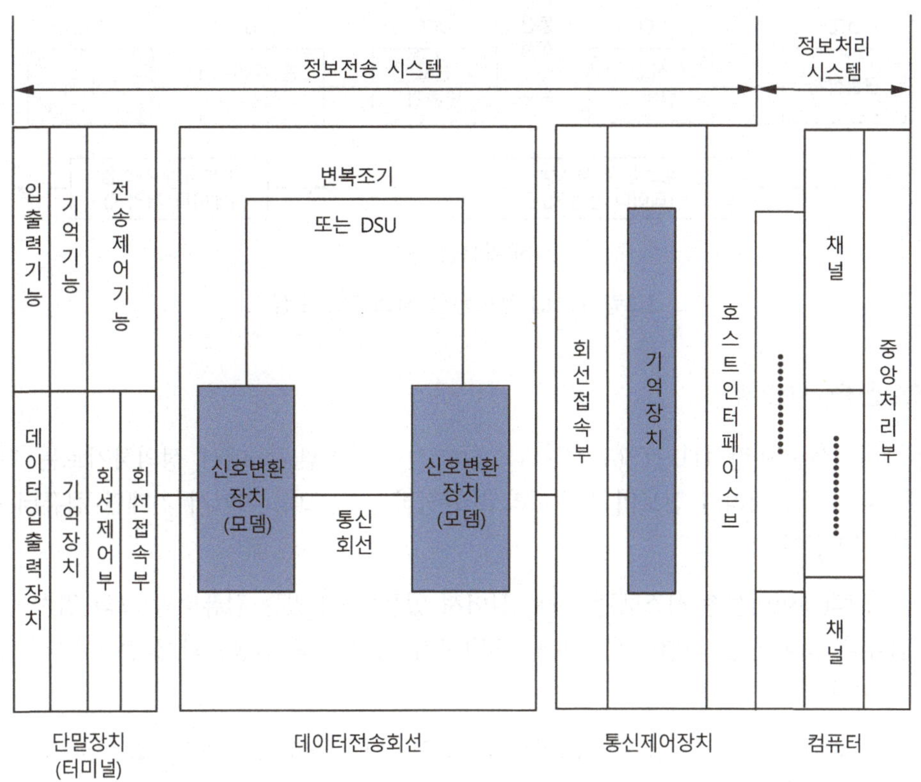

【그림 1-17】 정보통신 시스템의 기본 구성

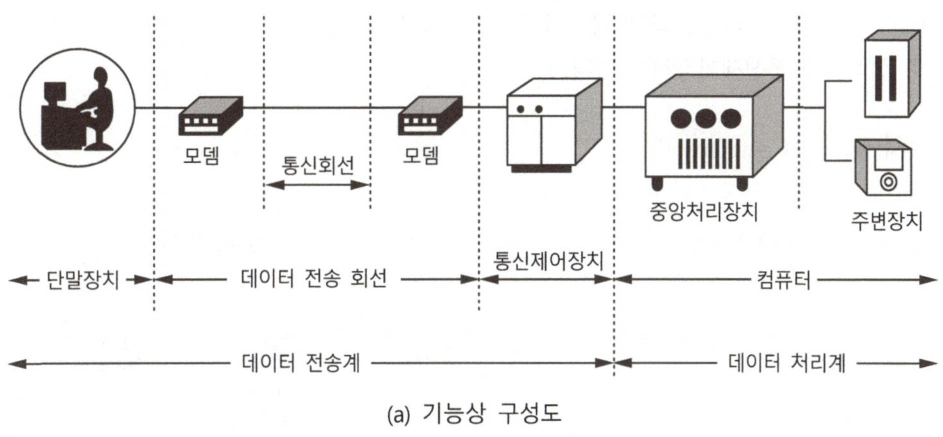

(a) 기능상 구성도

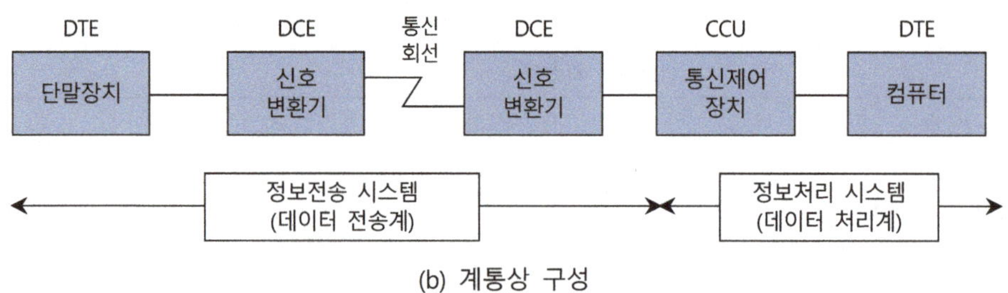

(b) 계통상 구성

[그림 1-18] 정보통신 시스템의 구성

1.4.2 정보전송 시스템

정보전송(데이터전송)이란 ITU-TS(구 CCITT : 국제전신전화자문위원회)에서 정의하기로는 기계에 의해 처리하거나 혹은, 처리된 정보의 전송이라고 규정하고 있으며, 여기서 기계란 컴퓨터 즉, 정보처리장치를 의미한다.

정보전송 시스템(데이터전송 시스템)은 서로 떨어져 있는 곳에 있는 컴퓨터와 그의 입출력단말기기간 또는 컴퓨터 상호 간을 연결하여 정보를 전달하기 위한 각종 전송로와 전송용 기기 등으로 구성된 시스템이다.

정보전송 시스템에서 전송장치를 데이터회선종단장치(DCE; Data Circuitter-minating Equipment)라 부르고, 이 DCE는 데이터 단말장치(DTE; Data Terminal Equipment)와 데이터 전송로측의 신호 인터페이스 조건과 상호변환을 행한다.

DCE는 신호변환장치로 아날로그 전송인 경우는 모뎀(Modem), 디지털 전송인 경우는 디지털 서비스 장치(DSU; Digital Service Unit)가 각각 접속된다. 정보(데이터)전송 시스템과 정보(데이터)처리 시스템을 전기적으로 접속하는 통신제어장치가 있다.

1. 단말장치(Terminal equipment)

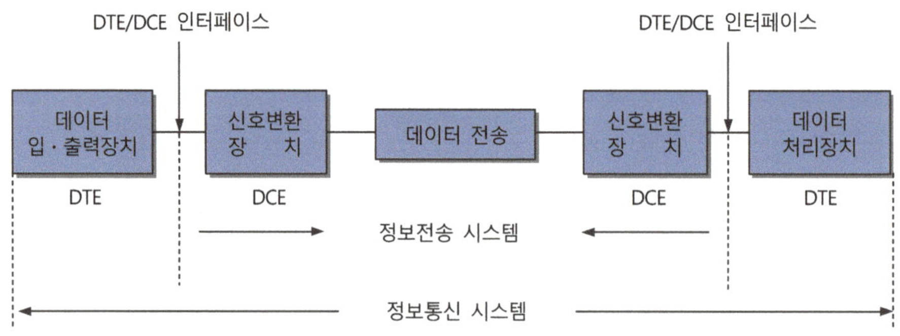

[그림 1-19] 정보통신 시스템의 기본 구성

단말장치는 사람이나 각종 장비로부터 발생되는 정보를 전송하기 위해 통신회선에 적합하도록 변환하는 기능과 통신회선을 통해 수신된 데이터를 원래의 정보로 변환하는 기능을 갖는 장치이다. 즉, 정보처리를 담당하는 컴퓨터 또는 단말장치(terminal)를 의미하며, 데이터 단말장치(DTE: Data Terminal Equipment)라 부른다.

초기의 단말장치는 호스트 컴퓨터에 연결되어 사용하던 더미 터미널(dummy terminal)이 주종을 이뤘으나, 최근에는 하드웨어 기술의 발달로 정보처리 능력을 가진 터미널이 많이 사용되고 있다.

단말장치는 단말기, 단말, 터미널 등의 이름으로 사용되며, 컴퓨터 네트워크에서는 컴퓨터자체가 단말장치가 된다.

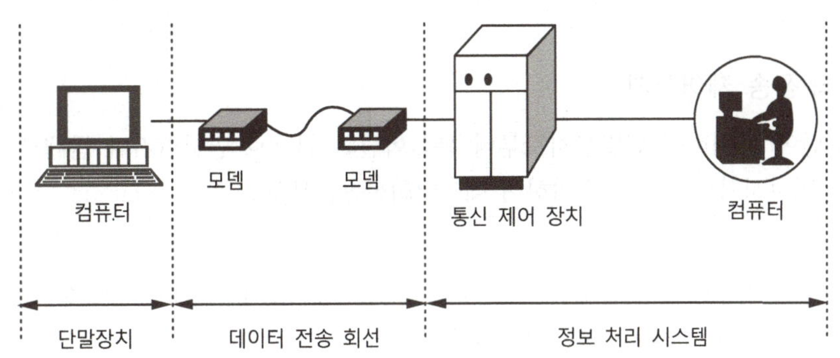

[그림 1-20] 정보통신망의 구성 요소

정보통신 시스템에서 단말기의 역할은 최종적으로 정보의 입출력을 담당하며, 사용자는 단말기를 통하여 원하는 정보를 얻거나 처리할 수 있다.

▸ **입력장치**

발생한 정보의 입력을 부호화하여 전기신호로 변환하는 것

⇨ 키보드장치, OMR, 음성인식장치, 문자인식장치

▸ **출력장치**

전기신호를 인간이 이해할 수 있는 형태로 출력하는 것

⇨ 프린터, X-Y 플로터, CRT

▸ **전송제어장치**

입출력장치의 제어, 호스트 컴퓨터와의 정보교환 제어, 공통제어 등을 수행하는 것

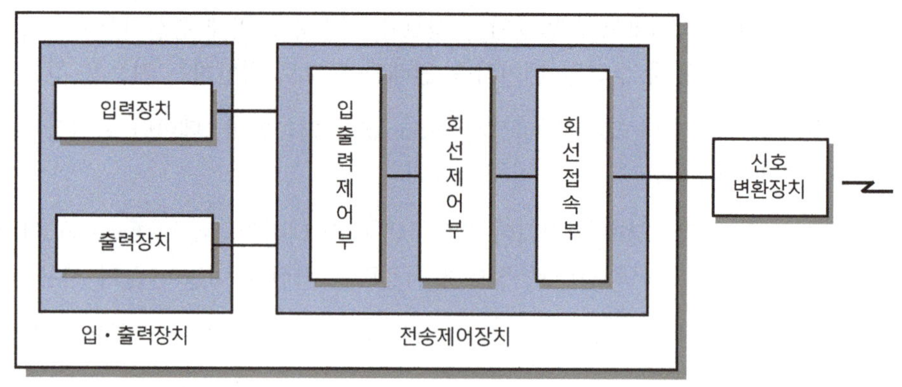

【그림 1-21】 단말기의 구성

2. 정보(데이터)전송 제어장치

통신회선의 종단에 위치하여 단말장치로부터 통신회선의 신호로 변환하거나 반대로 통신회선으로부터의 신호를 변환시키는 장치를 종합하여 데이터회선종단장치(DCE; data circuit terminating equipment)라 한다.

아날로그 전송로의 경우에는 변복조장치(MODEM; Modulation & Demodulation)를, 디지털 전송로의 경우에는 DSU(Digital Service Unit)가 이용된다.

일반적으로 DCE는 신호의 변환이외에도 전송신호의 동기제어, 송수신 확인, 전송, 조작절차의 제어, 전송에러의 검출과 정정 등의 기능이 있다.

3. 통신회선

단말장치와 정보처리 시스템, 단말장치와 컴퓨터를 상호 간에 접속하는 통신로를 통신회선이라 한다. 통신회선에 흐르는 정보량, 정보의 성격, 접속하는 단말장치나 컴퓨터 시스템의 기능, 경제성, 신뢰성 등에서 통신회선망의 구성이 결정된다.

정보네트워크에서는 단말과 단말 사이를 연결하는 것이 통신회선이고, 최종적인 종단은 모뎀이다. 최근 사용되는 통신회선은 광섬유 등을 매체하는 큰 발전을 이루게 되었다.

4. 통신제어장치(Communication control unit)

통신제어장치는 데이터 전송회선과 컴퓨터와의 전기적인 결합과 전송문자를 조립·분해하는 것으로, 정보전송 시스템과 정보처리 시스템의 사이에 위치하여 양자를 결합하고 있는 장치이다.

컴퓨터에서는 데이터를 표현하기 위하여 ASCII나 EBCDIC 등과 같은 2진 코드를 사용하는 것이 일반적이나, 데이터 전송회선에서 전송되는 신호는 단순한 2진 코드로만 구성되어 있다.

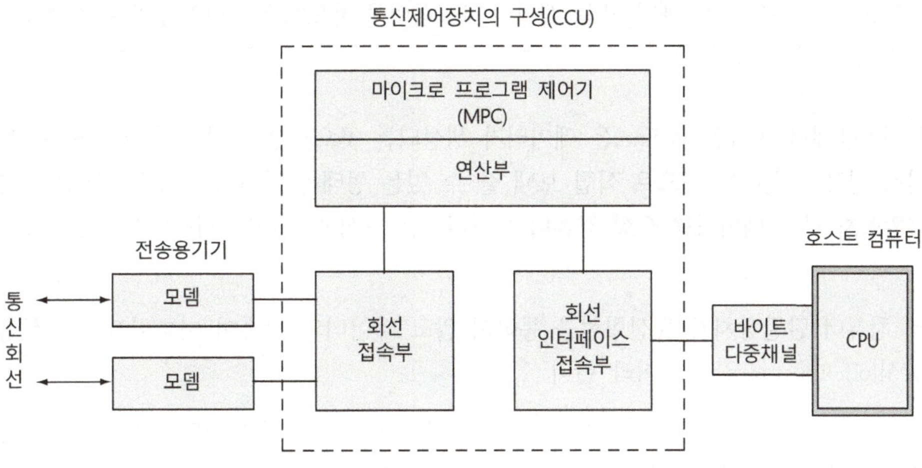

【그림 1-22】 통신제어장치

기본적인 기능

- 데이터의 송수신, 수신문자의 결합과 송신문자의 분해, 전송속도의 변환
- 통신회선의 접속, 데이터 링크의 확립, 상태 감시, 링크의 개방, 통신회선의 차단
- 전송에러의 검출 및 정정제어와 데이터 전송 제어
- 메시지 교환, 전문해석 및 단말측으로부터 명령의 해석
- 다수 회선의 시분할다중제어

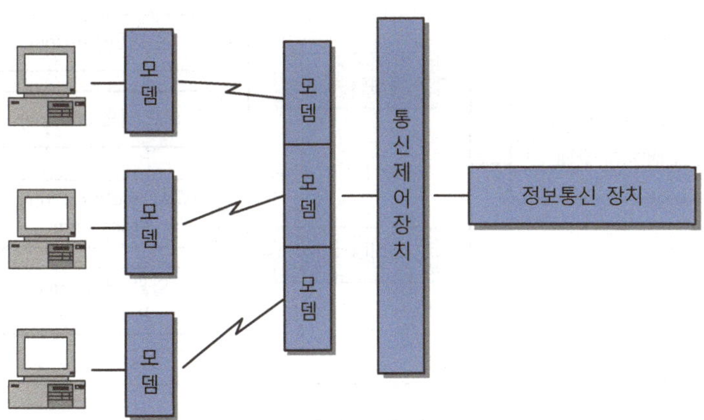

【그림 1-23】 통신제어장치의 구성도

1.4.3 정보처리 시스템

- 필요한 정보를 수집, 체계적으로 정리하여 그 결과를 지정된 단말장치에 보내는 시스템

- 필요한 정보를 요구되는 시점에서 신속, 정확히 제공하여야 하므로 컴퓨터와 같은 시스템과 관련 소프트웨어가 필요하게 된다.

정보통신 시스템에서 온라인(on-line)은 데이터가 생성되는 곳으로부터 직접 입력을 받고, 또한 출력이나 계산된 결과를 원하는 곳으로 직접 보내 줄 수 있는 형태를 말한다. 즉, 통신회선을 통하여 컴퓨터나 단말장치 간에 데이터를 직접 컴퓨터로 처리하는 방식을 온라인 처리방식(on-line processing)이라 한다.

이에 반해 컴퓨터 단말장치가 통신회선을 통하지 않고 데이터의 전송이 이루어지는 방식을 오프라인 처리방식(off-line processing)이라 한다.

정보처리 시스템은 실시간 처리 시스템과 일괄 처리 시스템으로 구분된다. 입력된 데이터를 컴퓨터가 처리하는 방식에는 여러 가지가 있으며 분류하면 다음과 같다.

1. 실시간 처리 시스템(Real time processing system)

- 지역적으로 거리가 떨어진 장소에서 발생한 데이터를 통신회선을 통해 단말기에서 중앙컴퓨터로 전송하여 이를 받는 즉시 처리하여 반송해주는 시스템
- 자료를 받아들여 즉시 처리하며, 아주 신속히 결과를 되돌려줌으로써 환경을 제어하는 시스템이라고 할 수 있다.
- 이 시스템의 처리 과정을 온라인 실시간 처리라고 하며, 시스템 형태를 온라인 실시간 처리 시스템이라고 한다.

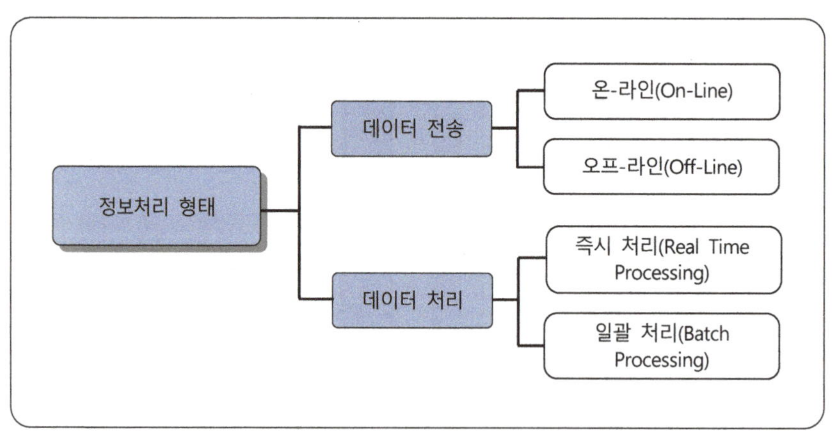

[그림 1-24] 정보처리방식

【표 1.3】 정보처리 형태

정보처리 형태	처리 방법
온-라인 전송(On-Line)	단말기와 컴퓨터가 통신회선으로 직접 연결하여 전송하는 방식
오프-라인 전송(Off-Line)	통신회선으로 연결하지 않고 사람에 의해 정보가 운반되어 컴퓨터에 입력하는 방식
실시간 처리 (Real Time Processing)	데이터가 입력됨과 동시에 컴퓨터에 의해 처리되어 처리 결과를 원하는 시간에 볼 수 있다.
일괄 처리 (Batch Processing)	호스트 컴퓨터가 다른 작업을 하고 있는 일정한 시간 동안 데이터를 수집한 다음에 한꺼번에 처리하는 방식

2. 일괄 처리 시스템(Batch processing system)

일괄 처리 방식은 원격지에서 발생한 다량의 입력 데이터를 일정한 시간동안 모아, 이들 데이터를 중앙의 컴퓨터로 운반하여 일괄적으로 처리하는 방식으로 배치처리방식(batch processing)이라 한다.

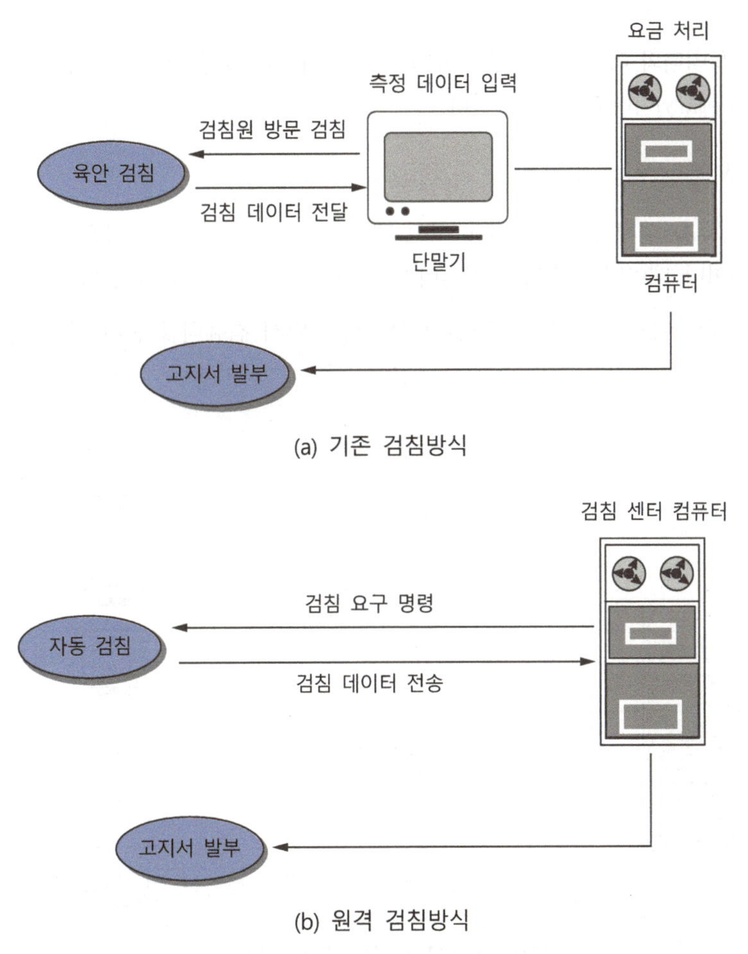

【그림 1-25】 일괄 처리 시스템의 예

이 시스템은 데이터 발생에서부터 처리 결과를 얻기까지 많은 시간이 요구되며, 일정시간 경과 후 데이터 전송회선을 경유해서 컴퓨터로 보내기 때문에 세금고지서, 급여처리 등과 같이 데이터를 모아 처리할 수 있는 업무에 적당하다. 일괄 처리 방식은 국부 일괄 처리 방식과 원격 일괄 처리 방식으로 나누어진다.

▸ **국부 일괄 처리 방식**(local batch processing system)

- 오프-라인(off-line)의 통신회선에 의한 방식
- 원격에서 수집된 데이터를 통신회선을 사용하지 않고, 중앙의 컴퓨터를 이용하여 처리하는 방식

▸ **원격 일괄 처리 방식**(remote batch processing system)

- 데이터가 발생하는 원격지에 전송속도가 빠른 단말기를 설치하여 여기서 작업처리에 필요한 프로그램이나 자료를 일괄 입력하여 중앙 컴퓨터로 전송하여 처리하는 방식
- 처리되어진 프로그램 또는 데이터가 통신회선을 통하여 호스트 컴퓨터에 전송하여 일괄 처리한 후 다시 통신회선을 경유하여 단말장치에 전송 처리하므로 원거리에 있는 이용자가 쉽게 데이터를 처리할 수 있다.
- 단말장치에는 카드리더와 라인프린터 등을 접속하여 데이터를 일괄 처리한 후에 전송하므로 원격 작업 입력(remote job entry)이라고 불리고 있다.

3. 시분할 처리 시스템(TSS; Time Sharing System)

- 중앙에 대형 컴퓨터를 설치하고 원격지에 여러 대의 단말기를 설치하여 컴퓨터에서 단말기로 할당된 시간에 프로그램이나 데이터를 중앙의 컴퓨터에 보내 처리한 후 결과를 단말기에서 다시 받는 방식
- 중앙의 컴퓨터는 하나이면서도 다수의 단말기 사용자가 마치 컴퓨터를 혼자 사용하는 것 같이 처리할 수 있는 방식

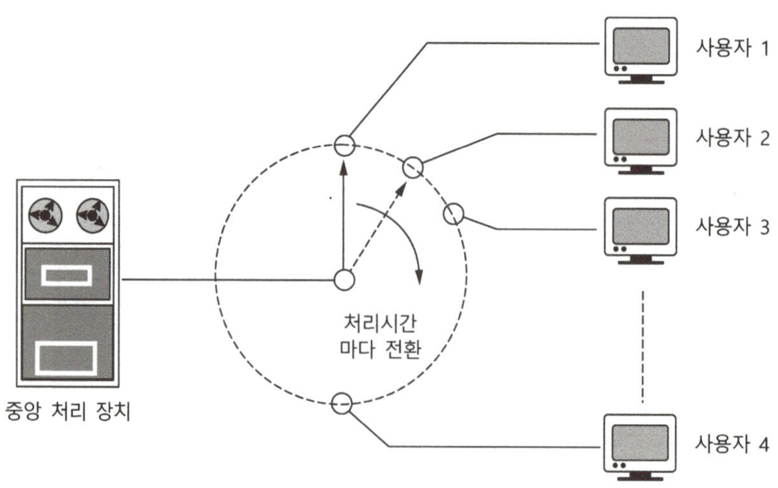

[그림 1-26] 시분할 처리 시스템

- 프로그램과 데이터를 단말장치로부터 입력시키는데 이는 원격 작업입력 시스템과 동일하나, 컴퓨터의 이용시간을 분할하여 일정한 간격으로 분할 및 공용함으로써 다수의 이용자가 동시에 마치 자기 전용의 컴퓨터인 것처럼 각각 별도의 프로그램을 할당하여 실행하는 방식
- 실시간 처리를 사용함으로써 많은 응용 시스템 구성이 가능하다.

4. 분산 처리 시스템

- 호스트 컴퓨터에 업무 처리가 집중되는 것을 막기 위해 개인용 컴퓨터 혹은 워크스테이션 등과 같은 컴퓨터들을 망으로 연결하여 호스트 컴퓨터뿐만 아니라 작업이 발생한 개인용 컴퓨터 및 다른 컴퓨터에서도 업무 처리가 가능하도록 하는 시스템
- 이것은 데이터가 발생한 지역에서 독립적으로 처리하는 동시에 다른 지역에서 데이터 처리가 요구되면 통신회선을 통해 즉시 데이터를 처리할 수 있다.
- 이 시스템은 호스트 컴퓨터가 장애를 일으켰을 때도 전체 시스템은 별로 영향을 받지 않으므로 시스템의 사용 가능성이 높아지고 신뢰성이 높아진다.

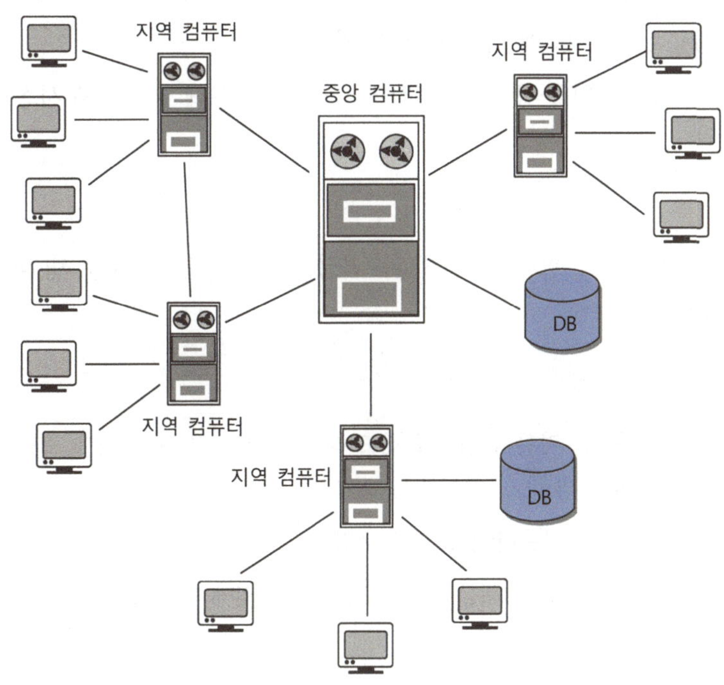

[그림 1-27] 분산 처리 시스템

중앙 컴퓨터를 중심으로 모든 시스템 및 정보처리 부서가 집중화되어 운영하던 중앙집중처리방식에서 탈피하여 중앙의 컴퓨터와 지역에서 사용하는 시스템을 분리하여 각각의 시스템을 통신으로 연결하여 공용의 데이터베이스를 중심으로 접근할 수 있도록 한 것이다.

1.4.4 정보통신의 응용 분야

1. 좌석예약 시스템

▸ 개 요

교통 및 숙박에 대한 예약업무는 좌석과 객실예약상태 등을 컴퓨터와 원격지의 단말기로 연결하여 즉시적으로 좌석이나 호텔의 객실을 조사하면 예약 가능 여부를 즉시적으로 알 수 있고, 만약 예약이 가능하다면 곧바로 예약이 된다.

이와 같이 비교적 간단하고, 대량의 정보를 일괄 처리하는 것이 컴퓨터에 적합한 업무형태이므로, 컴퓨터를 이용한 좌석예약 시스템이 만들어져 왔다.

▸ 특 징

좌석예약 시스템은 온라인 실시간 처리 시스템이 사용되며 다음과 같은 특징을 가지고 있다.

- 대용량이지만 비교적 단순한 구조이므로, 즉시적 갱신이 가능한 데이터베이스를 가진다.
- 데이터통신망을 이용하여 원격지에 다수의 단말기가 접속된다.
- 창구업무의 혼란이나 중복예약을 방지하기 위하여 시스템 소프트웨어 등 전체 시스템의 신뢰도가 높아야 한다.

▸ 종 류

좌석예약 시스템은 교통(항공기, 열차, 배, 버스 등), 극장, 숙박, 관광, 회의실, 병원(진찰 · 진료) 예약시스템 등을 들 수 있다.

▸ 재고관리방식

- 예약요구수의 수량을 누계하는 카운터 정보를 갖고 정해져 있는 최대허용량에 도달할 때까지 카운터를 갱신하면서 예약을 접수하는 방식
- 이미 정해진 최대량에 설정된 카운터에서 요구 수량을 감해 나가는 방식
- 현재의 요구 수량을 기준으로 예약상태를 관리하고, 예약 문의에 대하여 이용자의 편의를 도모하기 위해 현재의 상태를 즉시적으로 제공하는 방식

▸ 발권처리

예약가격을 줄이는 데는 예약에 따른 매상액 계산, 발매 실적과 수수 금액의 대비 등 각종 회계처리에 이용하도록 하는 자동발권 기능이 이용되고 있다.

▸ 기능의 확대와 네트워크화

좌석예약 시스템에서 항공기인 경우 여행자명 기록부(PNR; Passenger Name Record)를 갖고 예약

상황을 정확히 파악하며, 단골 고객의 경우 할인이나 우대 등의 혜택을 주고, 자료가 동시에 지원되도록 한다.

2. 문헌검색 시스템

▸ 문헌검색

정보검색 중에서 문헌검색은 정보로서 문헌검색시스템에서 취급할 수 있도록 형식화하는 특수한 기술이 필요하며, 이런 형식화된 자료를 데이터베이스(DB; Data Base)라 하고, 이 작업을 색인작업이라고 한다.

▸ 문헌검색 시스템

컴퓨터를 이용한 문헌검색시스템은 일괄 처리 방식으로서 확립되었고, 최근에는 온라인 시스템으로 발전하였다.

컴퓨터를 이용한 온라인방식의 장점은 시스템을 검색할 때 착오방지 및 검색 속도의 신속 등이 가능하게 하였고, 문헌검색 이용자 스스로가 간단한 조작으로 검색을 할 수 있게 되어 효율을 증대시켰다.

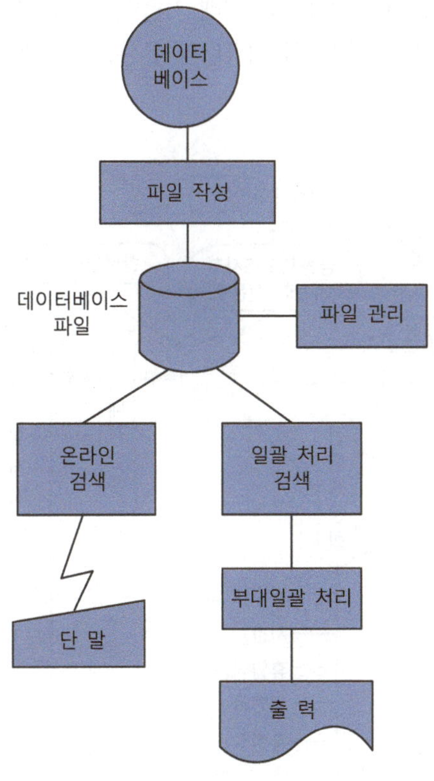

【그림 1-28】 소프트웨어 구성

▸ **시스템 구성**

온라인 문헌검색시스템의 소프트웨어 구성을 살펴보면 온라인용 파일 작성과 관리 부분에는 데이터베이스가 필요하며, 검색용 소프트웨어는 명령어 관리, 명령어 처리, 데이터베이스 억세스 프로그램이 사용된다.

3. 생산관리 시스템

생산관리 시스템은 재료 및 원자재의 투입에서부터 제품의 출하까지, 또는 판매망으로부터 정보의 수집까지 종합적으로 처리해야 하는 시스템으로 발전하였으며, 생산관리 시스템은 단순한 생산뿐만 아니라 다른 시스템과 연계하여 종합적인 경영정보시스템(MIS)으로 발전하였다.

4. 은행업무 시스템

현재 컴퓨터기술의 발전과 각 은행간의 네트워크, 지능단말기의 도입으로 고객 서비스의 향상 및 사무처리의 합리화가 달성되었으며, 컴퓨터의 공동망 이용으로 전국 어디서나 입출금 및 통장정리 등이 개발되었다.

금융행정의 완화, 비 은행업계와의 경쟁격화, 고객요구의 다양화 등 금융업계에 많은 변화가 있으며, 전자기술의 발전으로 인해 은행시스템도 온라인화에 대응하게 되었다.

컴퓨터와 통신기술을 도입하여 은행의 컴퓨터와 거래 기업의 컴퓨터를 통신회선과 연결하여 정보를 제공해 주며, 가정의 전화기를 이용하여 은행의 컴퓨터와 통신을 하면서 입금연락, 잔고조회 등을 할 수 있는 홈 뱅크(home bank)가 있다.

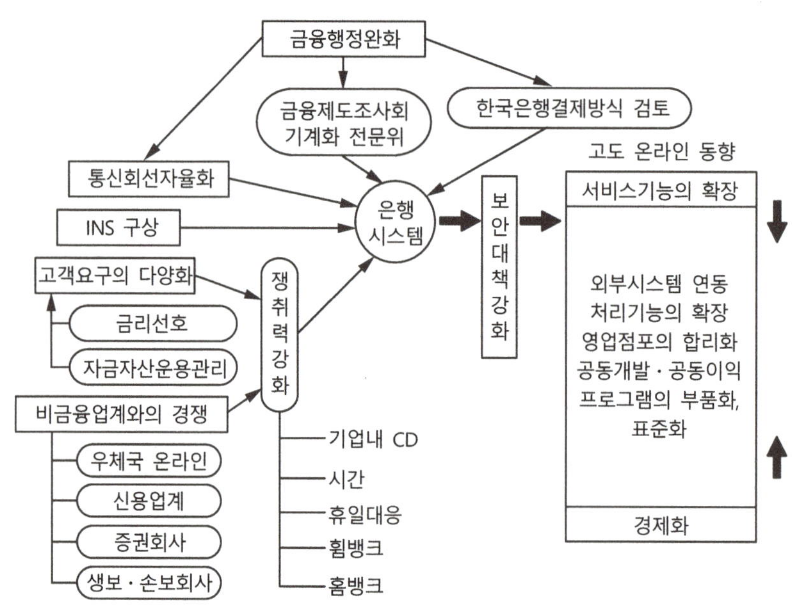

【그림 1-29】 금융기관과 외부환경

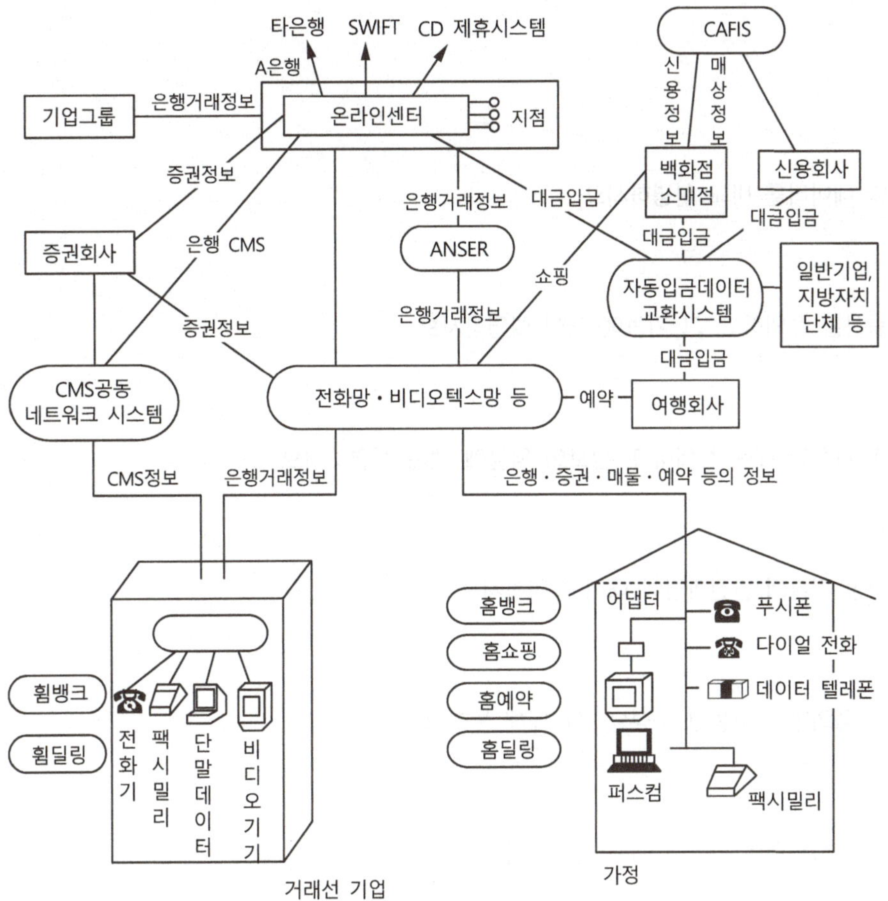

CAFIS : Credit And Finance Information System

ANSER : Automatic Answer Network System for Electrical Request

LAN : Local Area Network

[그림 1-30] 고도 온라인시스템의 의미

연습문제

01. 정보와 데이터를 비교 설명하시오.

02. 정보통신을 정의하고, 그 기능에 대해 설명하시오.

03. 정보화 사회에 대해 정의하고, 정보의 역할에 대해 설명하시오.

04. 정보전송 기술의 발전과정에 대해 설명하시오.

05. 샤논이 정의한 정보통신 구성요소에 대해 논하시오.

06. 정보통신 시스템의 기능에 대해 설명하시오.

07. 정보통신 시스템의 응용분야에 대해 설명하시오.

08. 정보통신 서비스를 통신회선의 관점에서 설명하시오.

09. 정보통신 서비스를 데이터전송의 관점에서 설명하시오.

10. 정보통신 서비스를 이용자 관점에서 설명하시오.

11. 정보전송 시스템에서 통신제어장치에 대해 설명하시오.

12. 데이터전송 시스템에 대해 설명하시오.

13. 정보통신 시스템에서 온라인처리방식에 대해 설명하시오.

14. 정보통신 시스템에서 오프라인 처리방식에 대해 설명하시오.

15. 정보통신 시스템에서 실시간 처리 시스템에 대해 설명하시오.

16. 정보통신 시스템에서 일괄 처리 시스템에 대해 설명하시오.

17. 정보통신 시스템에서 시분할 처리 시스템에 대해 설명하시오.

18. 정보통신 시스템에서 분산 처리 시스템에 대해 설명하시오.

[제 2 장]

정보전송 기술

2.1 정보전송의 기본 요소

2.2 전송방식의 종류와 특성

2.3 전송부호

2.4 전송제어방식

2.5 흐름제어(flow control) 방식

2.6 에러제어방식

2.1 정보전송의 기본 요소

2.1.1 아날로그와 디지털(Analog and Digital)

통신시스템에서 전송신호(transmission signal)는 전송하고자하는 데이터를 전자기적 신호로 변환한 것을 말하는 것으로 기본적으로 아날로그 신호(analog signal)와 디지털 신호(digital signal)로 구분된다.

1. 아날로그와 디지털의 어원

아날로그와 디지털의 어원에 대하여 알아보면, 아날로그(analog)는 '비슷하다(analogous)'는 말에서 나온 것으로, '연속적(continuous)'이라는 의미를 가진다. 반면에 디지털(digital)은 손가락이란 뜻을 가지는 디지트(digit)에서 나온 것으로 손가락으로 셀 수 있는 양을 의미하므로, 이는 지속과 단절이 확실한 이산적(discrete)인 성질을 대변하게 되었다. 대다수의 자연 현상이 연속적이므로 아날로그는 자연스러운 반면에 디지털은 인공적인(artificial) 느낌을 준다.

2. 아날로그 신호와 디지털 신호

▸ 아날로그 신호

아날로그 정보는 연속적인 값을 갖는 정보를 말한다. 즉, 시간에 따라 크기가 연속적으로 변하는 정보를 말한다. 예를 들어, 사람의 음성은 그 사람이 갖고 있는 음의 크기에 따라 높고 낮은 진동 파형이 만들어진다. 이 파형은 연속적이고 반복적인 패턴변화를 갖기 때문에 아날로그 파형이라고 부른다.

아날로그 신호는 시간이나 주파수에 따라 그 크기와 패턴이 끊임없이 변하는 전자기파이다. 전자기적 신호의 파형이, 음성에서 파동(wave)이라고 설명되는 신호를 전기적 신호의 파형으로 바꿔서 전달하며, 이것은 시간의 흐름에 따라 신호변화가 연속적으로 되므로 연속형 신호 혹은 아날로그 신호라고 불린다.

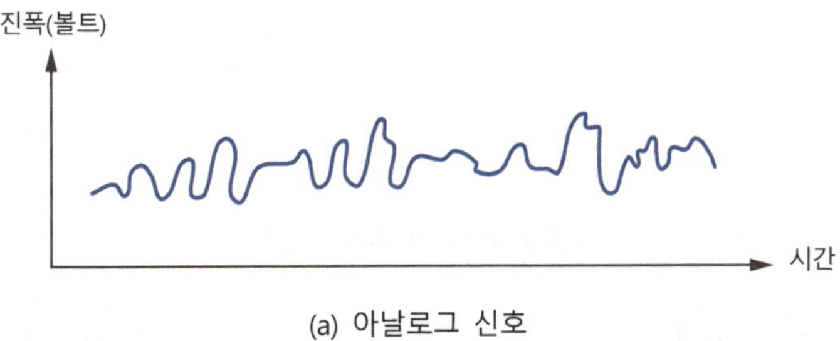

(a) 아날로그 신호

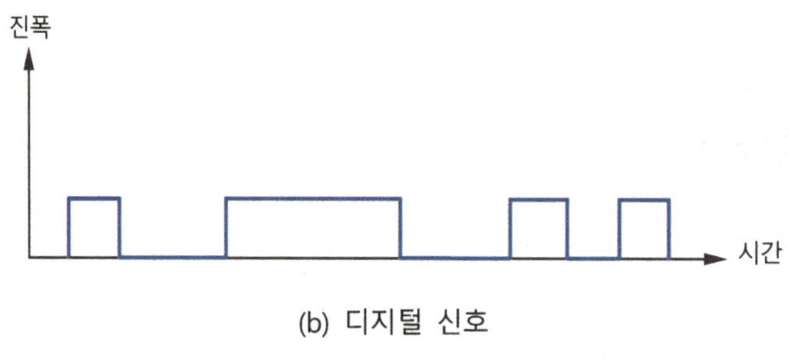

(b) 디지털 신호

【그림 2-1】 아날로그와 디지털 신호

일반적으로 아날로그 신호인 사인파(sine wave)는 정보통신에 있어서 중요한 진폭(amplitude)과 파장(wavelength), 그리고 위상(phase)이라는 요소를 가진다. 진폭은 신호의 크기를 말하는데 이것은 기준 전압에 대한 상대적인 측정치이며, 기준 전압의 값은 0이거나 플러스 혹은 마이너스 값일 수 있다.

- 주기 : 아날로그 형태인 정현파 신호(sine or cosine)는 신호가 0에서 서서히 플러스 전압으로 증가하여 최고치에 달하고, 반대로 0으로 감소한 후 마이너스 값까지 줄었다가 다시 0으로 돌아가는 것을 볼 수 있다.
  이러한 주기신호는 처음 시작점에서 다음의 최초의 위치에 도달할 때까지의 소요되는 시간을 완전한 한 번의 주기(cycle)라고 한다. 여기서 파장은 신호가 반복되는 한 사이클(cycle)의 길이이다.
- 주파수 : 주파수(frequency)는 주기의 역(1/T)으로 표현되며, 이는 단위시간에 발생하는 사이클의 횟수를 말한다. 즉, 일초 동안의 주기가 몇 번인지 또는 일초 동안의 진동 횟수가 몇 번인지를 말한다. 여기서, 단위는 헤르츠(Hz)이다. 헤르츠란 일초 동안에 어떤 기준지점을 통과하는 파형의 갯수를 말하며, 이들 주파수와 주기 사이의 관계는 반비례를 이룬다. 대부분의 물리적 현상들은 어떤 주파수의 형식을 가지고 있다. 저주파인 음성의 예로 보면, 높은 소리는 높은 주파수값을 가지며, 강하고 큰 소리는 진폭이 크다는 것을 알 수 있다.

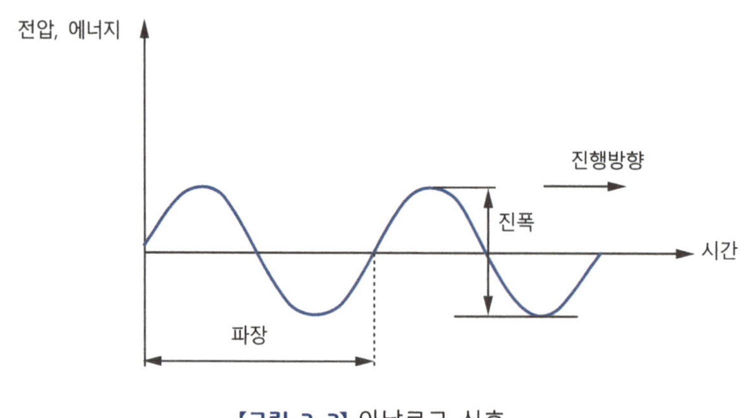

【그림 2-2】 아날로그 신호

- 대역폭 : 어떤 신호에 포함되어 있는 주파수의 범위를 스펙트럼(spectrum)이라 하며, 이 스펙트럼의 폭

을 대역폭(bandwidth)이라 한다. 일상적인 대화의 주파수 사용 범위는 CCITT에서 정의한 300Hz에서 3,400Hz로 모든 통신체계에서 정의하였고, 이러한 범위를 주파수 대역폭(bandwidth)이라 하며 그것은 신호에서 발견되는 가장 높은 주파수에서 가장 낮은 주파수를 뺌으로써 얻을 수 있다.

즉, 대역폭 BW는

$$BW = F_{upper} - F_{lower}$$

로 정의된다. 여기서 F_{upper}는 상한주파수(upper cut-off frequency)를, F_{lower}는 하한주파수(lower cut-off frequency)를 의미한다. 신호의 대역폭은 통신 선로 상에서 운반되는 전송 주파수의 범위이다. 채널의 용량(비트율)은 대역폭과 밀접한 관계가 있으므로, 네트워크에서 대역폭은 매우 중요한 의미를 갖는다.

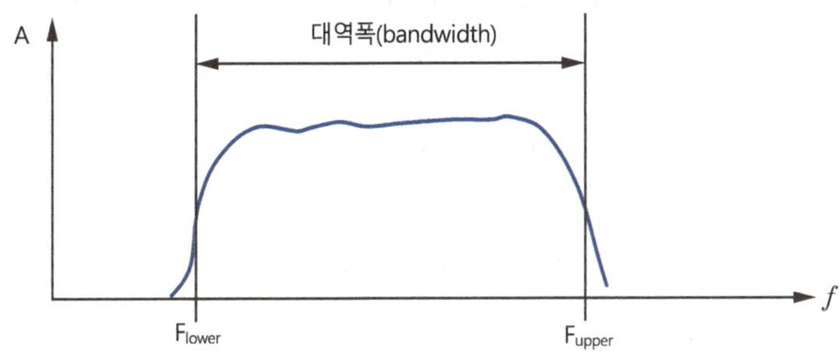

【그림 2-3】 대역폭(bandwidth)

대역폭에 대한 한 예로 사람의 가청주파수는 20Hz에서 20KHz의 주파수를 갖는데 여기서 스펙트럼은 20Hz에서 20KHz이며, 대역폭은 19.98KHz가 된다. 즉, 대역폭은 우리가 통신할 때에 전송효율의 중요한 의미를 갖는다.

일반적으로 음성정보는 300Hz에서부터 3,400Hz이고, 여기서 대역폭은 4000Hz를 취하는 이유는 전송채널 상에서 대역을 나눌 때 인접대역과의 간섭을 방지하기 위한 가드밴드(guardband)를 포함하기 때문이다. 같은 이유로 영상정보를 전송하기 위해서 필요한 대역폭은 4MHz이지만 인접대역간의 간섭 때문에 약 6MHz가 소요된다.

▸ 디지털 신호

디지털 신호는 신호형태가 시간에 따라 급격하게 바뀌며 이산적(discrete)으로 변하는 정보를 가리킨다. 이러한 불연속적인 신호형태의 변화를 통하여, 정해진 약속에 따라 정보를 해독한다.

대표적으로, 문자나 정수형 변수 등이 해당되며 비트(bit)라는 단위를 사용하여 나타낸다. 비트는 이진값 0, 1로 표현되는데 일정한 수준의 양(constant positive) 전압은 이진값 '1'을, 반대로 일정한 수준의 음(constant negative) 전압은 이진값 '0'을 나타낸다.

또한, 디지털정보의 단위로 바이트(byte) 혹은 옥텟(octet)이라는 8개 비트의 조합으로 한 단어(word)로 표현할 수 있다.

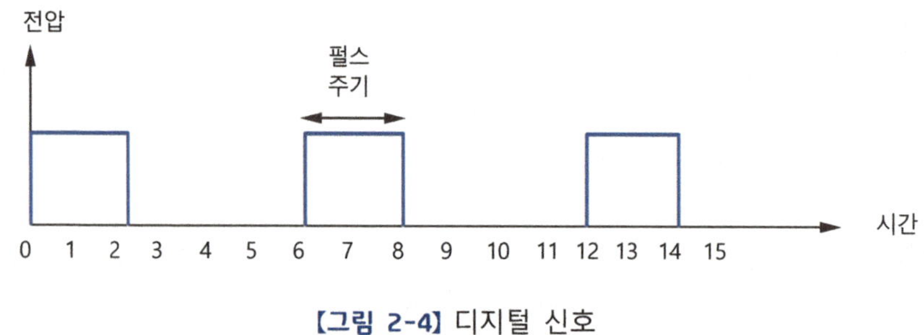

【그림 2-4】 디지털 신호

이와 같이 오로지 두 개의 값만을 취하는 이진신호(binary signal)가 디지털 신호의 가장 일반적인 형태이다. 그림 2-5에 의하면, 대역폭이 넓을수록 더욱 정확한 디지털 펄스의 형태가 나타날 수 있음을 알 수 있다.

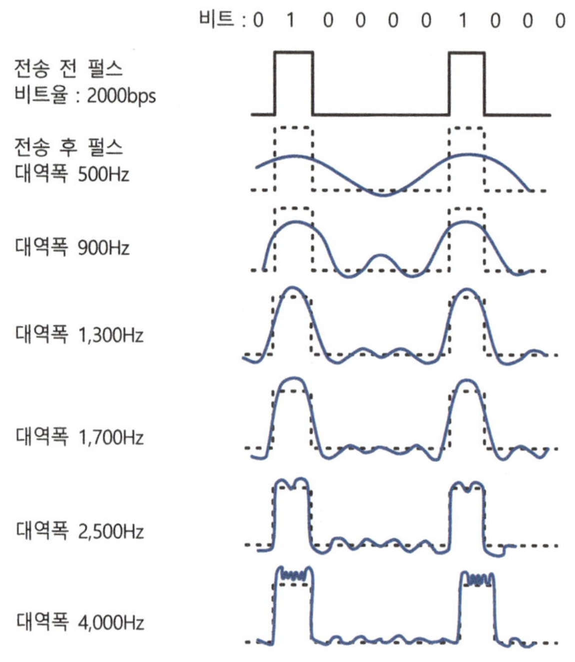

【그림 2-5】 디지털 신호에서 대역폭의 효과

2.1.2 신호의 전송

데이터 전송은 크게 전송기술, 전송로 기술 및 수신기술로 나눌 수 있다.

- 전송기술 : 정보원에서 입력된 일련의 디지트에 전기적 신호를 할당하는 것
- 전송로기술 : 전기적 신호를 전송로를 통하여 가능한 한 충실하게 수신기에 전달하는 것
- 수신기술 : 전송로를 지난 전기적인 신호를 일련의 디지트(digit)로 복호화하여 정보 수신부에 정보를 출력하는 것

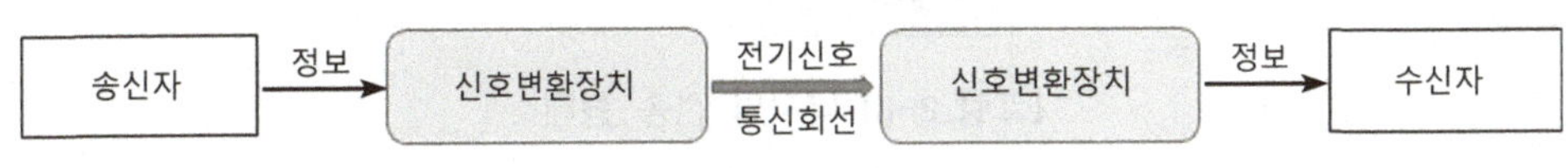

【그림 2-6】 정보의 변환

1. 아날로그 전송(Analog transmission)

아날로그 전송은 전송 내용에는 관계하지 않고 아날로그 신호를 전송하는 것으로, 음성과 같은 아날로그 데이터를 아날로그 신호로 전송하고자 하는 경우 전화라는 신호변환장치에 의해 음성을 전기적인 신호로 변환하여 전송하며, 디지털 데이터를 아날로그 신호로 전송하고자 할 경우에는 모뎀(modem)이라는 신호변환장치가 필요하다.

- 변조(modulation) : 디지털 신호를 아날로그 신호로 변환하는 과정
- 복조(demodulation) : 아날로그 신호로부터 디지털 신호로 변환하는 과정

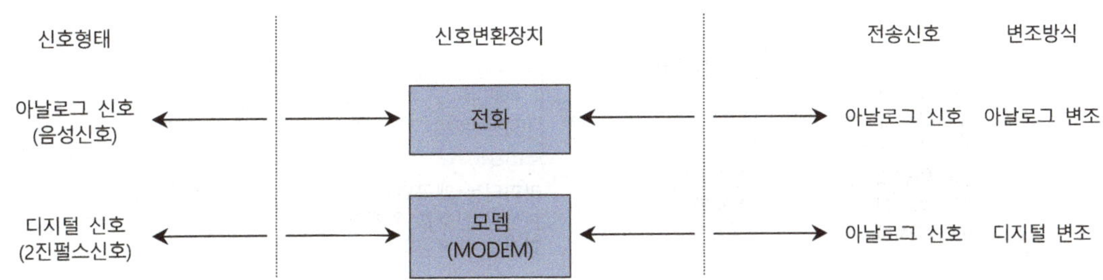

【그림 2-7】 아날로그 전송 형태

2. 디지털 전송(Digital transmission)

디지털 전송은 아날로그 전송보다 전송 시 에러 확률을 감소시킬 수 있다는 장점 때문에 대부분의 전송시스템에서 사용되고 있다. 그림 2-8과 같이 디지털 전송은 전송신호의 형태와는 무관하게 아날로그 신호나 디지털 신호를 모두 전송할 수 있다.

아날로그 데이터는 아날로그 신호로 나타내어 다시 코덱(CODEC)을 통하여 디지털 신호로 변환하는데 이는 Coder와 Decoder의 약어로써 사용된다.

```
CODEC = Coder + Decoder
```

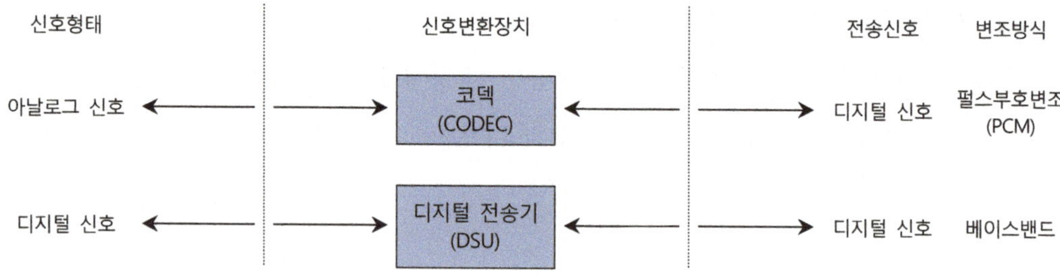

【그림 2-8】 디지털 전송 형태

코덱은 아날로그 신호를 디지털 데이터 형태인 비트 열(bit stream)로 변환하여 근사치의 디지털 신호로 전송하며 수신측에서는 비트 열을 받아 아날로그 신호로 변환한다. 디지털 데이터는 일단은 0과 1의 펄스 신호인 디지털 신호로 코드화되므로 디지털 전송을 디지털 신호의 전송으로 표현하는 경우가 많다.

디지털 전송은 전송장비 사이에 데이터 전송을 펄스 형태의 디지털 신호로 전송하여 수신시에 정확하게 구별하여 수신하면 에러 확률은 대폭 감소시킬 수 있다. 디지털 전송에서 전송 길이에 따라 이러한 에러 가능성이 높아져 장거리 전송에는 일정한 간격으로 설치되어 있는 리피터(repeater)에 의해 전송할 수 있고 각 리피터는 전송되어 온 데이터를 확인하여 재전송하므로 에러 없이 전송할 수 있다. 리피터는 증폭기의 기능에 감쇠된 전송 신호를 0과 1의 패턴으로 다시 복구한 후 디지털 정보로 재전송하므로 에러 가능성이 줄어든다.

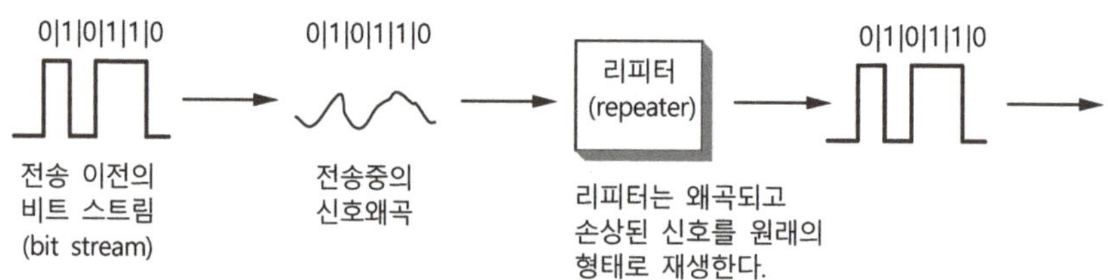

【그림 2-9】 리피터를 이용하는 디지털 전송

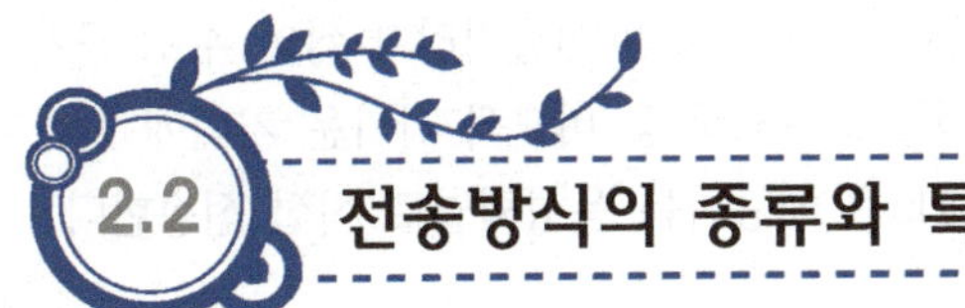

2.2 전송방식의 종류와 특성

2.2.1 부호화(Encoding)

데이터 즉 정보를 아날로그나 디지털 신호로 바꾸는 과정을 부호화(encoding)라 한다. 음성정보인 경우 전화기를 통해 아날로그 신호로 바뀌어 전송이 되고, 음성 정보를 디지털 전송하려면 이 정보를 디지털 신호화 한 후에 다시 아날로그 또는 디지털 전송신호로 변환시켜야 한다.

유선매체에서의 디지털 신호는 시간에 따라 전압값이 단속적으로 변하는 전압펄스이다.

그러나, 라디오 전파 등을 이용하는 무선매체나 광섬유와 같은 일부 유선매체에서는, 물리적인 특성상 신호가 이러한 전압펄스 형태로 흐를 수 없다. 따라서, 디지털 정보라고 하더라도 무선매체와 광섬유를 통과하는 신호는 아날로그 신호로 변환되어야 한다.

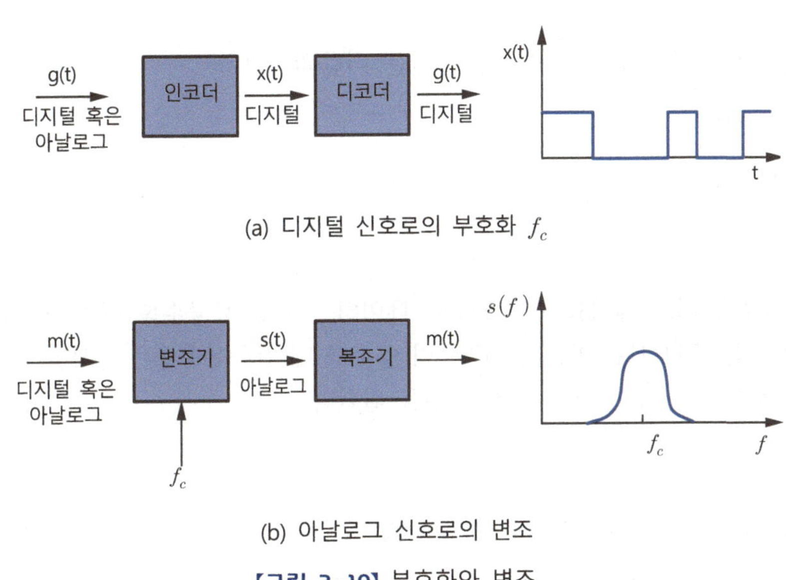

【그림 2-10】 부호화와 변조

▸ **베이스밴드전송**(Baseband transmission)

- 단말장치나 컴퓨터 등에서 출력되는 디지털 정보들을 부호화하여 변조 과정을 거치지 않고 원형에 가까운 파형으로 직접 전송한다. 부호화된 기저대역 신호를 유선매체나 전파를 통해서 전송하는 방식이다.
- 입력장치를 거친 신호와 전송신호가 동일한 주파수 대역을 갖는 경우 아날로그 신호와 디지털 신호가 모두 적용된다. 저속에서 고속에 이르기까지 다양한 용도로 사용된다.

• 케이블의 저항 혹은 전송로 손실의 영향을 많이 받기 때문에 정보 신호의 전송거리가 짧아 주로 근거리 전송인 컴퓨터 주변기기간의 통신이나 전화의 가입자망(local loop) 등 비교적 가까운 거리에 한하여 적용된다. 가입자망에서 음성신호를 300Hz에서 3,400Hz에 해당하는 음성채널로 직접 전송한다.

1. 디지털 정보데이터, 디지털 신호(베이스밴드)

디지털 정보는 두 가지 상태의 전압 값을 이용하면 간단히 디지털 신호로 표현된다. 2진수의 1과 0을 표시하는 방식에는 모두 양(+)의 전압이거나 혹은 모두 음(-)의 전압으로 표현하는 경우를 단극방식(unipolar)이라 한다. 반면에 양(+)의 전압과 음(-)의 전압을 모두 표현하는 방법인 유극형(polar) 신호 전송이라 한다.

▸ **데이터신호 전송률**(data signaling rate)/**데이터 전송률**

초당 전송되는 비트 수 또는, 데이터 전송 속도이고, 한 비트의 기간(duration) 혹은, 송신기가 한 비트를 방출하는데 소요되는 시간이다.

▸ **변조율**(modulation rate)

신호레벨이 변화하는 속도를 말하는 것으로, 보드(baud)로 표현되고 초당 신호 요소의 수이다.

수신된 신호를 평가하는 다음의 중요한 요인은 다음과 같다.

- 신호대잡음비(S/N비)
- 데이터 전송률
- 대역폭

S/N비가 증가할수록 비트 에러율은 감소하며, 데이터 전송률이 클수록 비트 에러율(비트가 에러상태로 수신되는 확률)은 증가한다. 아울러 대역폭이 클수록 데이터 전송률은 증가한다. 인코딩이란 데이터 비트를 신호요소로 매핑(mapping)하는 것을 말한다.

1) 단류방식

전압의 극성 중 한쪽으로만 구성된 파형, "0"→ 0V, "1"→ -E(혹은 +E) 표현되고, 수신측에서 "0"과 "1"의 판별은 전압의 최적치인 $\pm\frac{1}{2}E$ 를 기준으로 판별한다. 가장 단순한 방법인 반면, 잡음에 약하므로 근거리 전송에 사용한다.

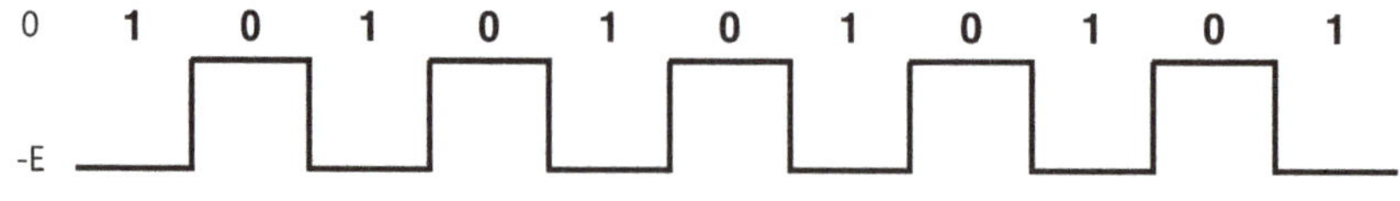

【그림 2-11】 단류방식

2) 복류방식

전압의 +, - 두 극성을 사용하는 파형으로 널리 사용되는 방식이다. "0" → +E(혹은 -E), "1" → -E(혹은 +E) 표현되고, 수신측에서 "0"과 "1"의 판별은 0전위를 기준으로 가능하므로 정확하고 안정된 전송이 가능한 장점이 있다.

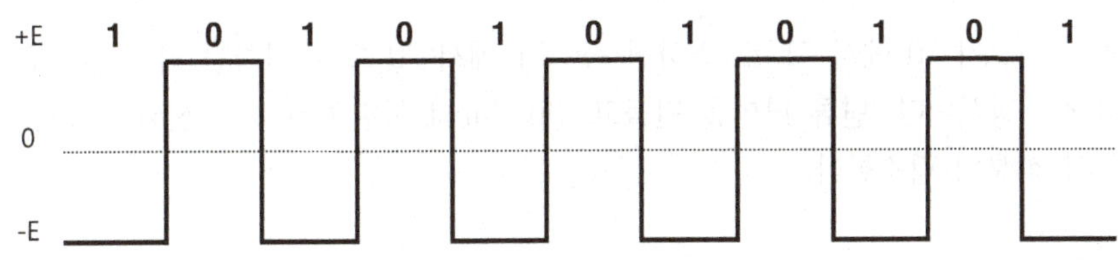

【그림 2-12】 복류방식

▸ **단류 NRZ**(Non Return to Zero)

단극성 전압을 사용하여 "0"을 0전위, "1"은 +E 전압(혹은 -E 전압)에 대응시킨 신호방식이다. 송·수신 회로가 간단하고 디지털 논리를 쉽게 표현할 수 있는 반면에, 잡음에 약하고 동기 능력이 부족하다.

▸ **단류 RZ**(Return to Zero)

단류 NRZ처럼 단극성 전압을 사용하여 "0"을 0전위, "1"은 +E 전압(혹은 -E 전압)에 대응하되, 비트펄스와 다음 비트펄스 사이에 0전위를 일정시간 유지하도록 복귀하는 방식이다. RZ은 NRZ 보다 동기가 용이하지만 넓은 대역폭이 필요하다.

▸ **복류 NRZ**(Non Return to Zero)

2진 신호를 양극성(+E, -E) 전압을 사용하여 "0"을 +E전위, "1"은 -E 전위로 나타내며, 비트간격 사이에 한 펄스를 모두 사용하도록 부호화하는 방식이다.

▸ **복류 RZ**(Return to Zero)

2진 신호를 양극성(+E, -E) 전압을 사용하여 "0"을 +E전위, "1"은 -E 전위로 나타내며, 비트펄스와 다음 비트펄스 사이에 0전위를 일정시간 유지하도록 복귀하는 방식이다.

▸ **바이폴라**(Bipolar)

RZ-AMI(Return to Zero-Alternative Mark Inversion)이라 하며, "0"일 때는 0 전위, "1"일 때는 +, - 전위를 교대로 변환시키는 방식이다. 이 방식은 +, - 부호가 2개 이상 연속되지 않는 특징이 있으며, +, - 전압을 교대로 전송하여 회선의 평균 전압을 0으로 유지시키는 장점이 있다.

▸ **CMI**(Coded Mark Inversion)방식

"1"이 입력되면 비트의 시작점부터 +E, -E가 교번하여 상태변화를 하며, "0"이 입력되면 비트의 중간

에서 +E 전위에서 -E 전위로 상태 변화를 하는 방식이다.

▸ **차분펄스방식**

"1"이 입력되면 현 상태를 그대로 유지하고, "0"이 입력되면 극성이 +, - 교번으로 변하는 방식이다.

▸ **다이코드방식**(Dicode)

연속되는 입력 비트가 "0"에서 "1"로 변하면 +E, "1"에서 "0"으로 변하면 -E 이며, 변화가 없으면 0 전위로 나타내는 방식이다. 단류 파형을 만들고, Bipolar와 동일하게 +, - 전위를 교대로 나타나 직류 성분과 저주파 성분이 감소한다.

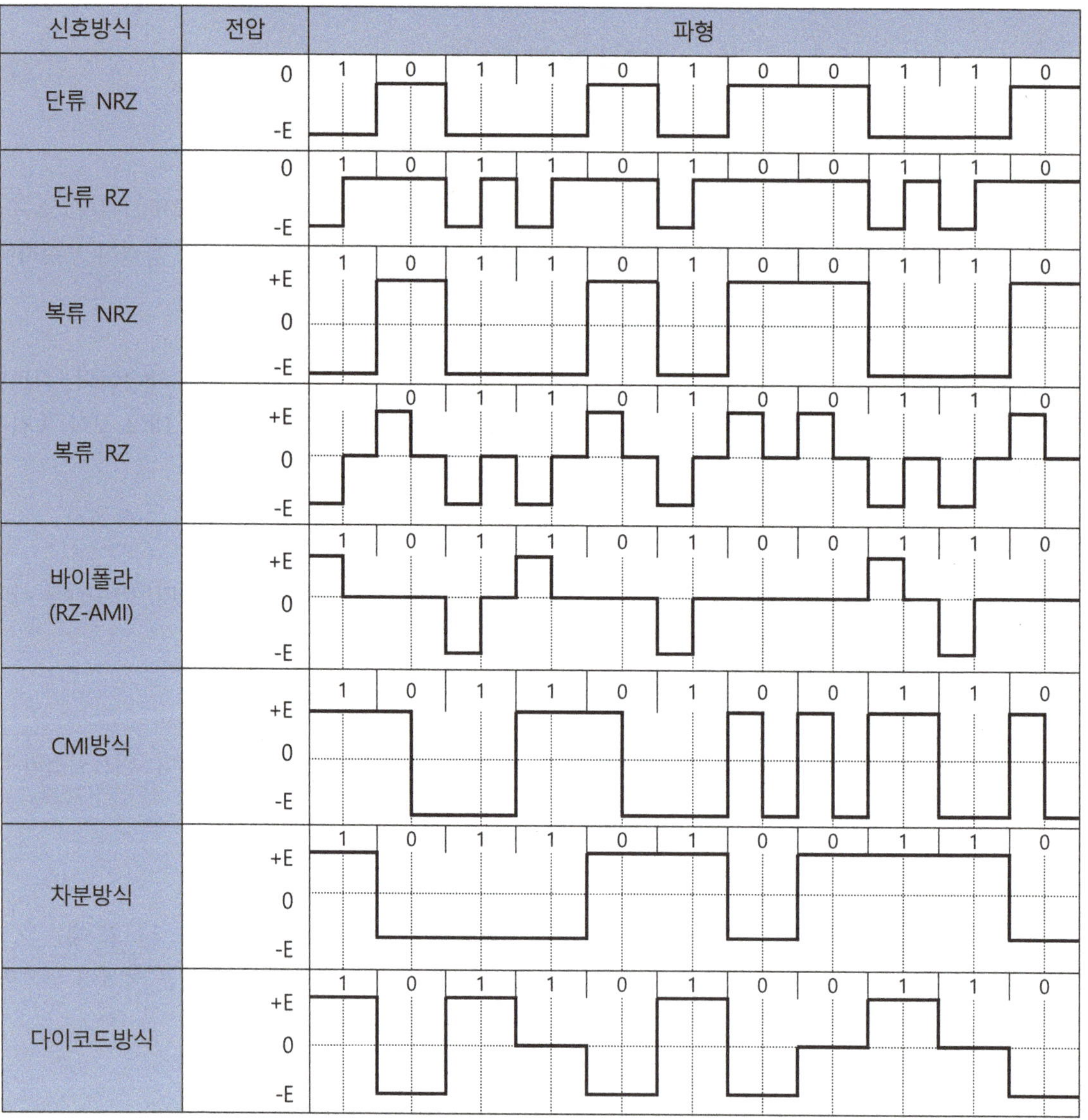

[그림 2-13] 베이스밴드 신호의 여러 가지 형태

2. 디지털 데이터, 아날로그 신호

일반적으로 디지털 데이터를 전송하기 위해서는 디지털 데이터를 아날로그 신호로 변환하여 전송하고, 수신측에서는 아날로그 신호를 디지털 데이터로 변환하여 전송하게 된다.

모뎀(Modem) = 변조 + 복조

- 변조(modulation) : 디지털 데이터를 아날로그 신호로 변환하는 것
- 복조(demodulation) : 아날로그 신호를 디지털 데이터로 변환하는 것

인코딩 기법으로는 전송신호 특성인 진폭(amplitude), 주파수(frequency), 위상(phase) 중의 하나 또는 몇 개를 혼용해서 변조에 이용된다. 디지털 신호를 변조할 때는 진폭편이변조(amplitude shift keying), 주파수편이변조(frequency shift keying), 위상편이변조(phase shift keying)이라고 표현한다.

▸ **진폭편이변조방식**(amplitude shift keying)

진폭편이변조방식(ASK)은 디지털신호의 두 비트 값에 각기 다른 진폭을 대응시키는 진폭변조방식이다. 즉, 반송파의 진폭을 2가지 혹은 4가지 등으로 정하여 데이터가 1 또는 0으로 변함에 따라 미리 약속된 진폭의 정현파를 상대방에게 보내고, 수신측에서는 이를 약속된 원래의 1 또는 0으로 만들어 주는 변조방식이다.

이 방식에서 두 개의 2 값은 각각 다른 진폭을 가진 반송파로 표현될 수 있다.

$$s(t) = \begin{cases} A\cos(2\pi fct + \theta c) & \text{2진수 1} \\ 0 & \text{2진수 0} \end{cases}$$

여기서 반송신호(carrier signal)는 $A\cos(2\pi f_c t + \theta_c)$이다.

그림 2-14 (a)와 같이 비트 값 1을 나타내는 기간(bit duration) 중에는 반송파가 흐르게 하고, 0을 나타내는 기간 중에는 반송파가 흐르지 않게 하는 방법이다.

ASK는 간단하지만 신호 대 잡음비가 좋지 않은 상태에서는 수신 측에서 아날로그 신호(반송파)의 흐름여부를 분명히 가릴 수 없어서 0과 1을 구별하기가 어렵다는 단점을 갖는다.

- 갑작스러운 이득(gain)의 변화에 민감하게 반응하며, 다소 비효율적인 변조방식이다. 음성급 회선의 경우 1,200bps의 속도 이하로 전송할 경우에 사용된다.
- 무선전신(wireless telegraphy) 시스템에서 널리 이용되어 왔으며, 광섬유를 이용한 디지털전송에서도 사용된다.

▸ **주파수편이변조방식**(frequency shift keying)

주파수편이방식은 두 개의 비트 값에 각기 다른 주파수의 신호를 대응시킨다. 즉, 진폭은 항상 일정하게 두고, 수신된 데이터 신호의 0은 높은 주파수, 1은 낮은 주파수를 할당해서 데이터를 전송한다.

$$s(t) = \begin{cases} A\cos(2\pi f1t + \theta c) & \text{2진수 1} \\ A\cos(2\pi f2t + \theta c) & \text{2진수 0} \end{cases}$$

여기서, f_1과 f_2는 반송신호의 주파수 f_c와 동일한 차이를 갖는 것이 일반적이다.

이 방식은 수신된 신호를 두 개의 주파수로 분리한 다음 양쪽 모두에 대해 0과 1을 식별하는 과정을 거치므로 비교적 정확히 정보를 복원할 수 있다. 그러나, 보내고자 하는 정보전송률이 높아지면 그만큼 높은 주파수를 반송파로 써야 하는데 이는 너무 낮은 주파수로 변조할 경우, 복조회로가 0과 1을 정확히 식별하지 못하기 때문이다.

- ASK방식에 비해 잡음 등의 레벨 변동에 영향을 받지 않으며, 회로도 비교적 단순하게 구성할 수 있다. 고주파(3 ~ 30MHz)의 라디오에서도 흔히 사용된다.
- 동축 케이블을 사용하는 LAN에서 보다 높은 주파수로 사용될 수 있다.

▸ **위상편이변조방식**(phase shift keying)

위상편이변조방식은 비트 값을 나타내기 위해 반송파의 위상으로 표현하는 방법이다. 비트 값이 0일 때는 위상을 φ = 0으로 놓고, 1일 때는 φ = 180°로 바꾼다.

수신 측에서는 원래의 반송파의 위상과 비교하여 같으면 0으로, 다르면 1로 인식한다.

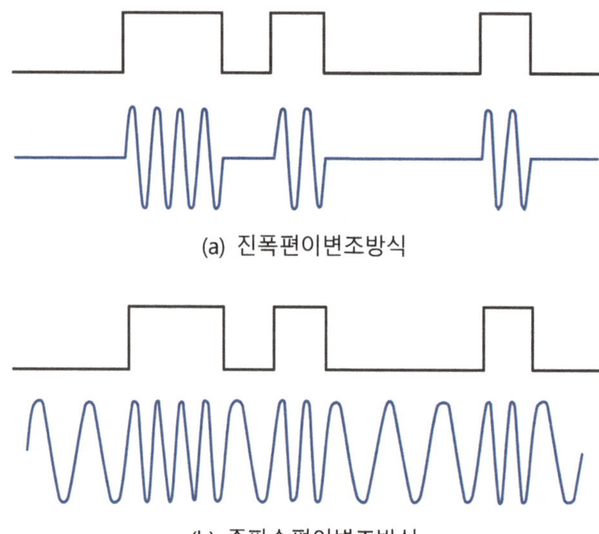

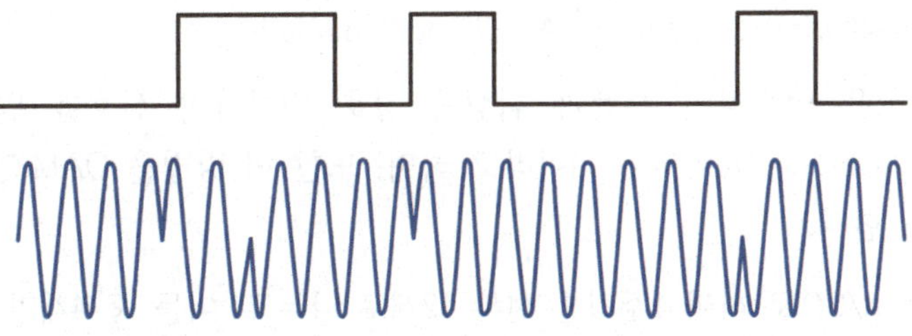

(c) 위상편이변조방식

【그림 2-14】 디지털 데이터의 아날로그 변조

이 방식은 2진수 0이 이전의 위상과 같은 위상을 가진 신호를 보내고, 2진수 1은 이전의 위상과 반대 위상을 가진 신호를 보냄으로써 각각 표시한다.

$$s(t) = \begin{cases} A\cos(2\pi fct + \pi) & \text{2진수 1} \\ A\cos(2\pi fct) & \text{2진수 0} \end{cases}$$

PSK는 수신 측이 위상의 변화를 추적하기 위해 위상의 동기화 회로를 필요로 하는데, 이 회로비용이 적지 않다.

이런 부담을 피하는 방법으로 DPSK(Differential PSK)가 있다. PSK는 일정 진폭을 갖는 반송파의 위상을 2등분(DPSK), 4등분(QDPSK), 8등분(ODPSK) 등으로 나누어 디지털 값이 위상차를 갖도록 변조하는 방식이다.

- 일정한 간격의 위상 편이에 대하여 데이터를 전송하는 방법이므로 이를 복조하기 위해서 기준 위상이 필요하다. 기준 위상은 주로 바로 앞에 전송되는 데이터의 위상을 기준으로, 1을 나타내는 비트에서는 그 위상을 180° 만큼 바꾸고, 0을 나타내는 비트에서는 그 위상을 그대로 유지시킨다.
- 수신 측에서는 이전의 위상과 비교만 하면 되므로, 송신 측과 위상을 동기화 할 필요성이 없어진다.

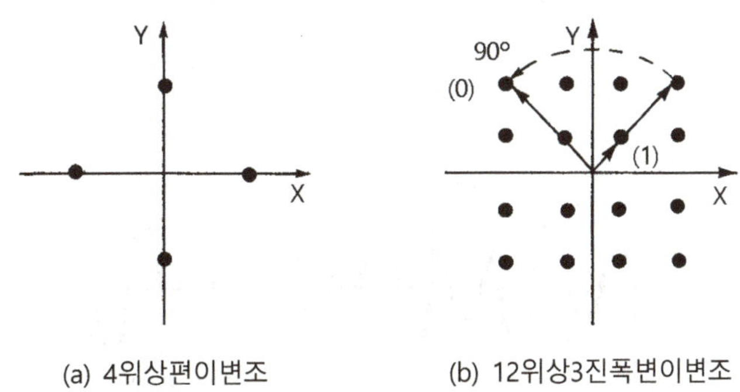

(a) 4위상편이변조 (b) 12위상3진폭변이변조

【그림 2-15】 위상편이변조방식(다중레벨 변조)

▸ **진폭위상편이변조방식**(QAM, Quadrature Amplitude Modulation)

진폭위상편이변조방식은 반송파의 진폭과 위상을 상호 변화하여 신호를 얻는 변조방식으로서, QASK(Quadrature Amplitude Shift Keying)이라고 하며, 또한 이 방법을 QAM(Quadrature Amplitude Modulation)이라고도 한다.

- 위상변화의 단위를 π/6으로 하여 1주기를 전부 12개로 나누고, 이들 중 4개의 각(0000, 0001, 1000, 1111에 해당되는 각)에는 진폭을 2개의 값으로 각각 갖게 하여, 모두 16개의 서로 다른 상태를 만들어 한 번에 실어 보낼 수 있게 한다.
- 한 번에 실리는 4비트 중 첫 번째 비트 Q_1은 진폭을 결정하는데 쓰이고, 그 다음의 비트 Q_2, Q_3, Q_4에 의해 위상 편이각이 결정된다.

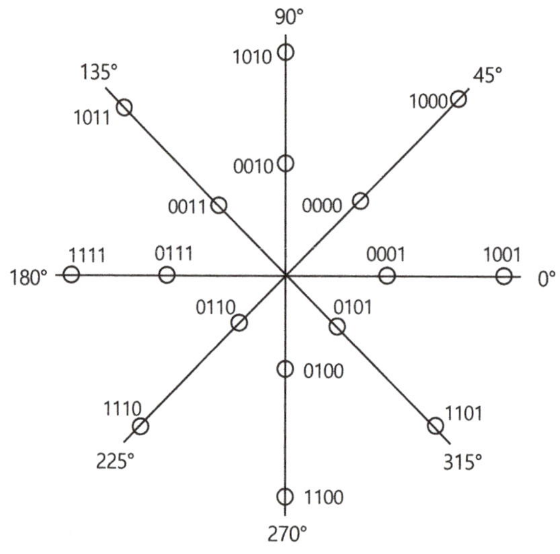

【그림 2-16】 QASK 신호 요소

QAM은 ASK와 PSK 변조를 혼합한 변조방식으로 반송파의 진폭과 위상을 상호 변환하여 신호를 얻는 방식이다. 예를 들어 4위상 2진폭(3비트), 8위상 1진폭(3비트) 등은 한번에 3비트씩 전송할 수 있다.

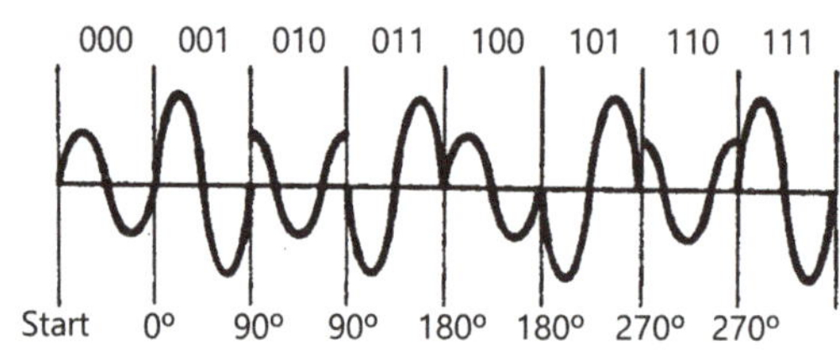

【그림 2-17】 QAM변조방식(4위상 2진폭)

3. 아날로그 데이터, 디지털 신호

아날로그 데이터를 디지털 데이터로 변환하는 과정을 디지털화(digitization)라고 한다. 아날로그 데이터를 전송을 위해 디지털 형태로 변환시키고, 이 디지털 형태를 원래의 아날로그 데이터로 복구시키는 기구를 코덱(codec, coder-decoder)이라 한다. 여기서는 펄스코드(pulse code)변조와 델타(delta) 변조가 있다.

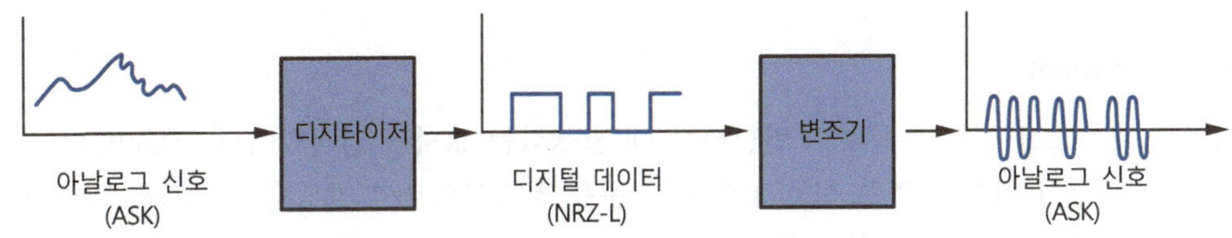

【그림 2-18】 아날로그 데이터의 디지털화

▸ PCM전송방식

PCM은 아날로그 입력 신호를 조작하여 얻어진 이산적인 디지털 신호인 펄스의 부호로 전송하고, 수신측에서 다시 원래의 아날로그 신호로 변환하는 방식이다. 아날로그 신호의 진폭을 디지털 부호화하여 표현하는 대표적인 펄스변조를 펄스코드변조(PCM: Pulse Code Modulation)라 하며, 이것은 나이퀴스트의 표본 추출 정리(Sampling theorem)에 의하여, 표본의 진폭에 따라 크기를 이진 비트의 집합으로 표현할 수 있다.

PCM 전송은 표본화, 양자화, 부호화의 과정에 의하여 이루어진다.

- 디지털 신호로 전송하기 때문에 능률이 좋은 정보전송이 가능하다.
- 국간 중계 회선 및 근거리 시외전화 회선으로 많이 사용한다.
- PCM-24 채널방식이나 PCM-32 채널방식이 널리 이용된다.

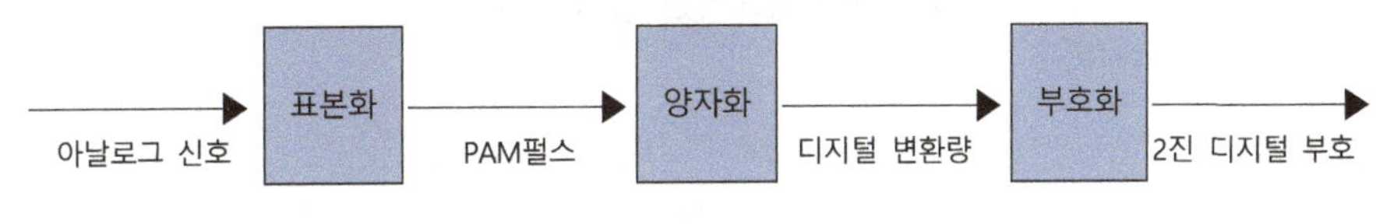

【그림 2-19】 PCM의 3단계 과정

1) 표본화(Sampling)

연속적인 아날로그 신호를 일정한 간격으로 추출하고, 각 표본의 진폭을 폭이 매우 좁은 펄스인 PAM(Pulse Amplitude Modulation)신호로 변환하는 과정이다. 나이퀴스트의 표본 추출 정리에 따라 표본추출 주파수는 여과(filter) 후에 통신채널에 흐를 수 있는 신호의 최대 주파수 f의 2배 이상으로 표본화를 하면 원래의 신호를 재생할 수 있는 것이다.

예를 들어, 음성신호에 사용하는 주파수가 4KHz인 경우, 원래 주파수를 f_0, 표본화 주파수를 f라고 하면 f = $2f_0$로 f = 8KHz가 되고 표본화 주기는

$$T = 1/f = 125\mu s$$

가 되며, 주기 T로 신호파의 진폭을 표본화하면 PAM(Pulse Amplitude Modulation)파로 된다.

2) 양자화(Quantizing)

입력 아날로그 신호를 디지털 신호로 변환시킬 때 발생하는 오차를 양자화 잡음(quantization noise)이라고 하며, 과부하 잡음은 입력 신호가 일정 수준을 초과함으로써 발생되는 오차를 말한다. 이러한 오차를 줄이기 위한 양자화 잡음 감소방법으로는 입력 진폭이 작은 부분에서는 양자화 잡음이 커지기 때문에 S/N비가 열화되므로 계단의 간격을 좁게 하고, 입력 진폭이 큰 곳에서는 계단 간격을 넓게 두는 방법인 비선형 코드화(nonlinear coding)가 있다.

균등 양자화의 경우 PAM 전단에서 원 아날로그 신호의 세기가 큰 부분은 줄이는 압축(compressing)기능과, 수신단에서 복호화 후에 세기가 작은 부분은 크게 하는 신장(expanding)기능을 갖는 압신기를 부착하는 방법이 있다.

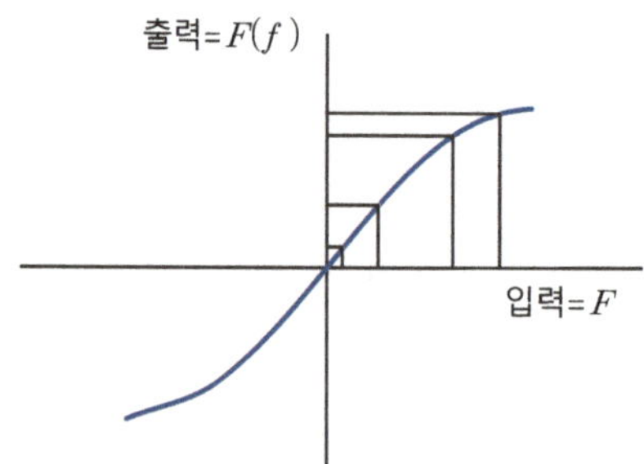

【그림 2-20】 대표적인 압축 팽창 함수

3) 부호화(Encoding)

대역폭이 4KHz 범위 내에 있는 음성의 PCM 전송에서는, 일반적으로 n을 8로 구성하며, 이때 fs = 2×4,000 = 8,000이므로, 정보전송률은 64Kbps가 된다.

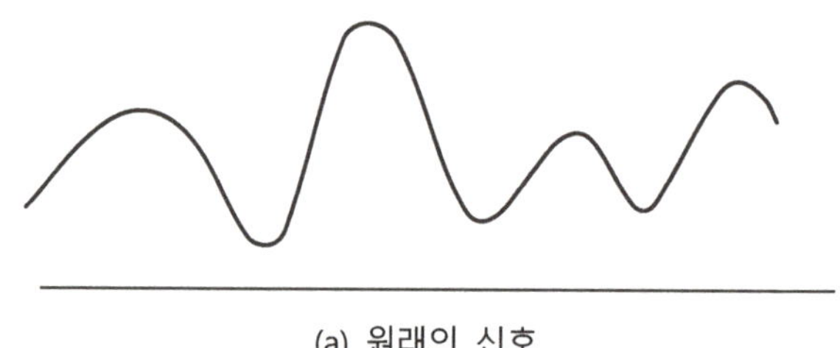

(a) 원래의 신호

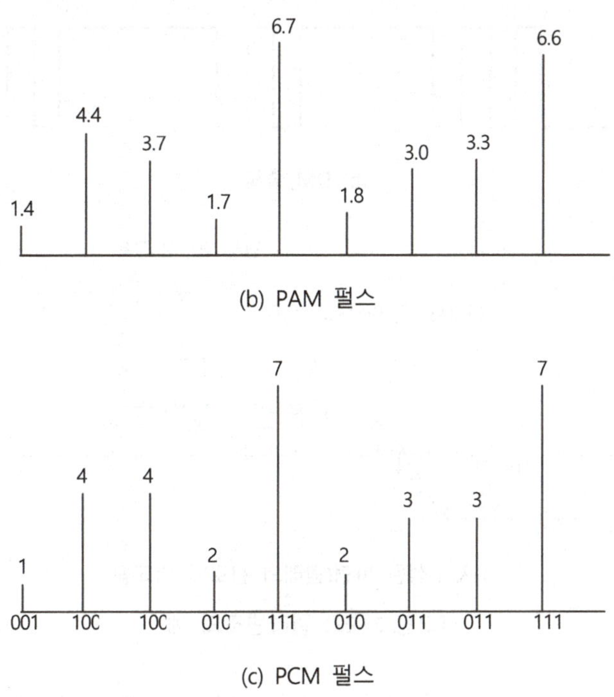

(b) PAM 펄스

(c) PCM 펄스

001100100010111010011011111

(d) PCM 결과

【그림 2-21】 아날로그 신호의 디지털화 과정

▸ **델타변조**(Delta modulation)

PCM방식의 성능을 증가시키고, PCM에 대한 대안으로 사용되는 방법이다. 델타변조에서 아날로그 데이터는 각 샘플을 취하는 시간마다 단 하나의 정량화 레벨(quantization level)을 오르거나 내리는 계단형의 함수에 의해서 근사치가 구해진다.

그림 2-22 (c)는 그 예를 보이고 있다.

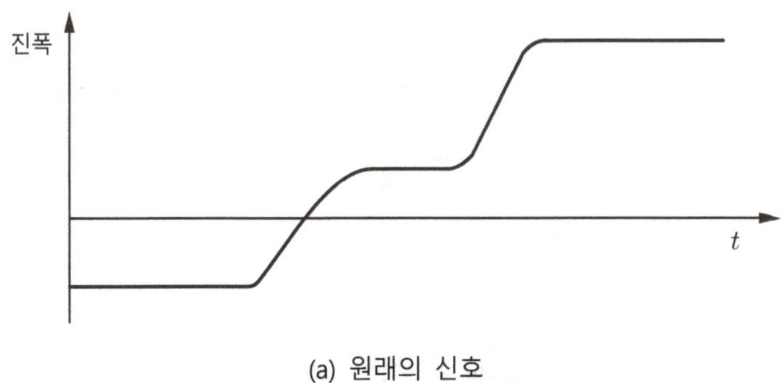

(a) 원래의 신호

(b) DM 출력

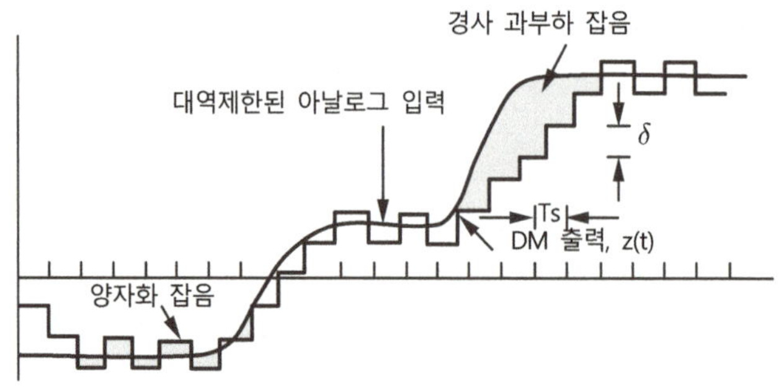

(c) 재구성된 파형(원래의 신호와 비교됨)

【그림 2-22】 델타변조의 예

그림 2-23은 입력 파형의 값이 계단 함수의 값보다 크면 1, 그렇지 않으면 0이 생성된다. 이때의 출력은 2진수로 전송된다. 이 값은 재구성된 파형으로 1인 경우는 상수값 δ가 더해지고, 0인 경우는 δ만큼 감해진다.

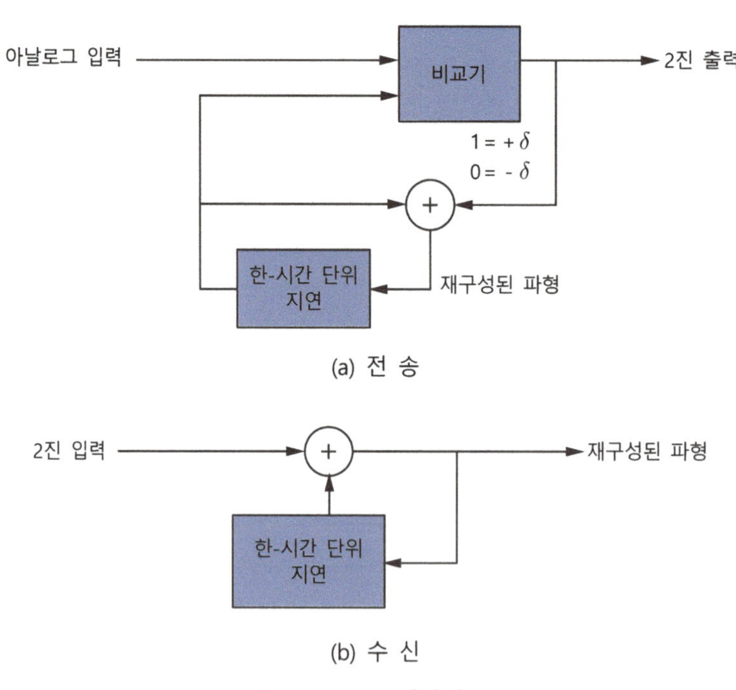

(b) 수 신

【그림 2-23】 델타변조

장점

- PCM방식에 비해 구현이 간단하다.
- 전송샘플링 속도를 증가시킴으로써 신뢰도를 향상시킬 수 있다.
- 데이터 전송률을 기존 방식보다 1/2 ~ 1/4까지 줄일 수 있다.

단점

- 레벨변동에 매우 취약하다.
- DM 특유의 양자화 잡음이 발생된다.
- 1비트의 양자화기를 사용하므로 출력되는 디지털 신호는 암호화 등 보안대책을 별도로 수립해야 된다.

▸ **적응적 차등펄스코드변조**(Adaptive Differential PCM, ADPCM)

- 각 표본의 추정치를 바로 이전의 표본으로 설정하고 추정치와 실제값과의 차이를 전송하는 것으로 코드화할 신호가 음성일 때 주로 사용된다.
- 차등적 펄스변조의 경사과부하 문제를 해결하는데 사용되는 예측장치(predictor)는 신호의 변화정도를 예측하고, 변화가 심한 경우 표본간의 차이를 1보다 큰 값으로 나눈 몫을 전송한다. 나눌 때 사용되어진 값도 전송하여 수신측에서 올바르게 해석할 수 있도록 한다.
  코드화된 표본간의 차이는 작아지게 되고, 보다 적은 수의 비트로서도 음성신호를 디지털화할 수 있다.

▸ **선형적 예측변조**(Linear Predictive Coding, LPC)

- 일정시간 동안의 음성블록을 통하여 음도주기(pitch period)와 포만트정보를 추출하여 표본대신에 이를 전송하는 방식이다.
- 포만트(formant)란 음성신호스펙트럼의 전력을 분석해 볼 때 짧은 시간동안에 균일하게 분포하는 것이 아니라, 서너 개의 주파수에 집중되어지는 현상을 말한다. 소량의 정보만 전송되기 때문에, 4.8kbps 정도의 낮은 정보전송률로도 음성을 전송할 수 있다.

E1 캐리어(E1 carrier)는 2.048Mbps의 전송속도를 갖으며, 프레임은 8비트로 이루어진 32개의 타임슬롯으로 구분된다.

이 중 30개는 64kbps의 음성신호전송을 위한 채널로 사용되고, 나머지 2개의 타임슬롯은 각각 동기화 및 신호정보전송을 위한 채널로 사용된다.

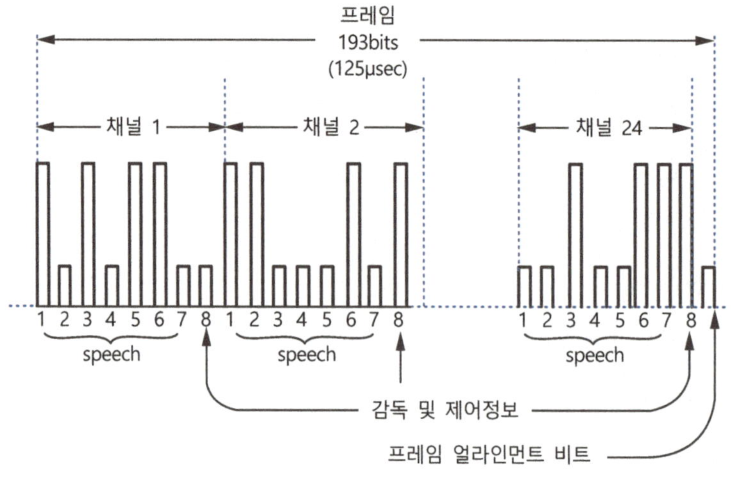

(a) T1 캐리어

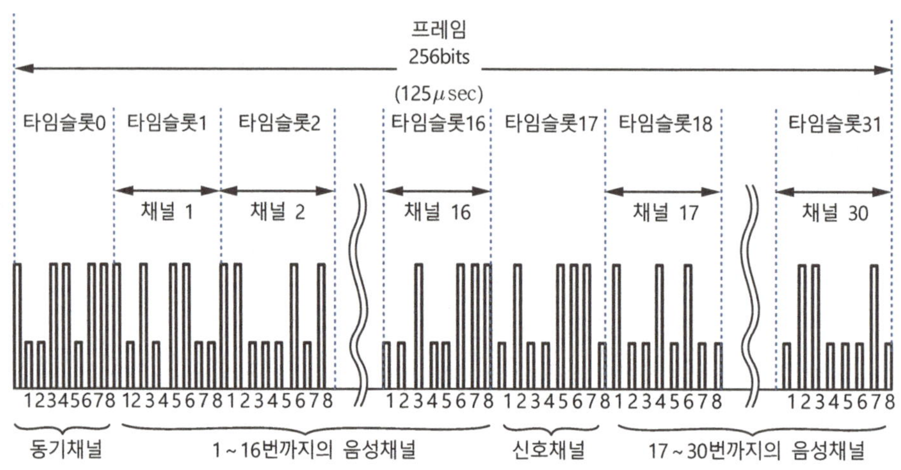

(b) E1 캐리어

[그림 2-24] T1 캐리어와 E1 캐리어의 프레임 구조

PCM/TDM-24채널방식(NAS : 북미방식)

① 1 프레임(frame) 내에 24채널 할당(음성채널수 : 24개)
② 각 채널은 8개의 비트로 구성
③ 프레임당 비트 수 : 193개(= 8비트×24채널+프레임동기비트)
④ 전송속도 : 1.544Mbps(= 193×8,000)
⑤ 표본화 주파수(주기) : 8kHz(125μs)
⑥ 채널 및 비트 당 점유시간
   ㉮ 1 프레임 : 125[μs]
   ㉯ 125[μs] ÷ 24 = 5.2[μs]
   ㉰ 5.2[μs] ÷ 8 = 0.65[μs] : 1 프레임에서 1비트가 차지하는 시간으로 125[μs] / 193[bit] = 0.648[μs]

PCM/TDM-30채널방식(CEPT : 유럽방식)

① 1 프레임(frame) 내에 30채널 할당(음성채널수 : 30개)
② 각 채널은 8개의 비트로 구성
③ 프레임당 비트 수 : 256개(= 8비트×32채널)
④ 전송속도 : 2.048Mbps(= 256×8,000)
⑤ 표본화 주파수(주기) : 8kHz(125μs)
⑥ 채널 및 비트 당 점유시간
 ㉮ 1 프레임 : 125[μs]
 ㉯ 125[μs] ÷ 32 = 3.9[μs]
 ㉰ 3.9[μs] ÷ 8 = 0.488[μs] : 1 프레임에서 1비트가 차지하는 시간으로 125[μs] / 256[bit] = 0.488[μs]

4. 아날로그 데이터, 아날로그 신호

아날로그 데이터를 아날로그 신호로 전송하는 경우는 전화, 라디오, TV 등에서 볼 수 있으며, 아날로그 전송 신호는 전송매체에 일정한 주파수를 가지는 반송파(carrier)를 사용한다.

입력신호와 fc의 주파수를 가진 반송파를 결합하여, 중심 fc의 대역폭을 갖는 신호 s(t)를 생성하는 과정을 변조(modulation)라 한다.

아날로그 데이터를 변조하는 기본적인 기법을 살펴보면 진폭변조(Amplitude Modulation; AM), 주파수변조(Frequency Modulation; FM), 위상변조(Phase Modulation; PM)로 나눌 수 있다.

▸ **진폭변조**(Amplitude modulation)

진폭변조는 개념적으로 가장 단순한 형태의 변조로써, 어느 일정한 주파수를 갖는 아날로그 신호의 진폭을 변화시켜 정보를 전달하는 방법이다.

즉, 기저대역신호에 따라 반송신호를 곱하여 얻어지는데, 여기서 두 신호의 곱은 각 신호의 순간 진폭을 곱해준다는 의미이다.

즉, 아날로그 데이터를 반송파의 진폭에 실어서 전송하는 방식이다. 수식으로 표현하면

$$s(t) = [1 + n_a x(t)] \cos 2\pi f_c t$$

로 표현 가능하다.

여기서 $\cos 2\pi f_c t$는 반송신호이고, n_a는 변조지수이며 x(t)는 변조될 입력 신호이다.

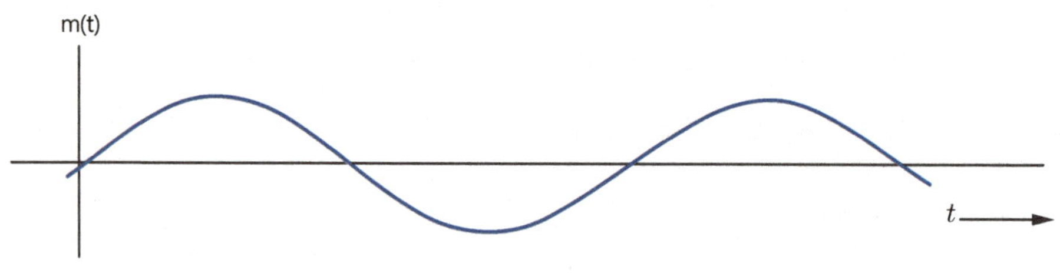

(a) 정현파의 변조된 파형

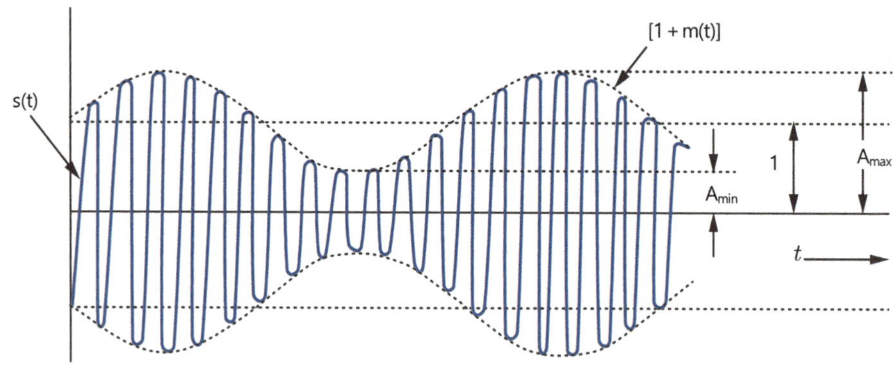

(b) 결과의 AM 신호

【그림 2-25】 진폭변조

▸ **주파수변조와 위상변조**(Frequency modulation and Phase modulation)

주파수변조(FM)와 위상변조(PM)는 각 변조(angle modulation)의 특수한 형태이다.

이 경우, 변조된 신호는

$$s(t) = A_c \cos[2\pi f_c t + \Phi(t)]$$

의 형태를 갖는다. 위상변조에서는 위상이 변조되는 신호 m(t)에 비례한다.

즉,

$$\Phi(t) = n_p\, m(t)$$

이고, 여기서, n_p는 위상변조지수이다.

주파수변조에서 위상 변화의 도함수는 변조 신호 m(t)에 비례한다.

$$\Phi'(t) = n_f\, m(t)$$

이고, 여기서, n_f는 주파수변조함수이다.

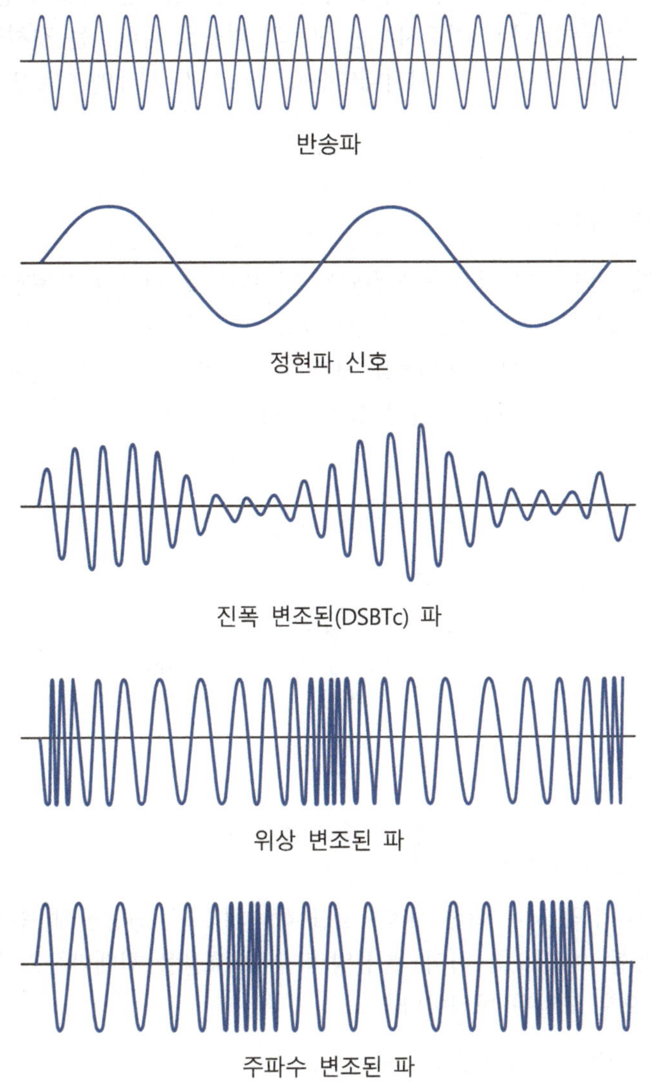

【그림 2-26】 아날로그 변조 형태

위상변조방식은 진폭이 변하지 않으면 위상은 일정하게 유지되므로, 변조된 신호의 순간주파수는 변함이 없다. 하지만, 진폭이 변하면 순간주파수는 변함이 없지만 위상은 변한다. 주파수변조방식은 FM방송 등에서도 사용되고 있으며, 변조된 반송파의 진폭이 변조 신호의 크기와 관계없이 항상 일정하다는 것이다.

일반적으로 주파수변조는 진폭변조에 비해서 많은 대역폭을 요구하지만 잡음에는 강한 특징이 있다.

위상변조방식은 기저대역신호의 기울기에 비례하여 변조된 신호의 순간주파수가 높아지며, 주파수

변조방식은 기저대역신호의 크기에 비례하여 순간주파수가 높아지는 관계가 있다.

즉, 기저대역신호를 미분한 값으로 주파수 변조하면 기저대역신호를 바로 위상변조한 것과 동일한 신호를 얻을 수 있다. 진폭변조에서 변조지수는 진폭의 비율로 나타나는 것처럼 주파수변조에서의 변조지수는 주파수의 비율로 나타난다. 기저대역신호의 크기가 최대에 이르면 변조된 신호의 순간 주파수가 최대가 된다.

2.2.2 다중화방식(Multiplexing)

통신 시스템에서 여러 개의 단말 장치에 전송되는 데이터들을 하나의 공통된 고속 전송로를 이용하여 정보전송이 가능하도록 하는 방법이 사용되며, 이를 다중화(multiplexing)라 한다. 이와같이, 여러 경로를 통해 들어오는 정보의 흐름들을 모으는 다중화 기능과 반대편에서 다중화된 정보를 다시 여러 경로로 분리해 주는 기능을 가진 장비를 역다중화 장치(DEMUX : demultiplexer)라고 한다.

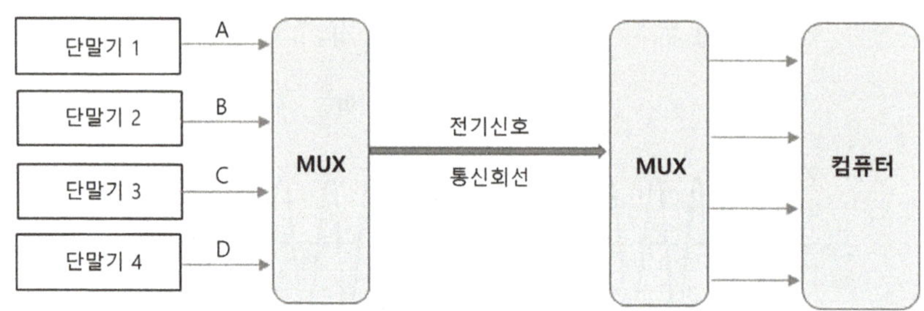

[그림 2-27] 다중화 방식

일반적으로 다중화는 다수의 저속 회선 사용자들을 하나의 고속 전용선에 묶어서 접속하여 통신망 자원을 공동으로 이용할 수 있도록 하며, 통신망의 연결 효율을 최대화하고 통신비용을 절감하기 위한 회선 공유 개념으로 도입된 방식이다.

다중화방법에는 주파수분할다중화(FDM; Frequency Division Multiplexing), 시분할다중화(TDM; Time Division Multiplexing) 및 다중화에 복잡한 회로를 첨가시켜 동기 TDM의 효율을 개선한 것이 있다. 이것은 통계 TDM, 비동기 TDM, 지능 TDM과 같이 여러 가지 이름으로 불린다. 여기서는 통계적 시분할 다중화(STDM; Statistical TDM)를 사용한다.

1. 주파수분할다중화(Frequency Division Multiplexing, FDM)

- 전송하려는 신호의 필요한 대역폭보다 전송매체의 유효 대역폭이 클 때 가능한 방식이다. 동일시간에 좁은 주파수 대역을 점유하는 여러 신호들이 각기 다른 반송파에 변조(modulation)되어, 넓은 주파수 대역을 가진 하나의 전송로를 따라서 동시에 전송하는 방식이다.
- 반송파에 의해 변조된 신호는 채널(channel)이라는 반송주파수를 중심으로 어떤 대역폭을 요구한다. 채널 간에 상호간섭을 배제하기 위해서는 충분한 간격을 두고, 사용되지 않는 부분은 보호 주파수대

(guard band)로 분리하며 독립적인 여러 개의 채널이 되도록 한다. 수신측에서는 원하는 주파수 요소만을 여과(filtering)과정을 통해서 얻는다.

- TV 방송과 통신 위성은 공기(air)라는 대역폭이 넓은 전송로를 통해 전송되고, 수신자의 채널 선택은 안테나에 의해 수신된 복합 신호를 해당되는 반송파 주파수에 따라 여과시키는 과정

그림 2-28은 4개의 신호원들이 한 개의 다중화에 신호를 보내면 서로 다른 주파수(f_1, f_2, f_3, f_4)로 신호들을 변조한다.

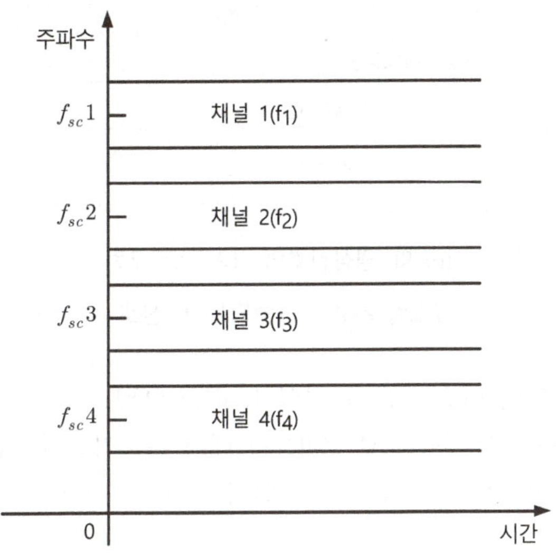

[그림 2-28] 주파수 분할 다중화(FDM)

이 방식의 장점은 비교적 간단한 구조를 갖기 때문에 실제 가격이 저렴하며, 이 방식 자체가 주파수 편이 변복조기의 역할을 수행하므로 별도의 변복조기가 필요 없다는 점이다.

이 방식의 예로 TV 방송이 있으며, 이때 사용되는 TV신호는 6MHz 대역폭에 맞추어져 있다.

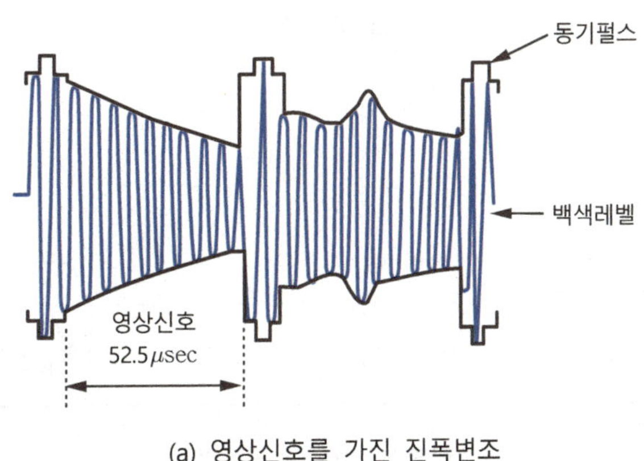

(a) 영상신호를 가진 진폭변조

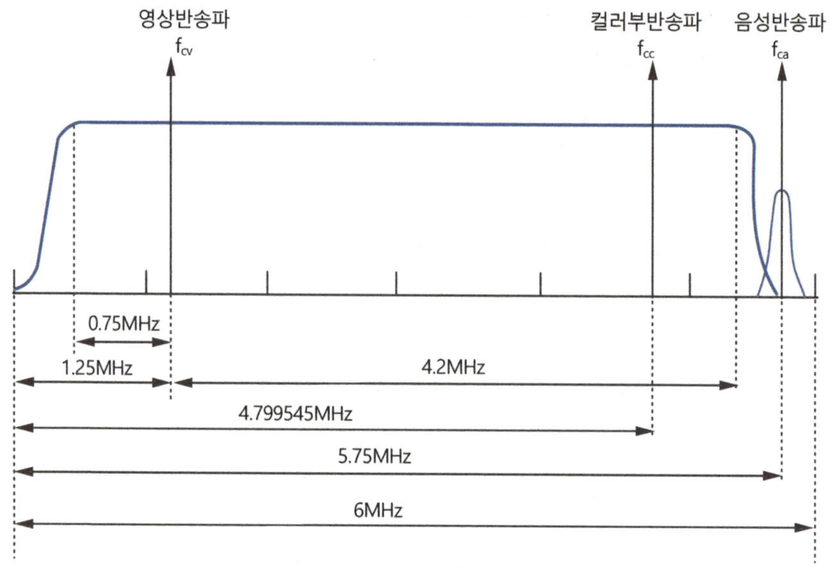

(b) RF 영상신호의 크기 스펙트럼

【그림 2-29】 전송되는 TV신호

흑백 영상 신호는 AM변조되어 반송파 f_{cv}에 실린다. 베이스밴드 영상신호는 4MHz의 대역폭을 가지게 되므로 변조된 신호는 f_{cv}를 중심으로 8MHz의 대역폭을 가진다. 대역폭 유지를 위해 신호를 측대파 필터(sideband filter)를 통해 보냄으로써 대부분의 하부 측대파를 억제한다.

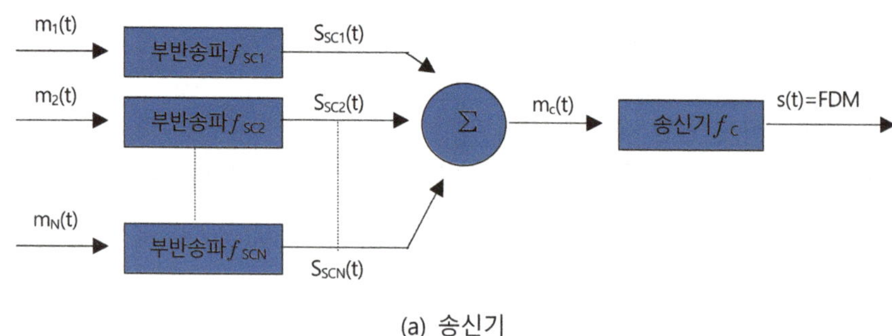

(a) 송신기

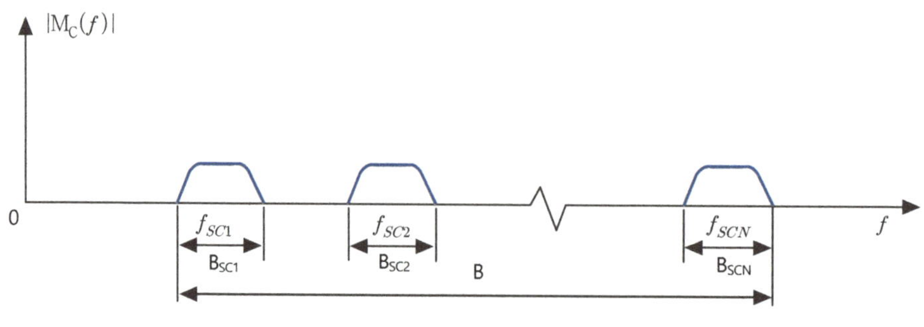

(b) 혼성신호의 스펙트럼

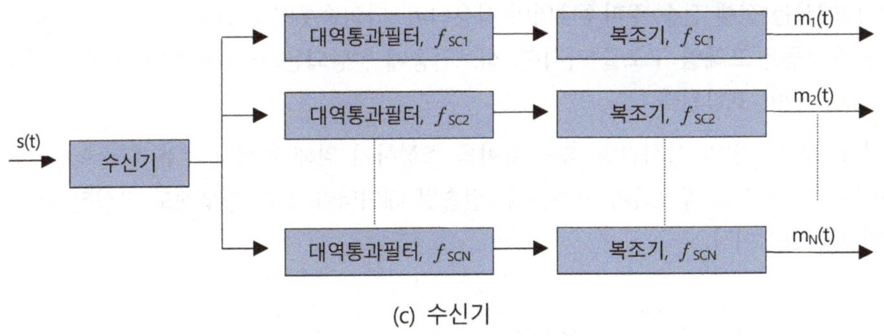

(c) 수신기

【그림 2-30】 주파수 분할 다중화 시스템

이 결과로 신호는 f_{cv} - 0.75MHz 부근에서부터 f_{cv} + 4.2MHz까지 이른다. 컬러를 보내기 위해서는 별도의 컬러 부 반송파 f_{cc}가 사용된다. f_{cv}와 간섭 배제를 위해서 충분히 떨어져 있어야 한다. 이 두 신호의 유효대역폭의 바깥쪽에 음성 부분이 f_{ca}로 변조된다. 음성 신호를 위해서는 50KHz의 대역폭을 할당한다.

혼성 신호는 대역의 하한에서부터 각각 1.25MHz, 4.79MHz, 5.75MHz에 영상, 컬러, 음성 신호 반송파를 가진 6MHz 대역폭에 맞추어서 사용한다. 따라서 다중 TV 신호는 각각 6MHz의 대역폭을 가진 CATV 케이블에 주파수 분할로 다중화된다.

2. 동기시분할다중화(Synchronous Time Division Multiplexing, STDM)

- 하나의 전송로를 타임슬롯(time slot)이라는 기본 단위로 나누어 시간을 할당하고, 이들을 다시 일정한 크기의 프레임(frame)으로 묶어, 채널별로 프레임상의 특정한 위치에 해당하는 슬롯을 배정하는 방식

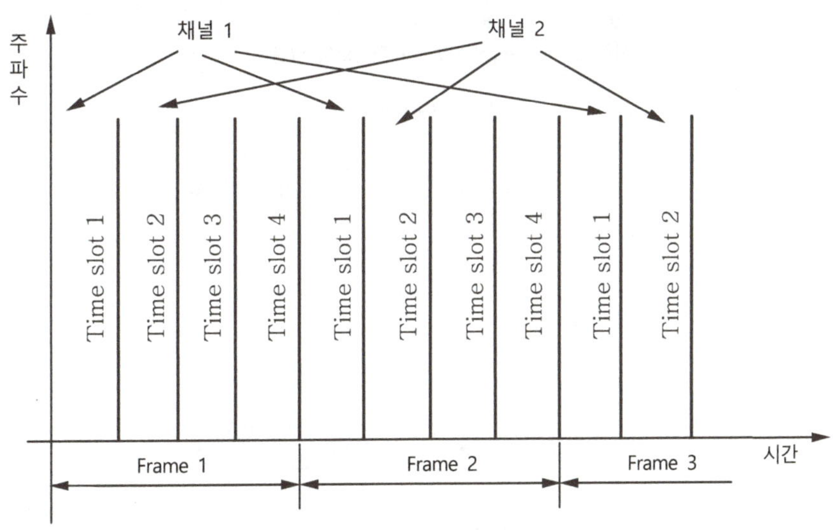

【그림 2-31】 시분할 다중화(TDM)

- 타임슬롯 내에서는 전체 전송 주파수대역이 사용되며, 타임슬롯의 단위는 보통 125μs이다. 한 주기 동안의 모든 채널들은 프레임 구조를 가지며, 정보전송에 할당되는 채널 이외에 프레임 제어, 관리를 위한 채널(channel)이 포함된다.
- 내부 동작속도와 각 단말 장치간의 속도 차이를 조정하기 위해 입력 신호는 다중화되기 전에 각자의 버퍼에서 기다리다 미리 할당되어 고정한다. 전송될 데이터가 없는 경우에도 고정된 타임슬롯이 배정되게 되어 비효율적이다.

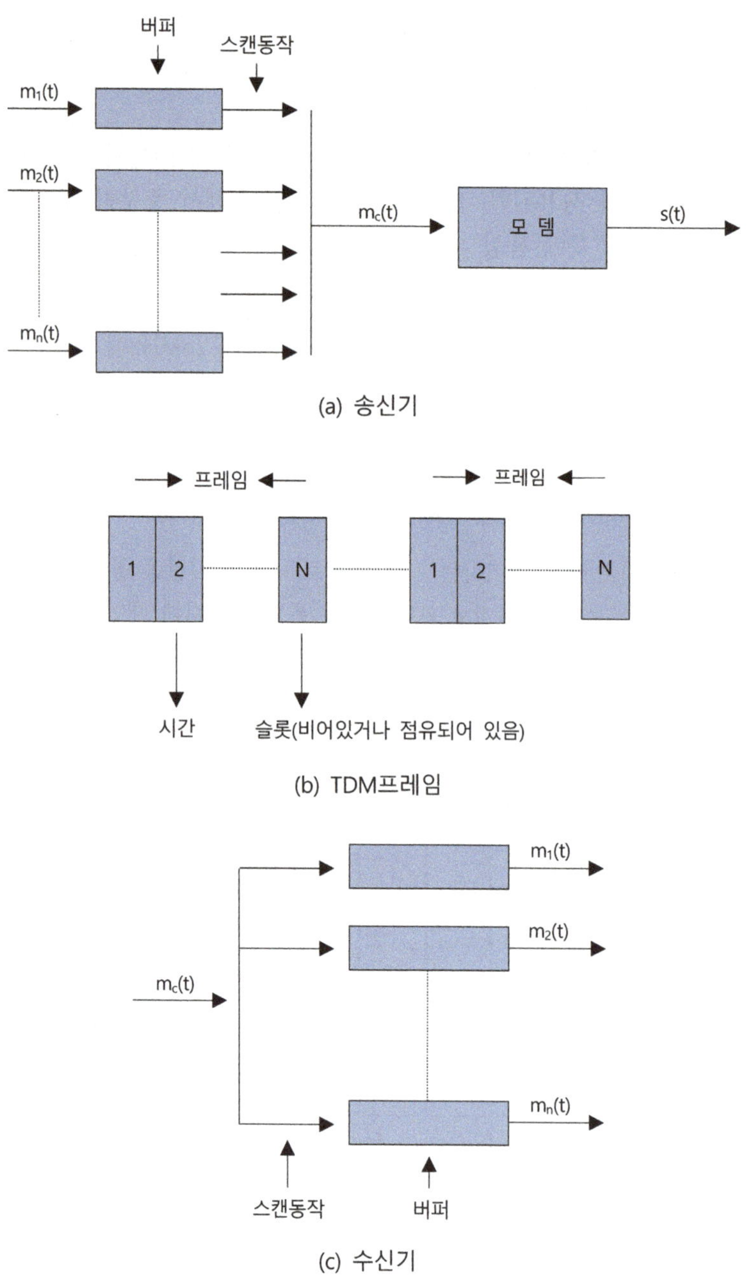

[그림 2-32] 동기시분할 다중화

동기 시분할다중화(synchronous time-division multiplexing)는 매체의 데이터 전송률이 전송 디지털 신호의 데이터 전송률을 초과할 때 가능하며, 다중 디지털 신호는 각 신호들을 시간적으로 인터리빙(interleaving)시켜 단일 전송로로 보내진다. 인터리빙은 비트레벨이거나, 바이트의 블록, 혹은 그 이상의 크기로 수행된다. 이 방식에 사용되는 기술은 문자 및 비트 인터리빙이 있다.

▸ **문자 인터리빙**(character-interleaving) **기술**

비동기적 소스에 사용되며, 각 타임 슬롯은 한 문자의 데이터를 포함한다. 모든 문자의 시작과 정지비트는 전송 전에 제거되고, 수신기에서 재삽입하여 효율을 향상시킨다.

▸ **비트 인터리빙**(bit interleaving) **기술**

동기적 소스 및 비동기적 소스와 함께 사용되며, 각 타임 슬롯은 한 비트만 포함한다.

3. 통계적 시분할다중화(Statistical TDM, STDM)

통계적 시분할다중화방식은 비동기(Asynchronous) TDM 또는 지능형(Intelligent) TDM이라 하며 동기적 시분할다중화방식의 문제점을 개선한 방법이다. 일반적으로 TDM에서는 전송될 데이터가 없는 경우 배정된 채널의 타임슬롯은 빈 채로 전송되며, 반면에 전송될 데이터 전송 속도가 타임슬롯보다 느려 속도 보정이 필요한 경우가 많다.

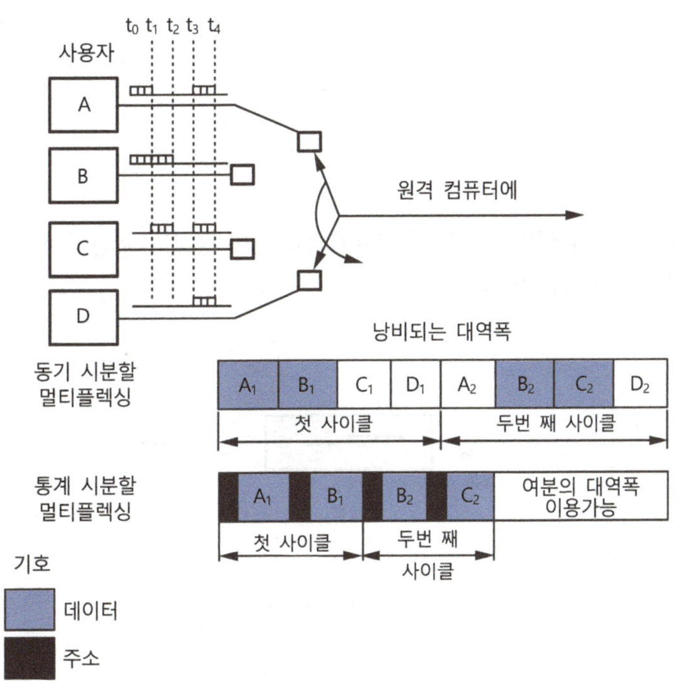

【그림 2-33】 동기시분할다중화방식과 통계시분할다중화방식의 비교

- 보다 효율적으로 타임슬롯을 배정하는 방안으로 제시된 것으로, 전송 데이터가 있는 경우만 타임 슬롯을 배정하여 전송하는 방법이다. 고정된 길이의 프레임 개념이 없으며, 필요에 따라 셀이 사용되므로 별도의 채널 주소 정보가 필요하게 된다.
- 이러한 주소 필드를 추가함에 따라 타임 슬롯당 부하가 더 발생하게 되지만 실제로 데이터 전송을 요구하는 단말에만 타임 슬롯을 할당하기 때문에 대역폭의 낭비를 줄이고 전송 효율을 높일 수 있다.
- 이 방식에서 입력의 기능은 입력 버퍼를 조사하고, 프레임이 찰 때까지 데이터를 모은 뒤에 전송하고, 출력 다중화의 기능은 한 프레임을 받아서 적절한 출력 버퍼로 데이터의 슬롯들을 분산시킨다.

4. 코드분할방식(CDMA)

- 보내고자 하는 신호를 그 주파수대역보다 넓은 주파수대역으로 확산시켜 전송하는 대역확산(spread spectrum)방식이다. 각 사용자에게 서로 직교(orthogonal)하는 고유의 코드(code)를 부여하여 하나의 주파수 대역을 통해 여러 신호를 동시에 전송한다. 수신측에서 미리 정해진 코드를 이용하여 원하는 신호를 추출한다.
- 코드에 의해 구분된 여러 개의 노드가 동일한 주파수대역을 사용하므로, 한 채널로 보다 많은 통신 노드를 수용할 수 있다. 이 방식을 사용하면 잡음의 영향을 최대한 배제할 수 있으며, 높은 보안성이 유지된다.

2.2.3 통신방식

통신방식은 데이터를 주고받는 방식에 따라 단방향(simplex)통신, 반이중(half duplex)통신, 전이중(full duplex)통신으로 구분된다.

1. 단방향 통신(simplex)

- TV나 라디오 방송 또는 컴퓨터와 모니터의 연결에서와 같이 정보의 흐름이 접속된 두 장치 간에 한쪽 방향으로만 데이터를 전송하는 방식

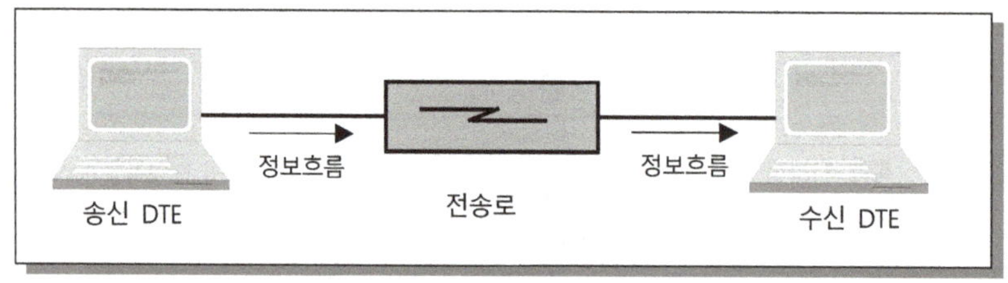

[그림 2-34] 단방향 통신방식

2. 반이중 통신(half duplex)

- 양방향으로 통신이 가능한 방식이나, 어느 한 시점에서는 한 방향으로만 데이터가 전송된다. 만약 양방향으로 동시에 데이터를 전송하게 되면 충돌이 발생하며, 이러한 충돌을 피하기 위해서는 데이터를

송신하기 전에 전송매체의 사용 가능 여부를 확인하여야 한다.

- 휴대용 무선 통신기, 컴퓨터의 경우 주 컴퓨터와 단말기 간에 주로 사용된다.

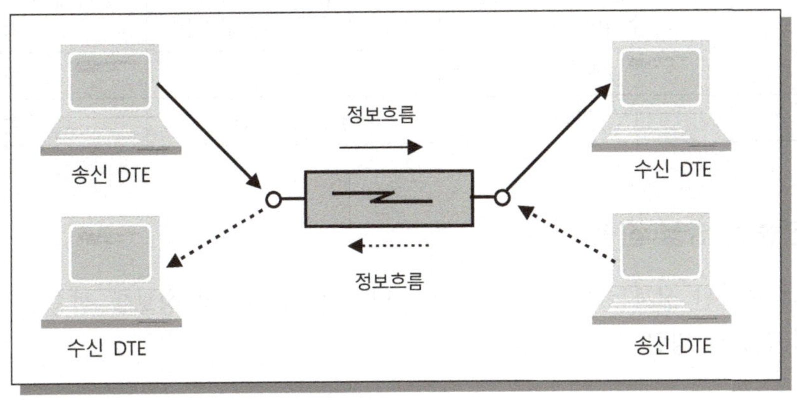

【그림 2-35】 반이중 통신방식

3. 전이중 통신(full duplex)

- 동시에 양방향으로 데이터를 전송할 수 있다.
- 송신과 수신을 위해 접속된 두 장치 간에 데이터가 양쪽 방향으로 동시에 흐를 수 있도록 별도의 채널을 두는 것이다.
- 하나의 전송매체를 두 개의 채널로 분할하여 사용할 수 있으며, 전송 방향에 따라 서로 다른 전송매체를 사용할 수도 있다.
  전화 통화 등 대부분의 통신이 이에 속하며, 양방향 통신이 되기 때문에 회선 사용률도 가장 높은 방식이다.

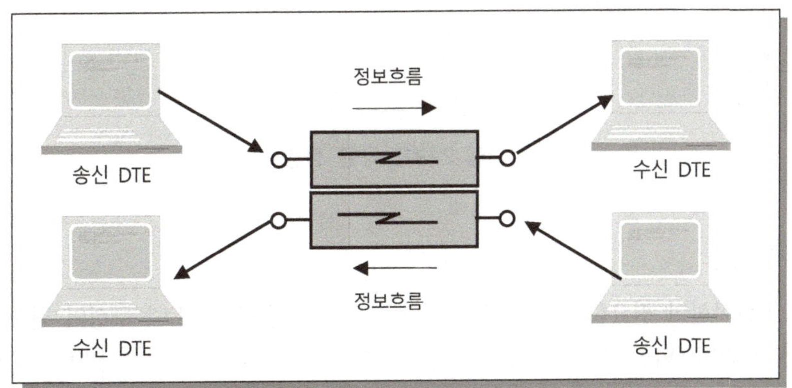

【그림 2-36】 전이중 통신방식

【표 2.1】 통신회선을 이용하는 방식

구분	단방향	반이중	전이중
방향	한쪽은 송신, 다른 쪽은 수신만 가능	양방향 통신은 가능하나 동시에 송수신은 불가능	동시에 양방향 송수신이 가능
선로	2선식	2선식	4선식
사용 예	TV, 라디오	무전기, 팩스	전화

2.2.4 직렬 전송과 병렬 전송

단말장치로부터 송출된 정보는 비트 단위로 전송되는데 이 단위의 정보를 전송로 상에 전달하는 방식으로 직렬 전송과 병렬 전송이 있다.

1. 직렬(Serial) 전송

- 원거리 전송에 적합하다. 하나의 데이터 전송회선을 사용함으로 회선비용이 저렴하다.
- 송수신간에 동기가 필요하며, 대부분 데이터 통신에 이용된다. 직·병렬 변환기가 필요하므로 시스템이 복잡하다. 데이터 전송회선이 하나이므로 병렬 전송에 비해 전송 속도가 느리다.

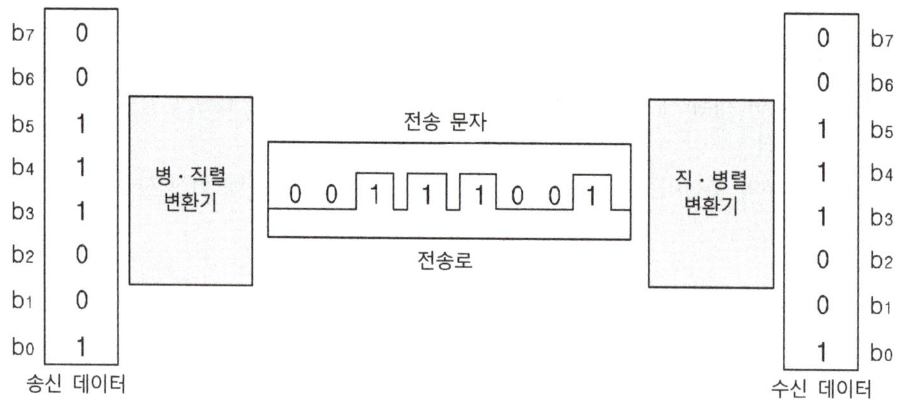

【그림 2-37】 직렬 전송

2. 병렬(Parallel) 전송

- 비트수 만큼 통신회선이 필요하므로 통신회선 비용이 많이 든다. 시스템 구성이 단순하고, 직·병렬 변환장치가 필요 없다. 회선수만큼 여러 비트를 동시에 전송할 수 있는 전송시스템으로서 단거리 고속 전송에 적합하다.
- 단위 시간에 다량의 데이터를 전송할 수 있다. 전송거리가 길어지면 각 전송선 별로 비트가 도착하는 시간이 다를 수 있어, 원래의 비트 블록을 정확히 복원하기 어려워진다.

- 컴퓨터의 중앙처리장치(CPU; Central Processing Unit)와 여러 주변장치 사이의 전송에서와 같이 전송 거리가 짧은 경우에 주로 사용되며, SCSI-Ⅰ, SCSI-Ⅱ, GPIB, Centronic의 규격 등이 널리 쓰이고 있다.

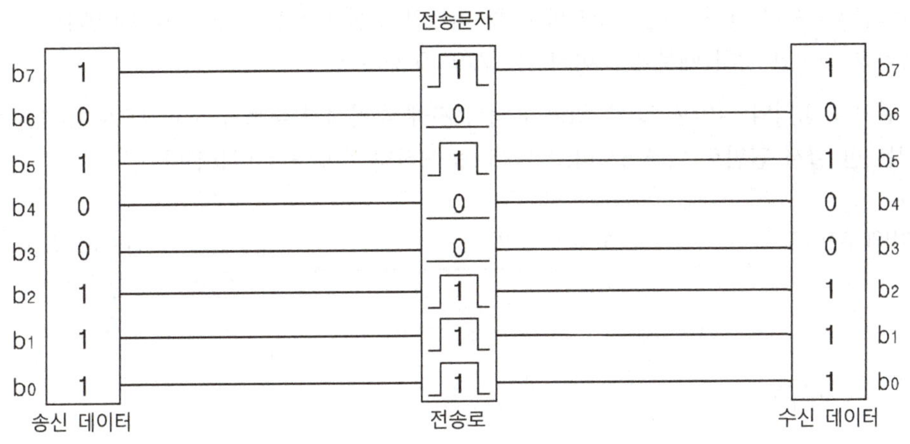

【그림 2-38】 병렬 전송

2.2.5 비동기식과 동기식전송

정보전송을 하는데 있어 송신과 수신이 원활하게 수행되기 위해서는 데이터를 주고받는 시점에 대한 약속이 필요하며, 이를 동기화(synchronization)라 한다. 즉, 송신측에서 정보와 정보 사이를 식별하기 위하여 일정한 간격을 두어 시간적으로 분해하여 데이터를 전송하게 되고 수신측은 일련의 입력 신호로부터 비트 값을 식별함과 동시에, 일정한 길이의 비트 블록을 묶어 정보를 복원해야 한다. 이와 같이 동기화란 송신측과 수신측 사이에 정보를 보내는 송신시점과 이를 받는 수신시점을 합의하는 절차를 말한다.

1. 비동기식전송(Asynchronous transmission)

비동기식전송에서 7비트의 ASCII코드에 에러확인을 위한 패리티 비트(parity bit)를 붙여 총 8비트를 하나의 비트 블록으로 하며, 여기에 스타트 비트와 스톱 비트를 추가하여 전송한다. 스타트 비트는 통상적으로 1비트가 쓰이고 데이터 비트는 7내지 8비트, 스톱 비트인 경우는 1비트 혹은 1.5비트, 2비트 등이 쓰인다.

비동기식전송은 송신측에서는 휴지(idle)상태를 나타내는 비트가 전송되다가, 전송할 문자가 있는 경우 시작을 알리는 스타트 비트로서 비트 0을 보내면서 전송을 시작한다. 그 후 패리티 비트를 포함한 8개 비트를 송신하며, 전송이 완료되었음을 나타내는 스톱 비트 1을 보낸 후, 다시 휴지 상태에 들어간다.

- 문자(character) 단위의 비트들이 전송되는 방식으로 스타트-스톱 전송방식이다. 전송하고자 하는 문

자와 문자를 구분하고, 송·수신측간의 동기를 유지하여 정확한 수신을 하기 위한 목적으로 전송 데이터의 앞뒤에 스타트 비트(start bit)와 스톱 비트(stop bit)를 가지는 방식으로 동기는 바이트(byte) 단위로 이루어진다.

- 동기화가 간단하므로 데이터통신의 초창기부터 사용되어 왔으며, 문자 당 2~3비트의 오버헤드를 요구하므로 전송효율이 낮다. 7비트 코드에서 한 비트의 스톱 비트를 사용할 때 매 9비트마다 2비트는 단지 동기화 기능만 갖기 때문에 오버헤드는 2/9=0.22가 된다.
- 문자의 길이를 임의의 길이로 할 수 있으나 각 문자에 추가적인 비트가 소요되므로 비효율적이고, 이때 동기는 한 글자 단위로 이루어지며, 2,000bps 이하의 속도에서 이용된다.

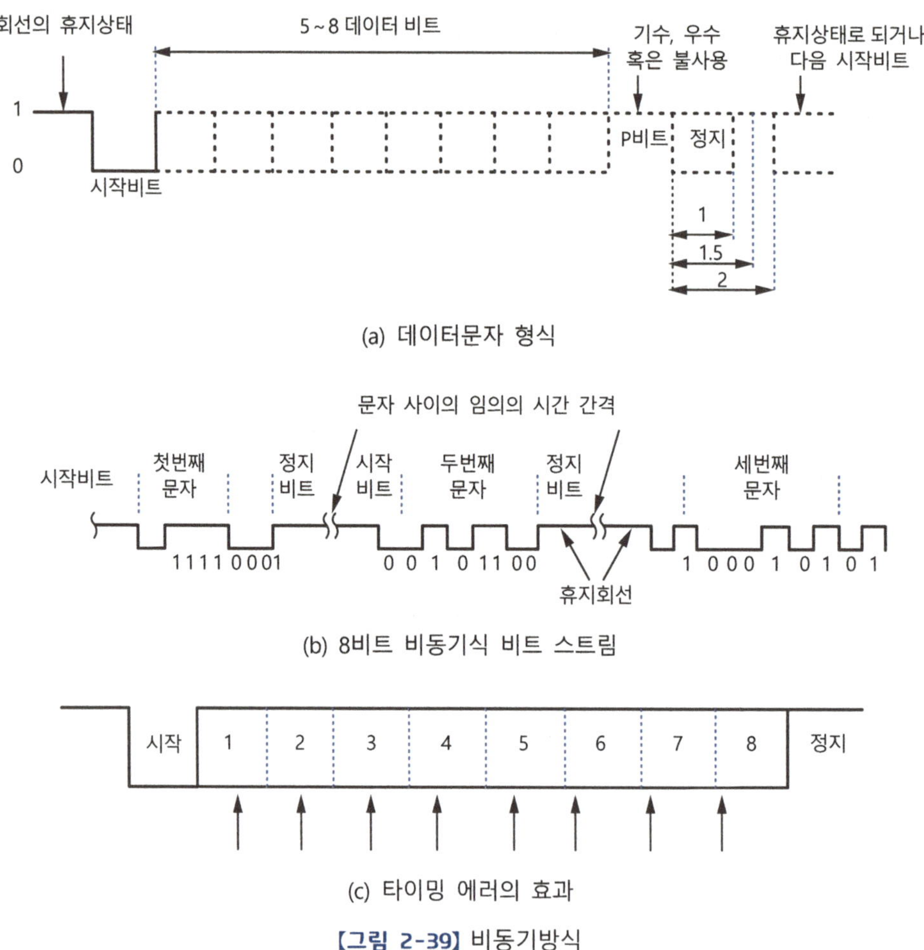

(a) 데이터문자 형식

(b) 8비트 비동기식 비트 스트림

(c) 타이밍 에러의 효과

【그림 2-39】 비동기방식

2. 동기식전송(synchronous transmission)

- 데이터의 전송에 앞서 수신측이 데이터 비트의 수신시간(bit sampling)을 얻도록 하는 방식으로, 송신측에서는 동기를 확립하기 위하여 필요한 동기 부호를 송신하는 방식이다. 동기 부호를 송신한 후에는 데이터 비트를 일정 주기로 연속하여 송신한다.

- 이 방식에서는 프레임(frame)이라 불리는 상대적으로 큰 크기의 비트 블록을 전송한다. 프레임을 구성하는 비트 블록의 형태에 의해 문자중심전송(character-oriented transmission)과 비트중심전송(bit-oriented transmission)으로 구분된다.

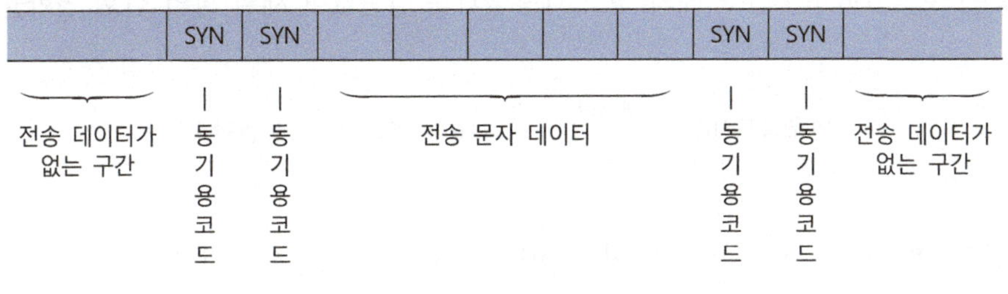

(a) 문자중심전송의 프레임구조

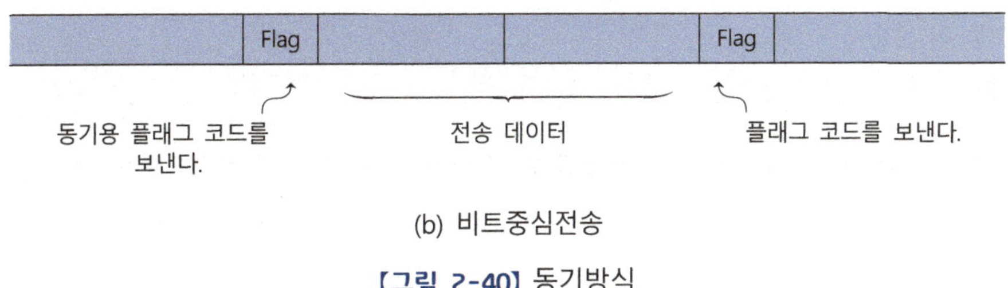

(b) 비트중심전송

[그림 2-40] 동기방식

▸ 문자중심전송

데이터 블록을 일련의 문자(8bit)들로 취급하며, 모든 제어 정보도 문자 형태로 나타난다. 프레임은 한 개 이상의 동기화 문자로 시작되고, 동기 부호로 "SYN"을 사용한다.

▸ 비트중심전송

전송단위를 일련의 비트들의 묶음으로 보고, 비트 블록의 처음과 끝을 나타내는 특별한 비트 패턴을 덧붙여 전송하는 방식이다. 데이터와 제어 정보는 8비트 문자 단위로 해석되어질 필요는 없으며, 8비트의 길이를 가진 플래그 패턴을 사용한다.

디지털 정보의 최소단위는 비트이며 정보의 형태에 따라 표현단위도 각기 다르므로, 전송방식도 문자위주의 고정된 크기보다 다양한 크기의 비트 블록을 허용하는 비트중심전송방식이 보다 효과적이다.

2.2.6 전송속도와 채널용량

전송속도는 단위 시간 당 전송되는 정보량을 말한다. 기본 단위로는 비트(bit)와 매초 당의 신호변환 또는 상태의 변환 수를 나타내는 보드(baud)가 있다.

1. 변조속도(Modulation speed)

변조속도는 1초에 변조할 수 있는 최대 변조 횟수를 나타내는 것으로, 단위는 보드(baud)이다. 보드 전송률(baud rate)은 회선의 상태가 단위시간(초)에 변하는 횟수를 나타낸다.

이때 사용되는 보드(baud)는 신호 내의 정보 내용물과는 상관없이 채널 상의 신호 변화율을 말한다.

$$\text{변조속도(B)} = \frac{\text{데이터신호속도}}{N} \quad (N : \text{변조시 상태 변화수})$$

보드 전송률은 변조율(modulation rate)이라 하며, 변화하는 신호요소의 횟수와 관련하여 신호율(signaling rate)이라고도 한다.

변조속도가 300[baud]이고 1개 비트를 단위 신호로 사용하는 경우 데이터 신호속도는 몇 bps인가?

300[baud] × 1단위 = 300[bps]

변조속도가 300(baud)이고 2개 비트를 단위 신호로 사용하는 경우 데이터 신호속도는 몇 bps인가?

300[baud] × 2단위 = 600[bps]

2. 데이터 신호속도(Signaling rate)

디지털전송의 속도는 비트 전송률(bit rate, bps; bit per second)을 단위로 하는 정보 전송률(data rate)로 나타낸다.

$$\text{데이터신호속도 } S = nB = B\log_2 M = \frac{1}{T}\log_2 M \text{ [bps]} (B : \text{변조속도})$$

변조신호가 200이고 1회의 변조로 3비트를 전송할 수 있을 때 몇 bps인가?

200 × 3 = 600[bps]

3. 데이터 전송속도(Signaling rate)

1초 동안 보낼 수 있는 문자 수, 워드 수, 또는 블록 수를 의미하며 단위는 [문자/초], [블록/초] 등이다.

데이터 신호속도와 데이터 전송속도의 관계는 다음과 같다.

데이터 전송속도 = $\frac{S}{m}$(m : 한 문자를 구성하는 비트 수)

1분 동안의 데이터 전송 속도

데이터 전송속도 = $\frac{S}{m}\times 60$[문자 수/분]

4. 베어러(bearer) 속도

베이스밴드(baseband) 전송방식에서 데이터 신호 이외에 동기신호, 상태신호를 포함하는 전송속도를 나타낸다.(단위 : bps)

예제

데이터 신호(8bit), 동기신호(1bit), 상태신호(1bit)로 구성되고 데이터 신호속도가 4,800bps인 경우 베어러 속도는?

4,800 + 4,800 × (2/6) = 6,400[bps]

5. 채널용량

▸ **나이퀘스트(Nyquist)의 채널용량**

전송로가 멀티레벨 전송을 하거나 변조전송을 할 때의 단위시간 당 전송 비트의 수

$C= 2B\log_2 M$ (여기서 C : 채널용량[bps], BW : 채널의 대역폭[Hz], M : 진수)

▸ **샤논(Shannon)의 채널용량**

전송 채널이 1초 동안 전송할 수 있는 비트의 수로 단위는 bps를 사용한다.

$C = B \cdot \log_2(1 + \frac{S}{N})$ (여기서 C : 채널용량[bps], BW : 채널의 대역폭[Hz], S/N : 신호 대 잡음비)

6. 전송효율

▸ **부호효율(Ec)**

전체 비트 중 정보를 나타내는 비트가 차지하는 비율

$$\text{부호 효율}(E_C) = \frac{\text{정보 비트의 수}}{\text{전체 비트의 수}}$$

▸ **전송효율(ET)**

$$\text{전송 효율}(E_T) = \frac{\text{정보 펄스의 수}}{\text{전체 펄스의 수}}$$

▸ **전송시스템 전체 효율(ES)**

전송시스템 전체 효율(ES) = 부호효율(EC) × 전송효율(ET) [%]

ASCII코드를 비동기식으로 전송하기 위하여 패리티비트(1비트), 시작비트(1비트), 정지비트(2비트)로 구성할 때 부호효율, 전송효율, 전송시스템 전체 효율은?

$\text{부호효율} = \frac{7}{1+7} = 0.875$, $\text{전송효율} = \frac{8}{1+8+2} = 0.727$

전송시스템 전체 효율 = 0.875 × 0.727 = 0.636

2.2.7 전송매체

전송매체는 송신기와 수신기 사이를 연결하는 물리적인 통로이다. 전송신호의 품질을 포함한 각종 전송특성은 기본적으로 전송매체의 물리적인 성격에 의존한다. 일반적으로 두 장비간의 전기적 신호의 전송은 전송선로의 형태를 갖는 전송매체를 이용한다.

전송매체는 한 쌍의 전도체나 전선으로 구성되어 있으며, 유리 섬유를 통하여 광선이나 전자기파가 자유 공간을 통과함으로써 이루어진다.

전송매체는 크게 유선매체와 무선매체로 구분되며, 유선매체인 경우는 2선식 개방선로, 이중나선, 동축 케이이블, 광섬유 케이블 등이 있고, 무선매체는 공기, 진공, 해수 등을 들 수 있다.

1. 2선식 개방선로(two wire open lines)

- 전송매체의 가장 간단한 형태로 각 도선은 공간으로 서로 격리되어 있다. 선로에서의 각각의 도선은 서로 절연되어 있으며 이 선로는 짧은 물리적인 거리(50m 이하), 적당한 전송속도(19.2kbps 이하)를 만족하는 두 장비의 연결에 충분하다. 전형적으로 전압이나 전류의 접지에 대한 상대인 레벨의 신호는 1개의 선에만 적용되며 다른 1개의 선은 접지에 해당된다.
- 2개의 컴퓨터(DTE)를 직접 연결하는데 사용되며, 또한 DTE와 DCE(예, 모뎀 등)를 연결하는 국지적 연결에 사용된다. 이러한 연결은 다수의 도선이 필요하므로 전선의 가장 완벽한 형태는 멀티코어 케이블(multicore cable) 혹은 flat ribbon 케이블이 된다. 케이블은 인접한 도선 간에 전기신호가 교차하여 두선 간의 캐패시티브 결합(capacitive coupling)의 근원이 되는 누화(crosstalk)가 발생한다.

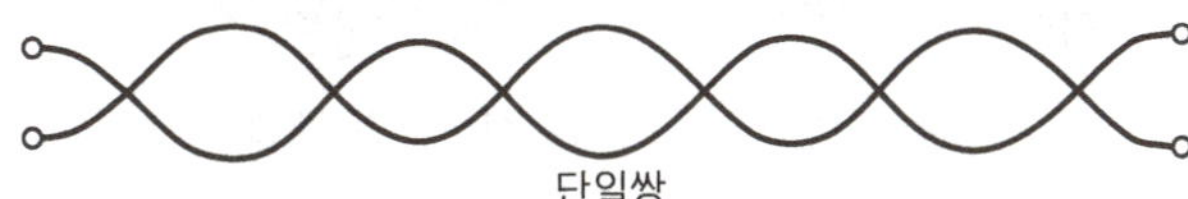

【그림 2-41】 2선식 개방 선로

2. 이중나선(Twisted pair line)

- 절연된 두 가닥의 구리선이 균일하게 서로 감겨 있는 형태이고, 이 케이블은 보호용의 외피로 감싸져 있으며, 장거리용의 경우는 케이블이 수백 개의 쌍을 가질 수도 있다. 잡음신호에 대해 보다 나은 신호를 얻는 방법으로 2개의 도선을 나선 모양으로 꼰 이중나선을 이용하는데 여기서 구리선을 꼬는 이유는 전자파 신호가 흘러가면서 생기는 전기 및 자기장이 어느 정도 상쇄되어 간섭이 줄어들기 때문이다.
- 같은 케이블 속에 병렬로 각 쌍의 이중나선들이 에워싼 케이블의 형태는 누화로 인한 간섭 영향이 훨씬 줄어든다. 다른 전송매체(동축 케이블, 광섬유 케이블 등)와 비교하여 전송거리, 대역폭, 데이터 전송률에 있어서 많은 제약점이 있으나 가장 흔히 사용되는 전송매체이다. 디지털과 아날로그 신호 모두를 전송할 수 있으며, 디지털인 경우는 2~3km마다 리피터를, 아날로그인 경우는 5~6km마다 증폭기를 필요로 한다.
- 지점 간 아날로그 신호 전송에서는 약 250KHz까지의 대역폭으로 전송이 가능하고, 디지털의 지점 간 회선에 대해서는 최대 수 Mbps까지의 데이터 전송률을 얻을 수 있다. 이 케이블은 UTP(Unshielded Twisted Pair : 비 차폐 트위스트 페어) 케이블과 STP(Shielded Twisted Pair : 차폐 트위스트 페어) 케이블로 나눌 수 있다. UTP 케이블은 전화망 및 데이터 통신 응용에서 많이 사용되고, STP 케이블은 간섭신호의 효과를 좀 더 감소시킬 수 있도록 만든 트위스트 케이블을 말한다.

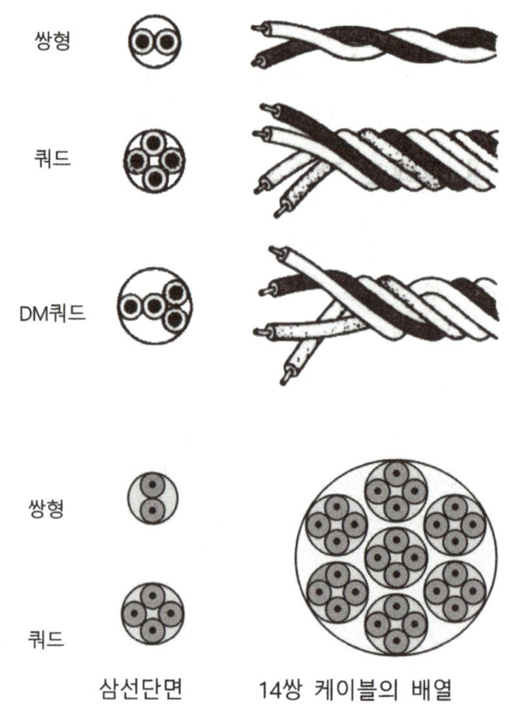

【그림 2-42】 이중나선 케이블의 구조

▸ **UTP**(Unshielded Twisted Pair : 비차폐 연선)

- UTP(unshielded twisted pair : 비차폐 연선)는 가장 보편적인 종류의 구리 전화선이다. 두 선간의 전자기 유도를 줄이기 위하여, 절연된 구리선이 두 가닥씩 서로 꼬아져 있다. 그래서 Twisted Pair이다.
- UTP 케이블은 STP 케이블에 비해서 감쇠현상이 심하고 EMI에 대해서도 약한 면을 가지고 있다. 물론 도청에도 아주 허술하다.
  전화 시스템은 보통 이 UTP 케이블을 사용한다. UTP 케이블에서의 전송속도는 1Mbps에서 100Mbps 사이인데 가장 많이 사용되는 속도는 10Mbps입니다.
- 전송속도 : 10Mbps 또는 100Mbps 다 사용가능하다.
- 거리제한 : 100M
- 가격이 가장 싸다.
- 유연성이 가장 높다.
- 설치가 쉽다.
- 베이스밴드사용

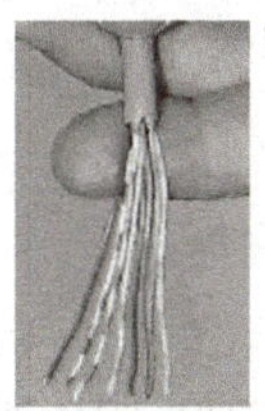

UTP케이블

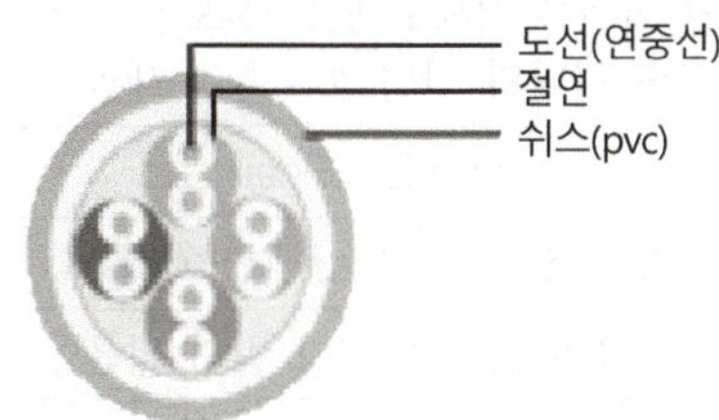

【그림 2-43】 UTP의 내부와 외부 모습

▸ **STP**(Shielded Twisted Pair : 차폐 연선)

- STP는 UTP와 얇은 동축 케이블보다는 비용이 더 들고 광섬유나 두꺼운 동축 케이블보다는 적게 든다. 특별한 커넥터를 위한 요구는 STP를 UTP보다 설치하기 더 어렵게 만들 수 있다. 커넥터는 전기적으로 접지가 되어야 한다.

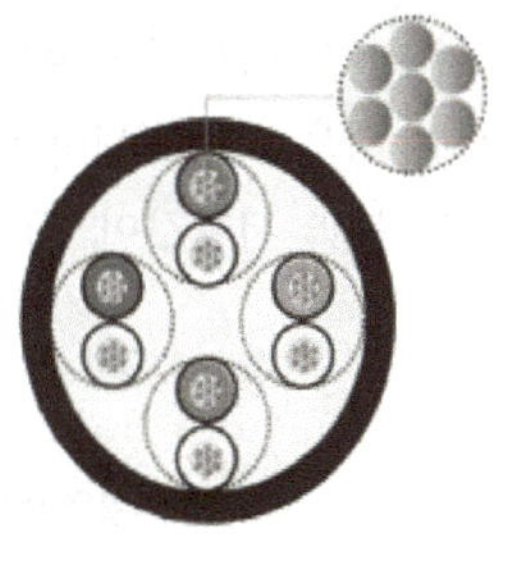

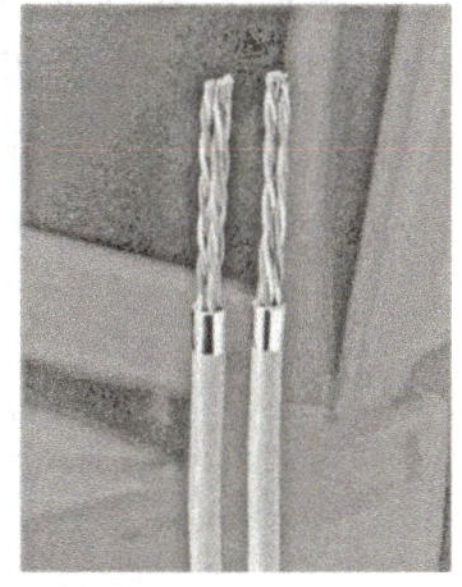

【그림 2-44】 STP의 내부와 외부 모습

- STP는 이론상 100m 케이블 길이에 500Mbps까지 동작 가능하나, 155Mbps보다 더 높은 속도로 동작하도록 설치하는 경우는 별로 없다. 현재 대부분은 16Mbps로 동작한다. 노드 용량은 케이블이 아닌

허브에 의해 제한되고, STP는 감쇠의 측면에서 UTP보다 우수하지 않다. 대부분의 일반적인 제한은 100m이다.

- EMI : 피복은 간섭을 상당히 많이 막아 준다.

【표 2.2】 STP와 UTP 케이블의 비교

구분	STP	UTP
케이블 구조	꼬인 회선을 감싸고 있는 전도층이 있어 또 하나의 간섭 보호층을 제공	전도층이 없이 회선만이 서로 꼬임 설치 및 보수가 용이
최대사용 길이	100m(328Feet)	100m(328Feet)
데이터 전송속도	보통 16Mbps(Max 155Mbps)	보통 10Mbps(Max 100Mbps)
외부 간섭	외부의 간섭에 영향 받지 않음	전기적 간섭에 취약
설치 및 유지	취급이 어려움	설치가 쉽고, 취급이 용이
설치비용	비싸다	저렴

3. 동축 케이블

- 표피 효과를 최소화할 수 있는 전송선로의 형태로 구조는 중앙은 내부의 단일 전선과 그를 감싸고 있는 원통형의 외부 도체로 구성되어 있다. 중앙의 전도체는 외부의 간섭 신호로부터 효과적으로 보호하기 위하여 바깥쪽 도선이 절연체를 사이에 두고 중심부에 있는 안쪽 도선을 감싼 형태로 구성되기 때문에 표피 효과에 기인하는 작은 손실만이 발생한다. 장거리 전화 및 TV 전송, 근거리 네트워크, 단거리 시스템 링크 등에 사용되며 광섬유보다 높은 경제성을 갖고 있으며, 이중나선보다 우월한 주파수 특성이 있고, 따라서 보다 높은 주파수와 데이터 전송률을 가질 수 있다.
- 장점은 간섭과 누화에서 성능이 우수하며, 단점으로는 감쇠현상, 열 잡음, 상호 변조 잡음 등이 있다. 아날로그 신호의 장거리 전송에서 약 400MHz까지의 주파수 스펙트럼을 수용할 수 있어, 10,000개의 음성채널이나 10여 개의 TV채널을 동시에 제공한다. 이 경우 수 km마다 증폭기가 필요하며, 높은 주파수의 신호가 전송될 때에는 이 간격이 좀 더 좁아야 한다. 디지털 신호의 전송에서는 500Mbps 정도로 전송이 가능하며, 리피터를 거의 매 km마다 설치할 경우 약 800Mbps까지 전송 속도를 높일 수 있다. 동축 케이블은 저항값이 50Ω인 기저대역 동축 케이블과 저항값이 70Ω인 광대역 동축 케이블이 있다.

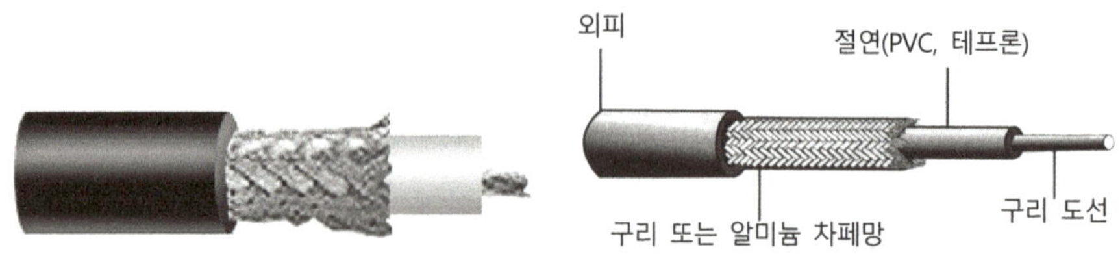

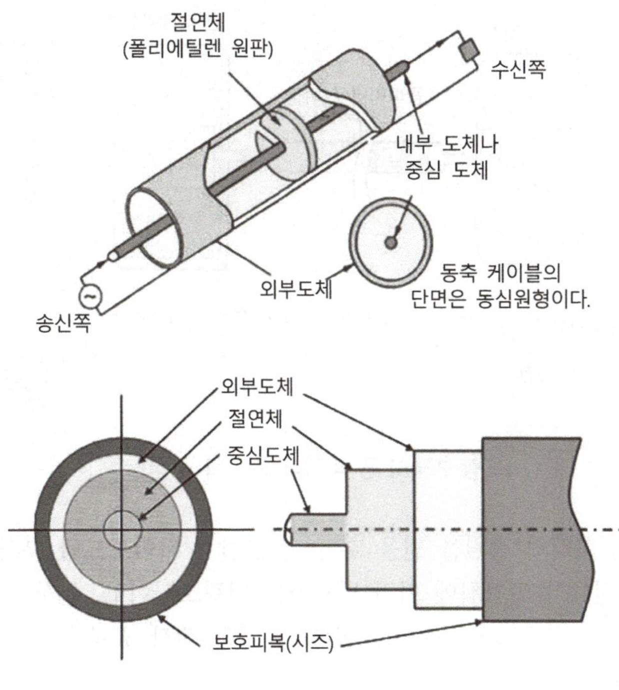

【그림 2-45】 동축 케이블

【표 2.3】 기저대역 동축 케이블과 광대역 동축 케이블의 비교

구분	기저대역 동축 케이블	광대역 동축 케이블
전송 거리	수백 m ~ 1km	수십 km
전송 속도	수십 ~ 500Mbps	수십 ~ 500Mbps
신호 종류	디지털 신호	아날로그 신호
활용 분야	근거리 통신망	CATV

4. 광섬유 케이블

동축 케이블은 1km의 거리에서 수백 Mbps가 최대 용량이고, 이중나선은 1km의 거리에서 수 Mbps의 전송 용량을 가지며, 광섬유 케이블은 넓은 대역폭을 가지고 있으므로 2Gbps의 데이터 전송률로 수십 km의 범위까지 전송이 가능하다.

동축 케이블이나 이중나선은 수 km마다 리피터가 필요하나 광섬유 케이블은 119km까지 리피터없이 데이터를 전송할 수 있기 때문에 비용의 절감과 에러의 유발을 감소시킬 수 있다.

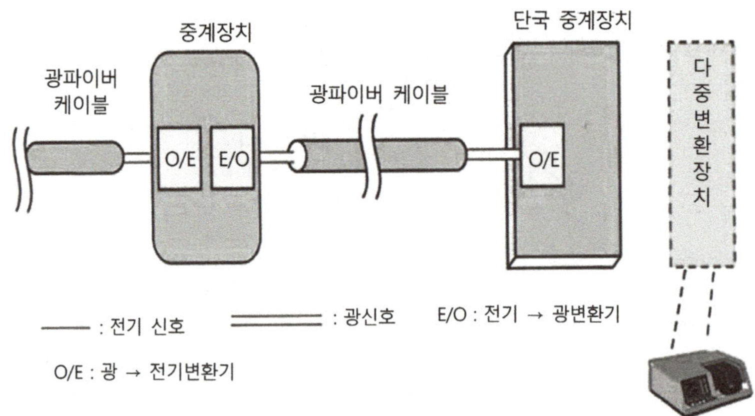

【그림 2-46】 광 파이버 통신의 구성

광섬유 케이블은 두 가지 형태의 광원을 얻을 수 있는데 발광 다이오드와 분사 레이저 다이오드가 있다. 발광 다이오드는 전류가 인가됨에 따라 발광하는 발광소자이고, 분사 레이저 다이오드는 좁은 대역폭의 초발산 빔(super radiant beam)을 만드는 양자 전자 효과에서의 레이저 원리에 따라 동작하는 고체 소자이다.

- 발광 다이오드는 값이 싸고 넓은 범위에서 동작하면서 오래 사용할 수 있다. 분사 레이저 다이오드는 효율적이고, 높은 데이터 전송률을 얻기 위해 사용된다. 광섬유 케이블은 매우 가늘고 구부릴 수 있는 전송매체로서 광선을 투과시킬 수 있다. 광섬유 케이블은 유리와 플라스틱이 주요 재질로 사용되며, 초순수 용해 규소 섬유를 이용함으로써 최소의 손실도를 지니는 광섬유를 제작할 수 있다.
- 광섬유 케이블은 빛을 전달하는 내부의 코어(core)와 이를 감싸는 굴절이 다른 유리나 플라스틱으로 된 외부 클래딩(cladding)으로 구성되어 있다.

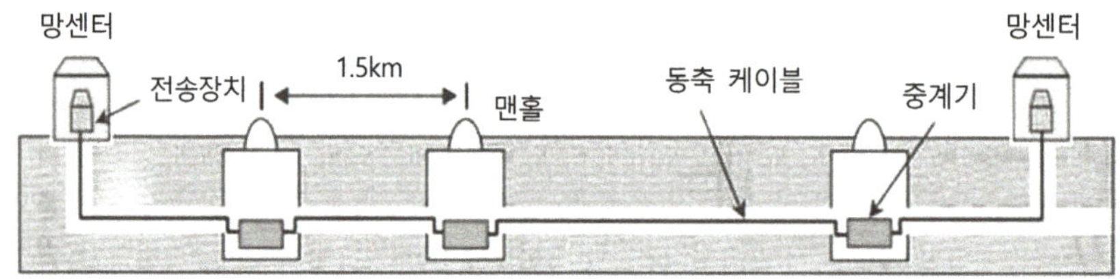

(a) 동축 케이블 : 1.5km 간격으로 맨홀에 중계기 설치

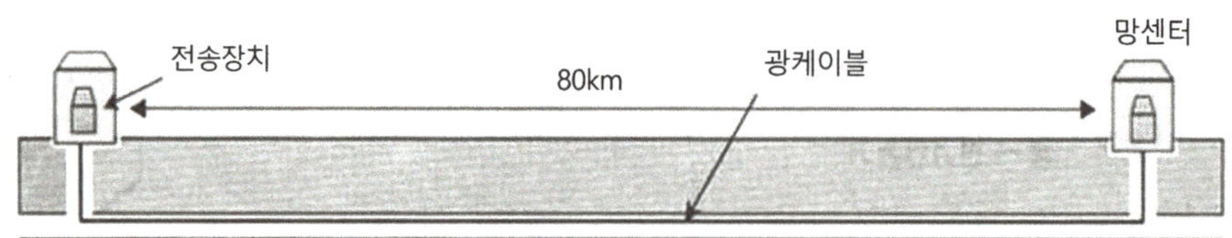

(b) 광섬유 케이블 : 중계기 없이 80km 이상 전송가능하기 때문에 망센터에만 중계기를 설치

【그림 2-47】 동축 케이블과 광섬유 케이블의 전송로 구성 비교

- 광섬유 케이블은 전기적인 신호라기보다 유리 섬유 속에서 빛의 파동 형태로 정보를 전달한다. 광케이블 시스템은 광대역전송이 가능하고(수십 km에 걸쳐 Gbps전송이 가능), 작고 가볍기 때문에 이동성이 좋으며 설치가 용이하다.
- 낮은 정보 손실율과 외부 잡음에 강하며, 거의 에너지 발산이 없으므로 다른 기구에 거의 간섭 현상을 유발시키지 않는다. 높은 보안성 때문에 도청으로부터 안정성을 보장받을 수 있다.

【표 2.4】 광섬유의 모드

광파이버의 종류		구조	코어의 직경	전송대역 (아래대역서/1km 전송가능)
싱글모드 광파이버		클래딩 코어 굴절률 분포	5 ~ 15μm	10GHz/km 이상
멀티모드 광파이버	스텝 인덱스형	클래딩 코어 굴절률 분포	40 ~ 100μm	10 ~ 50GHz/km
	클래딩 인덱스형	클래딩 코어 굴절률 분포	40 ~ 100μm	수백M ~ 수GHz/km

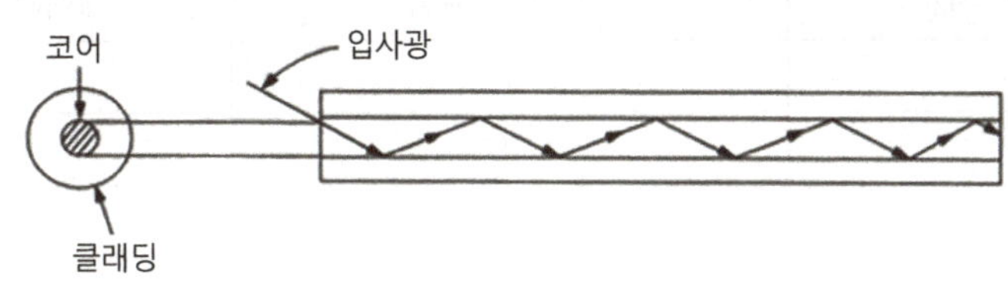

(a) 광섬유의 전송원리

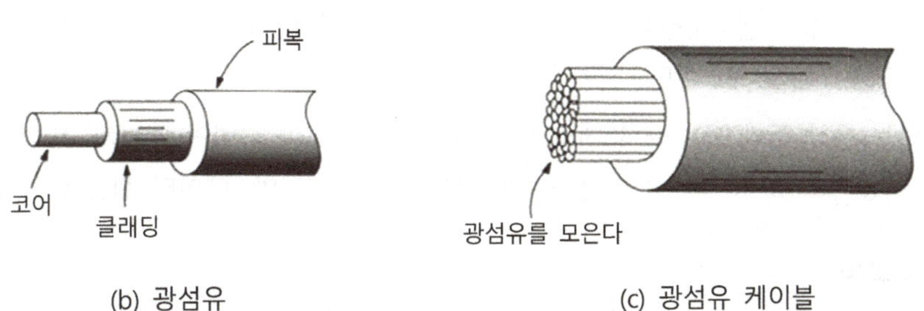

(b) 광섬유

(c) 광섬유 케이블

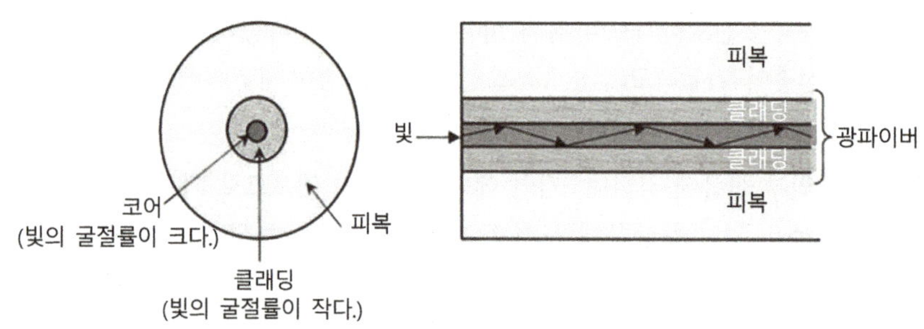

【그림 2-48】 광섬유의 구조

5. 지상 마이크로파

마이크로파의 일반적인 안테나는 전자파를 보다 더 집중시키기 위해서 포물선 모양의 접시형으로 구성되어 있으며, 직경은 10피트(ft) 내외이다. 안테나는 고정되어 있으며, 수신안테나는 가느다란 빔을 발사한다. 마이크로파 안테나는 대개가 고지대에 위치하는데, 그 이유는 안테나간의 거리를 확장시키고 그 사이에 있는 장애물을 뛰어 넘기 위함이다.

동축 케이블에 비해 증폭기 또는 중계기의 수가 훨씬 적게 필요하기 때문에, 대용량 및 장거리의 전송에 필요하다. 다른 전송 시스템과 마찬가지로 마이크로파에서도 주된 손실 요인은 감쇠현상이며, 마이크로파의 전송 손실은 주로 감쇠에 의해 나타나며 거리의 제곱에 비례하고 높은 주파수를 사용하므로 안테나의 크기도 작아지고 저렴해진다. 그러나 우천 시에는 감쇠가 커지고 특히, 10GHz 이상일 때는 더욱 더 변동이 심하다는 단점이 있다.

【표 2.5】 대역폭과 데이터 전송률

주파수 대역폭[GHz]	대역폭 [MHz]	데이터 전송률[Mbps]
2	7	12
6	30	90
11	40	90
18	220	274

- 장거리 통신 서비스이고, 텔레비젼이나 음성 전송하는 동축 케이블의 대용으로 사용된다. 장거리에 대한 높은 데이터 전송률을 제공한다.
- 전송에 사용되는 통상 주파수는 2~40GHz 내에 있다. 넓은 주파수 영역에 걸쳐 있고 강한 방향성을 띠는 방식에 이용되고 있다. 주파수가 높을수록 대역폭이 넓어지며, 데이터 전송률도 높아진다.

6. 위성 마이크로파

통신위성에서 전송방식은 지상에서 일정 주파수대로 전송한 신호를 위성에서 증폭하고, 이를 다시 다른 주파수대를 통과하여 전송하는 형식이다. 통신을 목적으로 사용되는 인공위성은 24시간 내내 지구의 위성 궤도상에 있고 위성이 효과적으로 제 기능을 발휘하기 위해서는 교신하는 지상의 위치에 대해 항상 고정된 상공에 있어야 한다.

통신위성이란 마이크로파 중계국으로, 2개 혹은 그 이상의 지상에 위치하는 송수신국을 연결하는 데 사용되어지며, 임의의 주파수 대역을 수신하여, 이를 증폭하거나 재생하여서 다른 주파수로 송신한다. 특별히 궤도 위성은 많은 주파수 대역에서 동작하는데, 이 주파수 대역을 트랜스폰더(transponder)라 부른다.

그림 2-49에서 (a)의 경우는 두 개의 지상 안테나 사이에서 두 지점간의 링크로 사용되는 것이며, (b)의 경우는 하나의 지상 송신국과 여러 수신국간의 수신용을 나타내고 있다. 통신위성을 효율적으로 사용하려면 지구에 대한 위성의 위치가 고정되어야 하고, 약 35,784km 상공에서는 지구 자전과 같은 속도로 회전이 이루어진다.

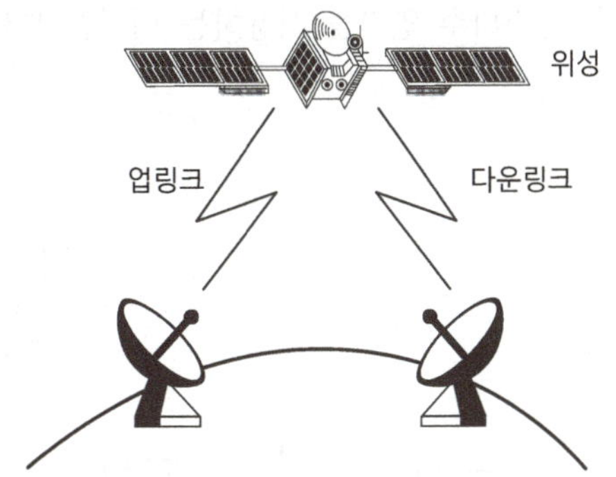

(a) 위성을 이용한 두 지점 간 링크

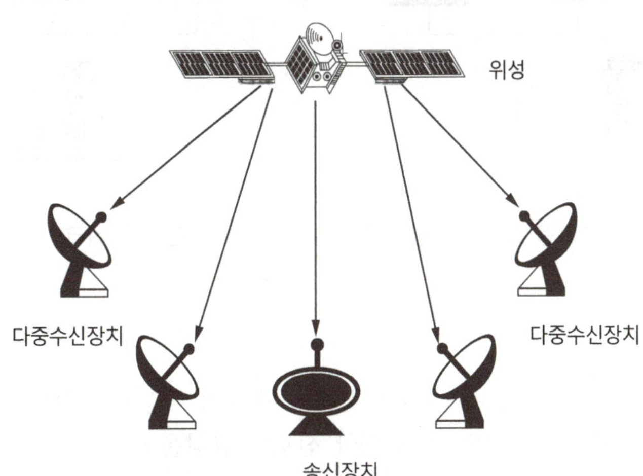

(b) 위성 마이크로파를 통한 방송 링크

【그림 2-49】 위성통신 구성

- 위성전송의 최상 주파수 범위는 1~10GHz이다. 1GHz 이하에서는 심각한 잡음이 발생하는데, 이는 우주, 태양, 개기로부터의 잡음과 인간에 의한 각종 전자 기구로부터의 잡음이다. 10GHz 이상이면, 대기의 흡수와 강우에 의한 감쇠가 심각해진다.
- 장거리에 걸친 통신이므로 지상국에서부터 다른 지상국으로의 수신까지는 240~300ms 정도이다.

7. 라디오파

라디오파에 있어서 손상 요인은 다중 경로 간섭이다. 자연적, 인공적 물체에 인한 반사로 인해서 안테나 간에 많은 전송경로가 발생할 수 있다. 이 경우는 비행기가 지날 때 TV 화면이 겹쳐서 나타나는 현상이다.

- 30MHz~1GHz의 주파수 범위는 방송 통신용으로 매우 효과적이다. 30MHz 이상의 라디오파는 전리층을 통과하므로 거리가 멀리 떨어져 있는 수신기들은 대기 반사에 기인한 상호 간의 간섭을 일으키지 않는다.
- 강우에 의한 감쇠에 덜 민감하고, 주파수 영역을 사용하는 디지털 통신에 있어서는 데이터 전송률이 높지 않다는 결점을 갖고 있다.

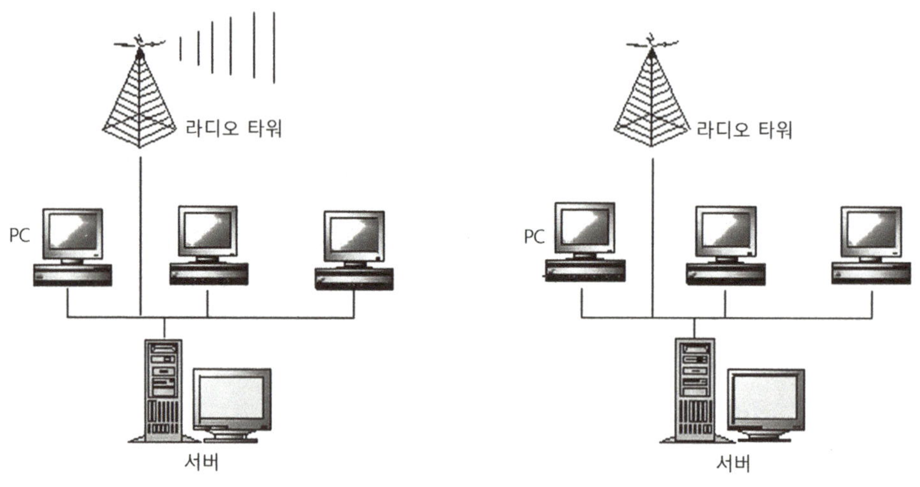

[그림 2-50] 무선 브리지 기술을 활용한 네트워크

2.2.8 인터페이스(Interface)

표준화는 인터페이스의 전기적 특성, 그리고 신호의 종류와 기능을 CCITT(국제전신전화자문위원회)가 규정하고, 접속용 커넥터와 각각의 핀에 대한 신호의 규정은 ISO(국제표준화기구)가 규정하고 있다.

정보통신 시스템에서는 컴퓨터나 터미널과 같은 단말장치인 데이터단말장치(DTE; data terminal equipment)와, 직접 신호를 전송하는 모뎀이나 디지털서비스장치(DSU; digital service unit)를 데이터회선 종단장치(DCE; data circuit terminating equipment)라고 부른다.

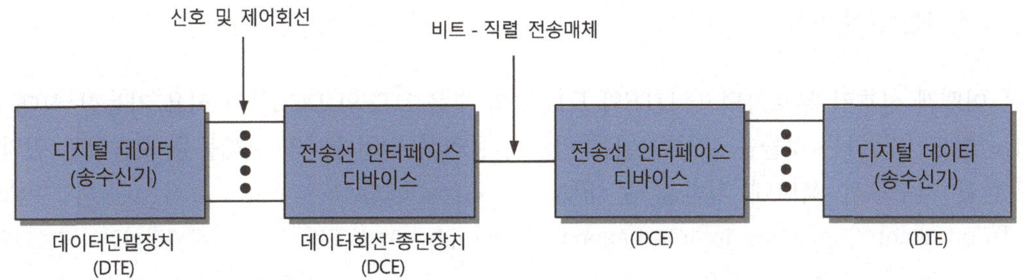

[그림 2-51] 전송매체에 대한 인터페이스

장치 간의 물리적 연결은 보통 표준(standard)으로 규정되어 왔으며, 이러한 접속조건을 인터페이스(interface)라 한다. 모뎀은 전화회선과 같은 아날로그회선을 사용하며, DSU는 T1 캐리어 또는 E1 캐리어 등의 디지털 회선을 통해 데이터를 전송한다. DTE와 DCE 사이의 인터페이스(interface)는 다음과 같은 4가지 중요한 특징을 가지고 있다.

- 기계적(mechanical) 특성
- 전기적(electrical) 특성
- 기능적(functional) 특성
- 절차적(procedural) 특성

▸ **기계적 특성**

DTE와 DCE간의 실제 물리적인 연결 규격에 관련된 것으로 신호선과 제어선은 케이블에 의해 연결되며, 케이블의 끝단은 규정된 커넥터가 연결되어 다른 장치와 연결된다. DTE와 DCE는 단자플러그(암, 수)로 물리적인 연결을 하고 있다.

▸ **전기적 특성**

신호의 전압레벨과 레벨 변동에 대한 타이밍에 관련된 특성이고, DTE와 DCE는 원활하게 정보를 주고받기 위해서는 같은 코드(예, NRZ)를 사용해야 한다.

▸ **기능적 특성**

DTE와 DCE를 연결하는 여러 가지 교환회선(interchange circuit)에 의미를 부여하여 수행되는 기능 등을 규정한 것으로 데이터, 제어, 타이밍, 접지 등으로 분류하여 규정하고 있다.

▸ **절차적 특성**

인터페이스의 기능적 특성을 기준으로 하여 데이터를 전송하기 위한 순서를 규정한다.

단말장치의 접속규격(interface)은 DTE와 DCE간의 물리적인 접속규격과 단말장치와 호스트 컴퓨터 사이의 정확한 데이터 교환을 하는 링크레벨의 프로토콜과 그 상위레벨들로 범위를 잡을 수 있다. 여기서, 표준이라 함은 단체나 기구에서 제정하는 것으로 서로 다른 생산자의 장치 사이에서 정보 교환을 가능하게 하는 규칙이다.

표준은 어떻게 신호가 부호화되고, DTE와 DTE간의 혹은 DTE와 DCE간의 허용 가능한 최대 거리가 어느 정도인가 하는 것들을 포함한 넓은 영역의 물리적 연결에서의 문제들을 기술하고 있다. 이와 관련된 기구로서 북미에 기반을 둔 EIA(Electronics Industries Association, 미국전자공업협회), CCITT(Consultant Committee in International Telegraphy and Telephony, 국제전신전화자문위원회), ISO(International Organization for Standardization, 국제표준기구), IEEE(Institute of Electrical and Electronic Engineers) 등을 비롯한 표준기구들은 이러한 접속규격에 관한 표준화를 제정, 권고하고 있다.

1. RS-232-C(V.24)

DTE 장치를 음성급 모뎀에 접속하는데 사용한다. 모든 회사의 DTE나 DCE가 서로 통신하는데 가장 보편적으로 사용되는 물리, 전기, 논리적인 성질을 규정하는 EIA(Electrical Industry Association)의 DTE와 DCE 인터페이스 표준안 중의 하나이다.

C가 의미하는 것은 버전을 뜻하며 더 새로운 버전인 RS-232-D가 일부 사용되고 있고, EIA의 표준은 권장되는 표준의 약자인 RS(Recommended Standard)가 보통 앞에 붙는다.

▸ RS-232-C의 기계적 특성

- 단자의 특정 배열을 가진 25핀 커넥터(connector)라 하고, 케이블은 25개의 전송선이 연결되도록 구성하며, DTE를 DCE에 접속하는데 사용될 수 있다.
- 접지를 기준으로 하며, 멀티 코어 케이블(multicore cable)이나 플래트 리본 케이블(flat ribbon cable)을 사용하므로 잡음효과의 문제가 있다.

▸ RS-232-C의 전기적인 특성

- 모든 교환회선에 사용되며, 공통접지를 기준으로 -3V 이하이면 2진수 1로 보고, +3V보다 높으면 2진수 0으로 해석한다.
- 전압값이 주변상황에 영향을 많이 받아 비트 에러가 발생하기 때문에 신호전송률이 20Kbps급의 단거리(15m 이내) 전송에 주로 사용된다.

▸ RS-232-C의 기능적 특성

- 전송선의 수를 9핀 또는 25핀 직렬형 포트(serial port)로 외장형 모뎀 등에서 흔히 접할 수 있으며, 25핀의 신호선 마다 담당하는 고유기능이 있다.
- DTE와 DCE는 신호선을 통해 제어신호와 데이터를 주고받는다. 모든 신호는 DTE를 중심으로 정의되는데, 예를 들어 DCE에 신호를 보내거나(TxD : 송신데이터), DCE로부터 신호를 받는다(RxD : 수신데이터).

▸ 전류루프(current loop)

- 2진수를 표시하기 위해 사용되는 전류의 흐름으로 나타낸다. 기본적인 동작은 20mA의 전류 펄스를

DTE에서 상대 DTE로 보내는 것이다. 전류 신호를 이용하는 것으로, 스위치는 비트 스트림에 의해 제어된다.

- 2진수 1이면 스위치가 단락 상태이고 20mA의 전류가 흐르며, 2진수 0이면 스위치는 개방 상태이고 전류의 흐름은 멈춘다. 전류의 존재와 부재가 표시와 공백을 나타내는 방식을 중립 동작(neutral working)이라 한다. 기본적인 구성은 전류원, 전류 스위치, 전류 검출기이다.

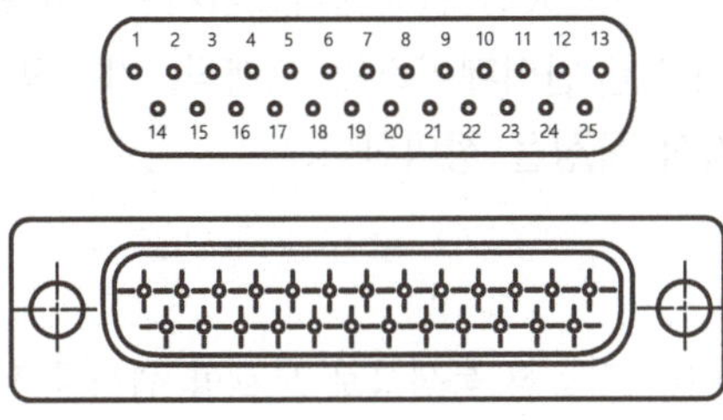

[그림 2-52] RS-232C 커넥터

IBM PC에 사용되는 몇 개의 비동기 어댑터는 RS-232-C와 20mA 전류루프를 선택할 수 있는 내부 스위치를 가지고 있다. RS-232-C 커넥터는 25핀, 15핀 또는 9핀 커넥터를 사용하고 있다. RS-232-C 커넥터는 핀의 형태에 따라 male형과 female 형태가 있다. 그림 2-53은 RS-232-C에서 사용되는 신호에 관한 것으로 모든 회선은 각 방향마다 하나씩의 데이터 회선이 있어 전이중 동작(full duplex operation)이 가능하다. 한 개의 접지선이 보호용으로 사용되고, 다른 한 개는 복귀회선으로 데이터회선을 위해 사용한다.

신호 방향	신호 명칭	핀	핀	신호 명칭	신호 방향
			1	Protective Ground	
To DCE	Secondary Transmitted Data	14	2	Transmitted Data	To DCE
To DCE	Transmit Clock	15	3	Received Data	To DTE
To DTE	Secondary Received Data	16	4	Request To Send	To DCE
To DTE	Receiver Clock	17	5	Clear To Send	To DTE
To DCE	Local Loopback	18	6	Data Set Ready	To DTE
To DCE	Secondary Request To Send	19	7	Signal Ground	
To DCE	Data Terminal Ready	20	8	Carrier Detect	To DTE
To DCE	Remote Loopback	21	9	Reserved for Testing	
To DTE	Ring Indicator	22	10	Reserved for Testing	
To DCE	Data Signal Rate Select	23	11	Unassigned	
To DCE	Transmit Clock	24	12	Secondry Carrier Detect	To DTE
To DTE	Test Mode	25	13	Secondry Clear To send	To DTE

[그림 2-53] RS-232C의 신호 명칭

2. RS-449/422-A/423-A

RS-232-C는 전선의 정전 용량(capacitance) 또는 상대되는 두 개의 단말 장치가 사용하는 신호의 기준점인 신호 접지(signal ground)가 틀리므로 거리가 멀면 신호를 받는 곳에서 신호가 왜곡될 수 있다. RS-232-C의 가장 큰 단점은 거리와 속도에 있어서의 제한이다. RS-232-C의 단점을 인식하여 EIA에서 새로운 표준을 제안했는데, 그것이 RS-449, RS-422-A, RS-423-A이다.

RS-232-C가 가장 널리 쓰이는 DTE-DCE 인터페이스이지만, 이들 새로운 표준들이 점차적으로 널리 쓰이고 있다. RS-449는 새로운 인터페이스의 기계적, 기능적, 절차적인 특성들을 정의하고, RS-422-A와 RS-423-A는 전기적 특성을 정의한다.

▸ **RS-449**

RS-232-C와 절차적으로 비슷하며, 기능적 특징으로 보호형 접지를 제외하고 RS-232-C의 모든 교환 회선을 갖는다. 각 회선은 단일 기능을 가지며, 통신은 동작-반응쌍(action-reaction pair)으로 이루어진다. 기본적인 인터페이스용으로 37핀 커넥터(connector)이며, 보조채널이 사용될 때 별도의 9핀 커넥터가 첨가된다. RS-449는 모뎀에 대한 DTE제어기능을 강화시켜 RS-232-C를 개량한 것

▸ **RS-422-A**(V.11)

잡음의 영향을 덜 받고 거리의 확장이나 전송 속도를 높이기 위해서 사용하며, 이 규격은 CCITT권고 V.11 및 X.27과 호환성이 있다. 사용되는 회선은 누화를 줄이기 위해서 트위스트 페어 케이블을 사용한다. 트위스트 페어 케이블의 길이가 100m까지 연결 가능하고 전송률은 1Mbps까지이다.

▸ **RS-423-A**(V.10)

RS-423-A는 불균형 전송용으로서 하나의 출력전압을 차등수신기로 받게 된다. 이 규격은 CCITT권고 V.10 및 X.26과 호환성이 있으며, RS-422-A에 비해 성능이 떨어지는 결점이 있으나 RS-232-C보다는 성능면에서 우수하다.

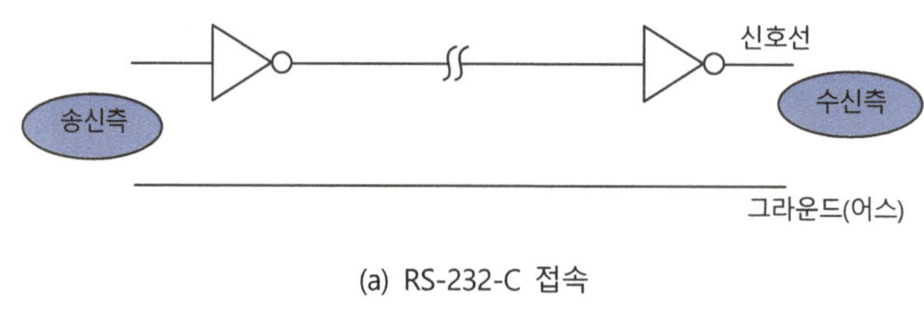

(a) RS-232-C 접속

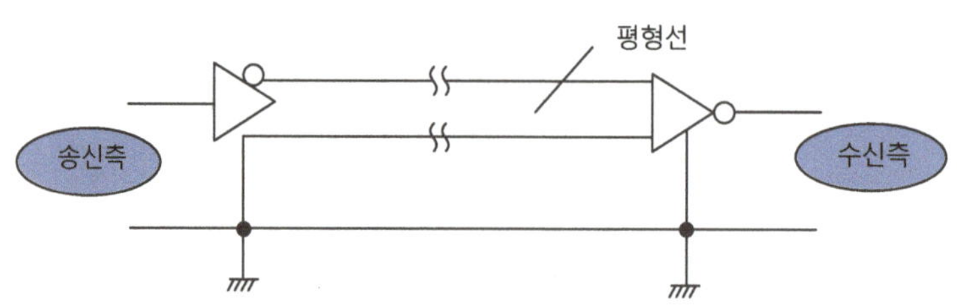

(b) RS-422-A 접속

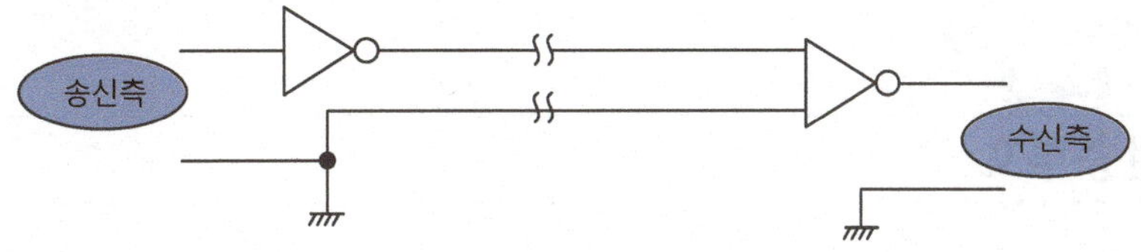

(c) RS-423-A 접속

【그림 2-54】 각 규격들의 접속방법

3. X.21

- 디지털 신호의 전송을 담당하는 DTE와 DCE간의 인터페이스를 규정하였고, 논리회로를 증가시키는 대신 회선이 적게 들게 하는 방식이다. X.21은 15핀 커넥터를 갖지만 소수의 도선만 사용한다.
- RS-232-C와 RS-449에서와 같이 양방향(송 · 수신)으로서 전송회선을 가진다. 이 회선들은 사용자 데이터와 제어정보를 전이중방식으로 제공할 수 있다. 제어정보와 상태정보를 위하여 각 방향으로 한 개씩의 회선을 가진다.

RS-422-A 및 RS-423-A와 비슷한 균형모드, 불균형모드는 정의된 표준으로 제공되며, 따라서 속도와 거리를 동일한 수준으로 할 수 있다. 대부분의 경우 균형모드만 모든 회선에서 사용된다. X.21회선에 정의된 대부분의 절차는 회선교환 통신망에서의 동작과 관련된다.

X.21은 RS-232-C와 RS-449보다 많은 개선점을 가지고 있으며, 다른 방식에 비해 훨씬 더 융통성이 있고, 가격도 낮기 때문에 제어문자 스트림의 사용으로 미래에 요구되는 사항들을 만족시켜 줄 수 있다.

CCITT X.21bis는 RS-232-C를 사용하는 장비와 CCITT X.21을 사용하는 장비와의 호환성 유지를 위하여 정의한 인터페이스이다.

2.3 전송부호

데이터 전송을 대상으로 한 정보의 내용은 영상이나 음성과는 다르게 정보처리장치에 입력 또는, 출력될 수 있는 "1" 과 "0"으로 된 기호열이다. 그러나 통신회선의 전송은 단순한 전기적 신호만으로는 통신의 의미가 없으므로 상호 간에 어떤 규정된 데이터의 형태를 약속해야 되는데 이를 전송 부호(transmission code)라 한다. 우리가 전송하는 정보는 대부분 문자, 숫자 그리고 기호들이다.

1. 2진부호

2진부호로 전송하는 시스템은 정보 단위가 두 개의 상태로 표현되며, 전류의 흐름으로 표현할 때 전류가 흐르는 것은 마크(mark)이고, 흐르지 않는 상태는 스페이스(space)를 의미한다. 전압으로 표현하면 양(positive)의 전압은 마크가 되고, 음(negative)의 전압은 스페이스로 사용된다.

한 개의 비트는 두 가지 상태를 표현할 수 있으며 N개의 비트로 된 부호는 2N개의 상태에 해당되는 문자를 나타낼 수 있으며, 만약 8비트 부호가 있다면 256(2^8)개의 문자나 비트 패턴으로 나타낼 수 있다.

【표 2.6】 2진부호

활동성 조건	비활동성 조건
마크(mark) 전류흐름 + 전압 2진수 "1" 낮은 주파수 기준위상	스페이스(space) 전류가 흐르지 않음 - 전압 2진수 "0" 높은 주파수 기준위상의 반대 위상

2. 표준BCD부호

BCD부호는 모든 코드의 기본으로서 이진화 10진 코드(Binary coded decimal)의 의미를 갖으며, 8421코드를 말한다. 하나의 문자를 표시할 때 6개의 데이터 비트와 1개의 검사 비트(check bit)로 구성하며, 7트랙 부호(seven track code)라고도 한다. 이 부호는 실제로 6개의 비트로 문자를 표현하기 때문에 64(2^6)개의 서로 다른 문자나 숫자로 표현한다.

3. 보오도트 부호(Baudot code)

보오도트(Baudot) 부호는 1874년에 텔레그래프를 위한 코드로 인정받았으며 미국에서는 머레이코드라 한다. 이것은 5개 비트로 구성되기 때문에 32(2^5)개의 조합이 가능하다. 따라서 부족한 문자를 확장시키기 위해서 시프트(shift) 키를 사용하여 64개의 문자나 부호 그리고 특별부호를 표현하고 있다.

4. 아스키 부호(ASCII code)

ASCII(American Standard Code for Information Interchange)코드는 미국의 ANSI(American National Standard's Institute)에서 개발한 것이나, 세계 각국에서 널리 쓰이고 있는 국제표준이다. 이 코드화 방식에서는 하나의 문자를 7개의 데이터 비트로 표현하기 때문에 128(2^7)개의 문자를 코드화 할 수 있다.

128개 중 일부는 숫자와 영문자 및 컴퓨터 키보드에서 볼 수 있는 여러 특수문자를 사용하고, 나머지는 제어용 기능 문자를 위해 사용된다. ASCII코드는 하나의 문자를 7개의 데이터 비트와 1개의 패리티(Parity) 검사 비트로 구성된 8비트 부호로서 가장 널리 사용되는 전송부호이다. 여기서 8번째 비트를 패리티 비트라고 하는데, 이는 8비트 중 '1'을 취하는 비트의 수가 언제나 짝수 패리티(even parity)이거나 홀수 패리티(odd parity)에 의해 에러의 발생 여부를 알 수 있다.

5. EBCDIC 부호

확장 이진화 십진 코드(EBCDIC; Extended Binary Coded Decimal Interchange Code)는 IBM계열사 컴퓨터 부호로 이용되고 있고, 데이터 전송을 위한 내부 기계어 코드로 사용된다. 확장의 의미는 기존의 6비트 코드인 BCD코드를 확장하였기 때문이며, 이 코드화방식에서는 하나의 문자를 8개의 데이터 비트로 표현하기 때문에 256(2^8)개의 문자를 코드화 할 수 있다.

2.4 전송제어방식

2.4.1 데이터전송의 기본 절차

데이터 전송의 경우 회선을 통하여 상대에게 정보를 정확하게 전달하는 일이 필요하며, 보다 효율적인 전송방법으로 상대방과 어떤 약속된 신호 전달방법과 접수방법이 필요하다. 따라서 통신하고자 하는 상대방과 통신 개시에 필요한 회선 접속의 확인, 상대방 확인, 올바른 정보전송의 확인, 통신의 종료방법 등 제어를 위한 일련의 규칙들을 일치시켜 데이터 전송을 원활하게 하기 위한 정보 흐름을 제어하는 기능이 요구되는데 이를 전송제어(transmission control)라 한다.

전송제어절차는 전송의 신뢰성이 비교적 높은 기본형 전송제어절차(Basic mode transmission control procedure)와 고속 회선을 사용하여 전송의 신뢰성이 높도록 비트 투과성을 허용하는 절차인 HDLC (High level data link control)가 있다. 이러한 규격은 ISO에서 제정하고 표준화하여 사용한다. 또한 기본형 전송제어절차나 HDLC 등의 전송 제어 수순의 규격은 OSI 기본 참조모델의 제 2계층에 해당하는 데이터 링크(data link)계층 등에 관한 프로토콜(protocol)이다.

송신측에서 수신측으로 데이터를 전송하는 경우, 데이터 송신개시에서 종료까지 전송 제어절차의 5단계는 아래와 같이 구성되며 각 단계는 보조 단계(SUB PHASE)를 가진다.

- 단계 1 : 데이터 전송 회선의 접속
- 단계 2 : 데이터 링크의 설정
- 단계 3 : 정보 메시지의 전송
- 단계 4 : 데이터 링크의 종결
- 단계 5 : 회선의 절단

1단계 회선 접속	2단계 데이터 링크확립			3단계 정보전송	4단계 종결	5단계 회선 절단
회선접속	교환	폴링	셀렉팅	전송	절단	회선절단
다이얼	상대 확인			의사 전달	작별 인사	송·수화기를 놓는다

【그림 2-55】 전송 제어 5단계

▸ **제 1단계**(회선의 접속)

교환방식의 회선을 이용하는 경우 회선의 접속이나 모뎀 등의 회선종단장치를 데이터 전송 가능한 상태로 설정하는 단계이다. 전화인 경우는 다이얼링에 따라 상대를 불러내고 상대가 수화기를 들고 회선을 접속하는 단계에 해당한다.

▸ **제 2단계**(데이터 링크의 확립)

확실하게 정보전송이 가능한 상태인지를 확인하고 전송 가능한 상태로 한다. 데이터 링크의 확립에서는 접속된 상대가 정당한 상대인가의 여부 확인, 수신측의 호출, 수신측의 데이터 전송 준비 상태 확인, 송·수신 입장의 확인, 수신측 입출력 기기의 지정 등 제어 정보가 교환된다.

▸ **제 3단계**(정보 메시지의 전송 절차)

정보의 전송단위를 블록이라 한다. 긍정 응답이 있다면 다음 블록을 송신하고 긍정 응답이 없다면 에러가 생긴 것으로 간주하여 블록을 재전송하며 송신해야 할 정보메시지가 여러 개 있을 때는 확인 후 반복조작에 들어간다.

▸ **제 4단계**(종결 절차)

데이터의 전송이 끝나면 즉시 초기상태로 복귀하거나, 새로운 데이터 링크 설정을 위한 제어상태로 되돌아간다. 아니면 회선 절단상태로 가는 것을 결정하는 단계이다.

정보전송의 종료를 송신측과 수신측이 상호 확인하고, 데이터 링크를 해제하고, 데이터 링크 확립 이전의 초기 상태로 되돌아간다. 전화로 말하면 용건이 끝난 것을 서로 확인하고 "안녕"이라는 인사를 나누는 단계이다.

▸ **제 5단계**(회선의 절단)

교환망을 이용하고 있는 경우로, 데이터 링크 해제 후 연결된 통신 회선을 절단하는 단계이다. 전화로 말하면 수화기를 놓는 단계이다.

2.4.2 기본형 전송제어절차

기본형 전송제어절차는 통신을 시작해서 종료까지 크게 5단계로 나누어 수행된다. 이는 ① 회선의 접속 ② 데이터 링크의 설정 ③ 데이터의 전송 ④ 링크의 종결 ⑤ 회선의 절단이다.

1. 데이터 링크 확립의 종류

기본형 절차에서 송신권 확립을 위한 방식으로 회선쟁탈방식과 폴링/셀렉팅 방식이 있다.

▸ **회선쟁탈방식**(contention)

- 정보를 전송하고자하는 단말장치에서 데이터 링크를 확립하는 방식으로 모든 단말장치는 동등한 입장을 유지한다. 접속방식은 멀티포인트(multi-point)방식에는 부적합하고, 단말과 센터를 1회선으로 연결하는 포인트-투-포인트(point-to-point)방식에 적합하다. 회선제어방식 중 가장 간단한 방식이다.

- 회선이 비어 있는 경우 곧바로 회선 사용을 요구하여 선택해서 쓸 수 있다. 컴퓨터측과 단말측 양쪽에서 1 대 1로 대등하게 송신요구가 발생하면 먼저 요구가 발생된 국에게 우선순위를 부여하여 우선순위가 높은 단말 장치에게 회선 사용권을 주는 방법이다. 데이터를 보내려고 할 때 송신측은 수신측에게 송신요구를 보내며 상대방 단말기가 수신가능한 상태인지를 확인해야 한다.
- 이와 같이 컨텐션방식으로 회선을 서로 빼앗는 형태가 되어 있기 때문에 회선쟁탈방식이라고도 한다. 만약 충돌이 발생할 경우에는 일정 시간 후에 다시 셀렉팅 순서를 송신한 후 정보 메시지를 송신한다.

▸ **중앙제어방식**

- 여러 대가 동시에 컨텐션 요청을 하게 되면 문제가 생기게 되므로 지휘권을 가진 주국과 종국으로 구별한 후, 주국이 통신권을 주도하여 데이터를 전송할 수 있도록 한다. 회선 제어권을 얻으려는 경합을 방지하기 위해 각 단말장치들을 중앙제어국에서 일괄적으로 제어하는 방식이다.
- 주국이 종국을 지정한 경우 데이터는 주국과 종국간에만 교환되고 종국끼리는 데이터 교환이 없다. 이 방식을 폴링/셀렉팅방식이라 한다. 회선을 제어하는 국을 제어국(주국 또는 1차국)이라 하고, 기타 국을 종국(2차국)이라 한다.

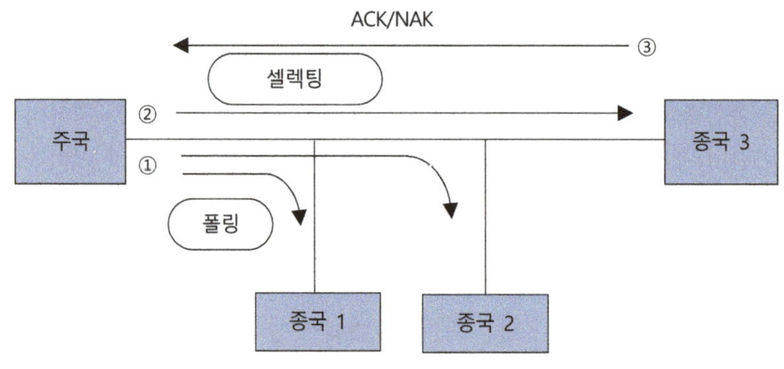

[그림 2-56] 폴링/셀렉팅방식

- 폴링(polling)이란 주국이 종국에게 송신요구가 있는지를 묻는 경우를 말하며, 종국은 제어국의 지시에 따라서 송수신을 하고 우선순위도 제어국의 지시에 따라 처리된다. 폴링을 수신한 종국은 데이터의 유무를 제어국에 반송하여 송신 데이터가 있는 경우에 그 시점에서 송신이 가능하게 된다.
- 셀렉팅(selecting)이란 제어국에서 종국으로 데이터를 전송하는 경우에는 데이터를 보내고자 하는 종국에 대하여 수신 준비의 여부를 확인하는데, 이러한 동작을 셀렉팅 또는 어드레싱(addressing)이라 한다.

2. 링크 제어 문자

- 전송 제어절차에서 링크 제어 문자는 데이터 전달을 규제하는데 이용되며, 특수한 목적의 알파벳으로 구성되어 있다. 기본형 전송제어절차의 전송 가능한 정보는 원칙적으로 ASCII부호이다.
- 전송 제어문자는 표 2.7에 보여준 10종류의 전송 제어문자를 사용한다. 이러한 제어문자들을 이용하여

링크를 확립하고 메시지를 전달하고 링크를 절단시키는 과정에 이용되고 있다.

【표 2.7】 기본형 제어 절차의 제어 코드

부호	명칭	16진 코드	부호의 의미
SOH	Start of Heading	01	헤딩 개시
STX	Start of Text	02	텍스트(메시지 데이터) 개시
ETX	End of Text	03	텍스트(메시지 데이터) 종료
EOT	End of Transmission	04	전송 종료
ENQ	Enquiry	05	상태 문의
ACK	Acknowledge	06	긍정 응답
DLE	Data Link Escape	10	각종 전송제어
NAK	Negative Acknowledge	15	부정 응답
SYN	Synchronous Acknowledge	16	동기 캐릭터 코드
ETB	End of Transmission Block	17	블럭 데이터 종료

3. 메시지 형식

- 기본형 전송제어절차의 기능은 회선을 이용해서 송 · 수신측 상호 간에 정확한 전송을 목적으로 제정한 것으로, 데이터 링크를 확립한 후, 데이터 전송 제어순서로 옮기고, 실제로 전하고 싶은 정보 메시지를 전송한다.
- 전송되는 모든 메시지는 문자 또는 문자열로 구성되며, 시작과 종료를 명확하게 규정된 정보전송을 목적으로 한다.

▸ 정보 메시지

- 정보 메시지란 상대에게 보내고자 하는 내용을 가진 정보의 실체로서 텍스트(text)와 헤딩(heading)으로 구성되어 있다. 헤딩은 하나의 본문을 전송하는 데 필요한 보조 정보로서 경로 메시지 번호, 상대방의 번지, 우선순위가 포함된다.
- 블록전송이란 상대에게 보내고자 하는 데이터를 블록이라 부르는 일정한 길이의 문자열이나 비트열로 분할하고 블록단위로 제어를 하면서 전송하는 방법이다.

▸ 순방향 감시 순서

- 순방향 감시 순서는 제어국에서 종속국으로 또는 주국에서 종국으로 정보의 전송이 이루어질 때 행하는 확인 절차이다.
- 전송제어를 하기 위해 정보메시지와 같은 방향으로 전송되는 부호나 부호군 또는 수신측에 대한 문의나 지시의 연락사항을 말한다.

▸ **역방향 감시 순서**

역방향 감시 순서는 정보 메시지와는 역방향으로 전송되어 수신측으로부터 송신측에 전송되는 지시에 따른 응답 또는 요구를 말하며 수신 메시지에 대한 긍정응답과 부정응답이 있다.

2.4.3 HDLC(High level data link control)

- HDLC는 신뢰성이 높고 고속전송이 가능한 전송제어절차로 임의의 비트 길이의 정보를 프레임(frame)이라고 부르는 전송제어 단위로 분할한다. 프레임내의 제어정보에 포함되는 명령(command)과 응답(response)을 이용하여 연속적으로 정보를 전송하게 하는 전송제어 절차이다.
- HDLC절차는 포인트-투-포인트 링크뿐만 아니라 멀티포인트 링크를 위하여 개발한 국제 표준 프로토콜이다. 기본형 전송절차에 비해 전이중 통신의 허용과 투과 모드를 사용할 수 있도록 개선되었다.

1. HDLC의 특징

▸ **비트 투과성 확보**(임의의 비트 전송이 가능)

사용자는 전송 데이터용으로 어떤 부호나 비트 패턴을 사용할 수 있다. 즉, 동기의 확립은 플래그의 순서에 따라 행하여지기 때문에 전송제어 상의 제한을 받지 않고, 임의의 비트 정보를 전송할 수 있다.

▸ **전송효율의 향상**

반이중, 전이중 통신방식이다. 전송방식 또한 지점간 링크뿐만 아니라 멀티포인트 링크 회선에서도 동일한 전송방식이 적용되므로 전송효율이 높다. 프레임이라는 전송단위로 상대에게서 수신 응답이 없어도 연속해서 전송할 수 있다.

▸ **신뢰성의 향상**

모든 프레임에 에러부호를 부가하므로 고신뢰성을 보장하며, CRC방식을 사용하기 때문에 복수 비트의 에러, 버스트(burst) 에러 등에서도 엄격한 체크를 행한다.

2. 국의 종류와 구성

▸ **제1차국**(주국)

데이터 링크의 동작을 제어하는 책임을 가진다. 주국이 출력하는 프레임은 명령(command)이라 한다.

▸ **제2차국**(종국)

주국의 제어 아래 동작하며, 데이터 링크의 제어기능을 실행한다. 종국들이 출력하는 프레임은 응답(response)이라 한다.

▸ **제3차국**(복합국)

복합국은 데이터 링크의 제어에 관해서는 상호 대등한 책임을 가지는 국으로 명령(command) 및 응답(response)을 양방향으로 송수신할 수 있다.

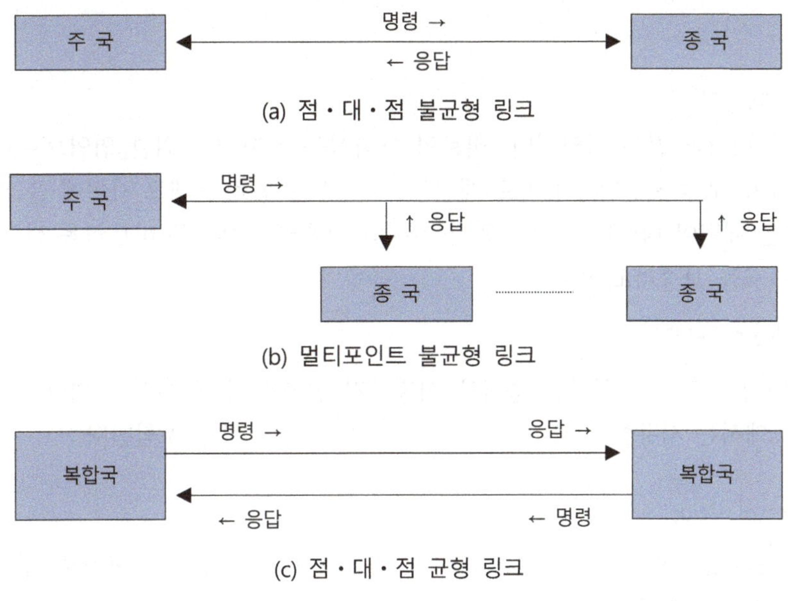

(a) 점・대・점 불균형 링크

(b) 멀티포인트 불균형 링크

(c) 점・대・점 균형 링크

[그림 2-57] HDLC에서의 국의 접속 형식

3. 프레임 구조

HDLC방식에서 국 사이에서 교환되는 데이터의 전송단위를 프레임(frame)이라 한다. 프레임 구조는 헤더(header), 정보필드와 트레일러(trailer)의 세 부분으로 크게 나누어진다. 헤더는 플래그, 주소필드, 제어필드로 구성되며, 데이터 필드 앞에 위치한다. 정보필드는 실제의 정보 메시지가 실리는 곳으로 가변 길이를 사용하며, 트레일러는 프레임검사순서(FCS)필드와 플래그로 구성되며, 데이터 필드 다음에 위치한다.

- 플래그 : 8비트
- 주소 : 한 개 이상의 8비트
- 제어 : 8 혹은 16비트
- FCS : 16 혹은 32비트
- 플래그 : 8비트

플래그	주소	제어	FCS	플래그
01111110	8비트	8비트	16비트	01111110

(a) 정보가 없는 프레임(S 프레임, U 프레임)

플래그 01111110	주소 8비트	제어 8비트	정보 N비트	FCS 16비트	플래그 01111110

(b) 정보를 갖는 프레임(I 프레임)

[그림 2-58] HDLC 프레임 구조

▸ **플래그 필드**(flag field)

HDLC 프레임의 시작과 끝을 나타내며, 비트의 투과성을 유지하기 위한 영역으로써 고유한 비트 패턴인 01111110으로 표시된다. 이 비트 패턴은 시작 또는 종료 플래그 사이에 플래그 시퀀스(flag sequence)와 같은 패턴이 나타나는 것을 막고 프레임 내에서 자유로운 비트열을 전송할 수 있는 투과성(transparency)을 보증하고 있다.

▸ **주소 필드**(address field)

프레임을 수신하거나 또는 송신하는 종국을 식별하기 위해서 주소 지정을 위한 목적으로 사용한다. 지점간 링크에서는 사용할 필요가 없으나, 일관성 때문에 항상 포함한다.

▸ **제어 필드**(control field)

주국 또는 복합국이 주소부에서 지정하는 종국 또는 복합국에 대한 동작 명령을 지시하고, 종국 또는 복합국의 지시에 대한 응답 정보를 전송하는데 사용된다. 일반적으로 8비트로 구성되어 있고, 확장이 기능히디.

▸ **정보 필드**(information field)

이 필드는 I-프레임과 U-프레임만 있으며, 임의순서의 비트 패턴을 가질 수 있다. 길이는 구현방법에 따라 특정한 최대값을 가지며, 8비트의 배수가 되어야 한다.

▸ **FCS**(frame check sequence)

시작 플래그와 종결 플래그 사이에 주소부, 제어부, 정보부의 내용이 에러없이 상대에게 정확하게 전송되었는가를 확인하기 위한 에러검출방식이다. 정규 FCS는 16비트 CRC-CCITT이고, 프레임 길이나 회선의 신뢰성을 위해서는 CRC-32를 사용하는 FCS를 사용할 수도 있다.

4. 프레임의 종류

HDLC에서 사용하는 프레임에는 다음 세 가지 형식이 있으며 프레임을 구별하는 데에는 제어 필드를 사용한다.

▸ **정보프레임**(Information frame : I 프레임)

- 정보영역으로 사용자의 정보를 실어 보내는데 사용되며, 명령/응답은 이 형식에만 있다. 전이중 통신을 지원하고, 최대 윈도우 크기는 7 또는 127이다.

• 정보프레임은 P/F(poll/final)비트를 가지고 있으며, 주국으로부터 명령을 위한 poll비트이고, 종국으로부터 응답을 위한 final비트이다.

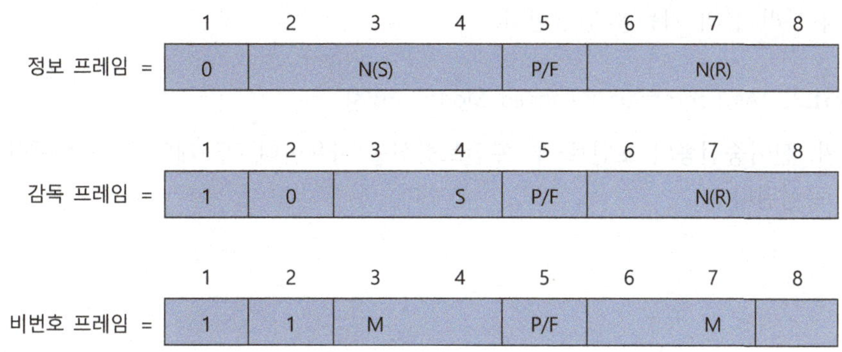

N(S) : 정보 프레임의 송신 순서 번호
N(R) : 정보 프레임의 수신 순서 번호
P/F : POLL/FINAL 비트
S : 감독 프레임의 코드 필드
M : 비번호 프레임의 코드 필드

【그림 2-59】 제어필드의 구성

▸ **감독프레임**(Supervisory frame : S 프레임)

감독프레임은 전송되는 정보프레임에 대한 흐름제어, 에러제어를 위해 사용된다. go-back-N ARQ와 선택적 ARQ를 허용한다.

▸ **번호를 갖지 않은 프레임**(Unnumbered frame : U프레임)

모드의 설정, 이상 유무의 상태보고에 사용되고, 데이터 전송의 동작모드를 설정한다. 링크의 설정과 해제, 에러 회복을 위해 주로 사용된다.

5. 동작 모드

모드란 종국과 복합국에서 동작의 형태를 정하는 것으로, 모드의 여하에 따라 주국, 종국간에서 통신하기 위한 순서가 달라진다. 주국과 종국 또는 복합국과 데이터 링크에 의해 접속되고 데이터를 전송하는 모드는 명령과 응답의 사용법에 따라 3개의 동작 모드가 있다.

▸ **표준응답모드**(Normal Response Mode : NRM)

불균형모드(unbalanced mode)로, 포인트-투-포인트나 멀티포인트 구성에 사용된다. 한쪽은 주국이 되고, 다른 한쪽은 종국이 된다.

주국은 링크 제어를 담당하며 종국으로 데이터 전송을 임의로 개시할 수 있다. 종국은 주국으로부터 폴링 메시지를 수신할 때만 데이터를 전송할 수 있다.

▸ **비동기 응답모드**(Asynchronous Respones Mode : ARM)

NRM과 같이 불균형 모드이며, 전이중 전송을 포인트-투-포인트방식으로 사용한다. 종국은 주국으로부터 허가를 받지 않아도 정보를 전송할 수 있다. 주국은 링크의 설정이나 해제, 전송개시, 에러회복, 논리적 분리 등의 기능을 담당한다.

▸ **비동기 균형모드**(Asynchronous Balanced Mode : ABM)

균형모드로써, 전이중전송의 포인트-투-포인트방식을 사용한다. 두 개의 국은 동등한 기능을 가진 복합국으로 구성된다.

2.5 흐름제어(flow control) 방식

- 송수신측 사이에 논리적인 링크의 확립, 제어 정보의 형식 설정 및 데이터 전송의 실행을 행하기 위해 제어하는 방식으로 수신스테이션의 용량 이상으로 데이터가 넘치지 않도록 송신 스테이션을 제어하는 기술을 말한다.
- 수신기는 데이터 버퍼(data buffer)를 가질 수 있는 최대 길이로 할당해 둔다. 단말장치는 데이터를 수신하고 나서 필요한 작업 처리를 마친 후 버퍼를 비움으로써 또 다시 데이터를 수신할 수 있도록 한다. 만약 흐름제어가 없으면 이전의 데이터를 처리하는 동안에 수신기의 버퍼가 오버플로우 된다.

흐름제어의 가장 간단한 방법은 정지/대기(stop and wait)방식으로 송신기는 매 데이터를 전송한다. 송신기에서 하나의 커다란 데이터 블록을 작게 잘라 한 번에 한 개씩 보내는 경우가 있는데, 이러한 방식으로 윈도우 흐름제어와 X-ON/ X-OFF 흐름제어방식이 있다.

2.5.1 윈도우제어

정지/대기(stop and wait)방식은 한 번에 한 개의 데이터 블록만을 전송할 수 있으며, 링크의 비트 길이가 데이터 블록의 길이보다 긴 경우에는 매우 비효율적이다. 이것은 한 번에 여러 개의 데이터 블록을 보냄으로써 해결할 수 있다.

하지만 일괄 응답에 따라 송신측이 무제한 적으로 데이터 블록을 송신하게 되면 수신측의 버퍼 용량이 초과되는 문제가 발생하고 재전송 요구 시 다량의 데이터를 재전송해야 하는 문제 때문에 전송 효율이 떨어진다.

이러한 문제를 개선하기 위해 연속적으로 송신 가능한 데이터 수를 윈도우의 크기로 하여 송수신측에 미리 준비된 데이터 블록의 수에 따라 전송하는 방식이 윈도우 제어방식이다.

그림 2-60은 윈도우 흐름제어의 한 과정을 보여주고 있다.

- 송신측과 수신측은 데이터블록 0(F0)에서 시작하여 7개의 데이터블록을 송신할 수 있는 윈도우를 가진다. 확인신호(ACK)없이 3개의 데이터블록을 전송 후 송신측은 윈도우를 4개로 줄인다. 윈도우는 순서번호 3의 데이터블록으로부터 4개의 데이터블록을 전송할 수 있다.
- 수신측에서 확인신호(ACK3)를 전송하면 이것은 2번 데이터블록을 수신하고 3번 데이터블록을 준비하고 있음을 의미하며, 즉, 3번 데이터블록으로부터 7번까지 수신할 준비가 되어있음을 말한다. 확인신호를 가지고 데이터블록 3, 4, 5, 6의 전송을 진행한다. 수신측은 단 하나의 데이터블록을 확인하는 ACK7를 송신측에 보낸다.
- 송신측은 한 개의 확인신호를 받았으므로 윈도우를 한 개 늘려 7번부터 4개의 데이터블록 전송에 대한

허가를 받은 것이다. 이 과정은 수신기가 마지막 확인된 것을 지나서 n개의 데이터블록을 수용할 수 있어야만 한다.

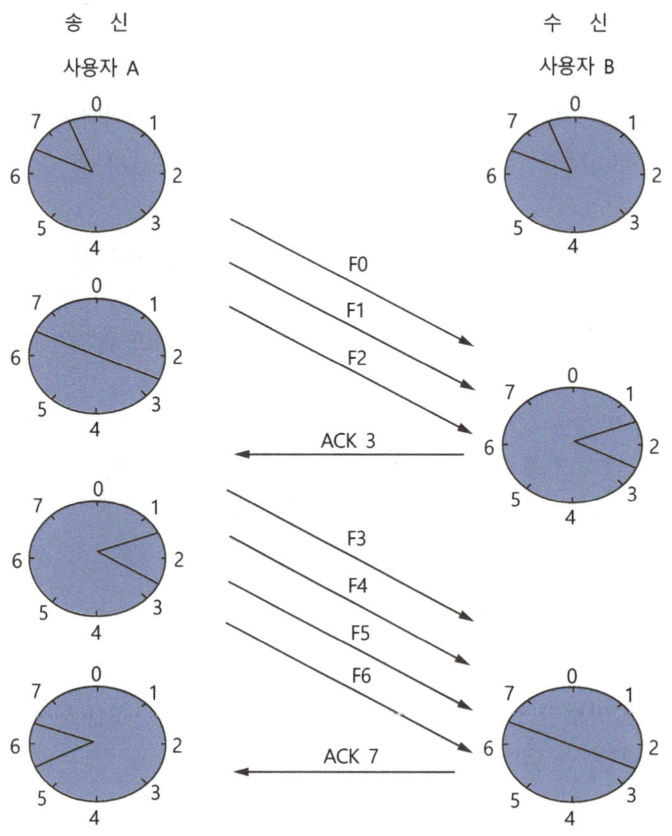

【그림 2-60】 윈도우 흐름제어의 예

이상의 예로부터 윈도우가 데이터블록을 전송할 때마다 하나씩 줄어들고 응답을 받을 때마다 하나씩 열리게 되는 것을 윈도우 흐름제어라 한다.

2.5.2 X-ON/X-OFF방법

- 전송을 끝내도록 명령하는 터미널 내에 있는 제어소자에 어떤 특별한 제어문자 X-OFF을 리턴하는 컴퓨터에 의해서 성취되어 진다. 수신측의 버퍼가 차게 되면 전송 중지를 요구하고, 버퍼가 어느 수준 이하로 비게 되면 전송 재개를 요청하는 방식이다.
- X-OFF를 받자마자 터미널은 키보드에 쳐진 더 이상의 문자를 무시하거나 과부하가 클리어 될 때까지 버퍼 속에 데이터를 계속 입력시킨다. 과부하 상태가 소멸되고 컴퓨터는 더 많은 문자를 받아들일 수 있을 때 명령 제어문자 X-ON을 리턴한다.
  X-ON은 전송 문자를 재시도하는 터미널 소자를 가르친다. 컴퓨터와 프린터 등의 주변기기 사이의 흐름제어 기법으로 많이 사용되고 있다.

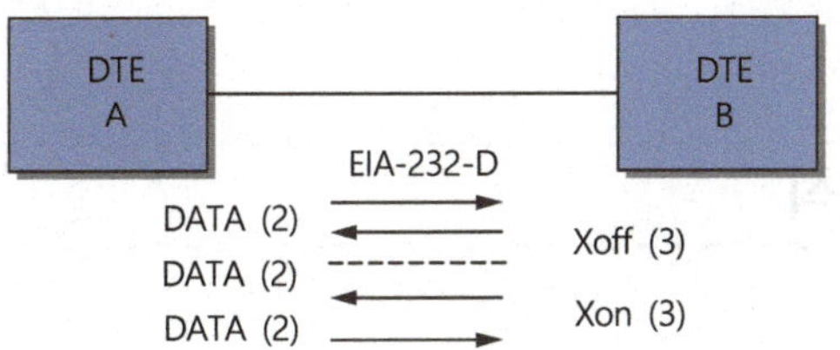

Data transmitted on pin 2

DTE B sends "transmission off" on pin 3

DTE A suspends transmission

DTE B send "transmission on"

DTE A resumes transmission

[그림 2-61] XON/XOFF 흐름제어

2.6 에러제어방식

통신매체를 통해 송신된 데이터가 잡음 등의 여러 가지 예측할 수 없는 장애요인들에 의해 발생하는 에러로 인하여 실제 전송된 내용과는 다른 형태로 목적지에 수신될 수 있다. 정보전송 중에 발생하는 여러 가지의 잡음, 간섭 등에 의해 부호가 변경되는 경우가 생기는데 이러한 비트나 블록의 에러를 검출, 정정하는 것을 말한다.

2.6.1 전송 잡음원

전송잡음원은 전송로의 물리적인 성질과 함께 정보통신 회선에서 에러를 유발시키는 원인이 된다. 전송신호에는 전송 채널과 전송시스템의 비 선형적 특성으로 인한 감쇠 및 지연 왜곡 등이 발생할 수 있다. 전송신호의 손상은 수신기에서 데이터를 정확하게 복구할 수 없게 되므로 전송거리와 전송속도가 제한된다.

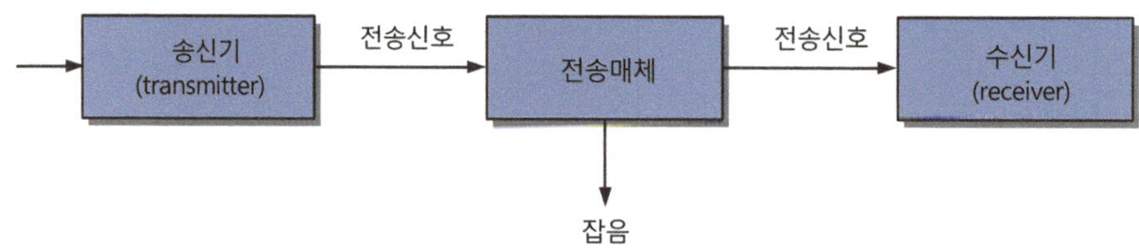

【그림 2-62】 송신기와 수신기 사이의 신호전송

1. 감쇠와 감쇠왜곡(Attenuation and Attenuation Distortion)

▸ **감쇠**(Attenuation)

- 전송신호의 강도가 전송매체가 가지는 특성에 의해 신호의 세기가 약해지는 현상을 말한다. 유선매체에서는 신호의 강도가 거리에 따라 처음에는 급격히 감소하다가 점차 완만히 줄어드는 대수(logarithm) 형태를 띤다. 감쇠의 정도는 데시벨(dB)을 단위로 나타낸다.
- 수신측에서 장거리 전송에서는 반드시 정한 거리마다 증폭기(amplifier) 또는 리피터(repeater)라는 장비를 설치함으로써 원래의 신호세기로 재생하여 해결할 수 있다.

▸ **감쇠왜곡**(Attenuation Distortion)

주파수 스펙트럼에 따라 감쇠의 정도가 균일하지 못해서 발생되는 신호의 파형을 말한다. 감쇠왜곡을 극복하기 위해서는 신호 감쇠용 등화기(equalizer)를 사용하여 주파수 스펙트럼 전체에 걸쳐 감쇠의 정도를 비슷하게 보정해 준다.

2. 지연왜곡(Delay Distortion)

전송신호를 구성하는 다수 주파수 요소에 따라 신호의 속도가 차이가 나는 것을 말한다. 정현파 신호의 전파속도는 신호의 주파수 특성에 따라 다르다.

3. 잡음(Noise)

잡음이란 전송에러를 유발시키는 가장 큰 원인이며, 신호를 전송하는 과정에서 발생하는 원하지 않는 신호를 말한다. 전송매체의 물리적 특성에 의한 잡음은 정보통신 시스템의 성능과 밀접한 관계가 있으며, 한 예로, 수신된 신호로부터 원래의 신호를 추출할 때, 원 신호에 대한 잡음의 상대적인 크기가 매우 중요한 척도가 되는데, 이를 신호 대 잡음비(Signal-to-Noise, S/N비)라 한다.

잡음은 크게 다음 네 가지로 분류된다.

- 열잡음(thermal noise)
- 상호변조잡음(intermodulation noise)
- 누화(crosstalk)
- 충격성 잡음(impulse noise)

▸ **열잡음(thermal noise)**

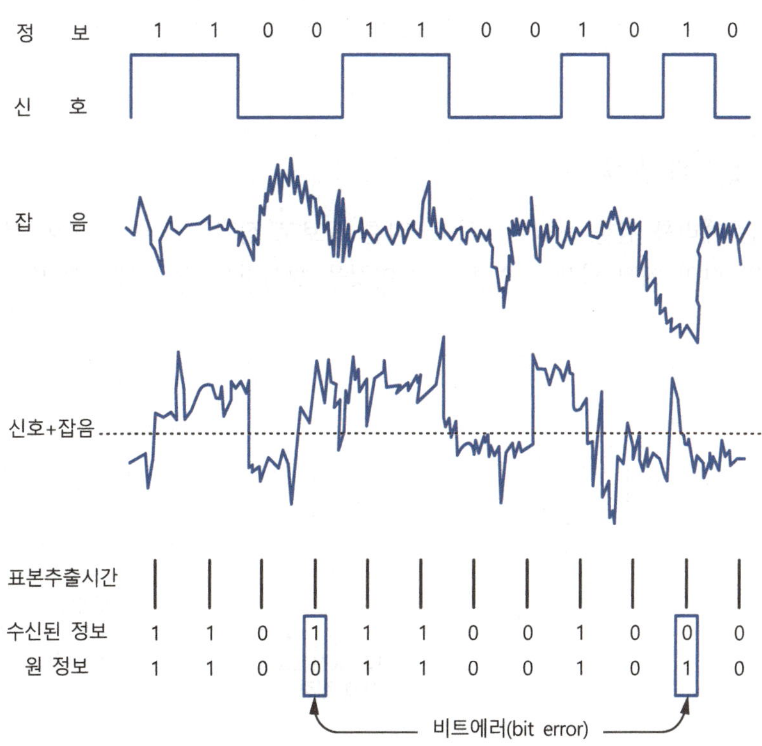

【그림 2-63】 디지털 전송에서의 잡음

전도체 내부의 온도에 따른 불규칙한 움직임에 의해서 전자(electron)들이 에너지 변화를 일으켜 발생하는 기기 내부의 열 교란 잡음이다. 열 잡음은 백색잡음(white noise 혹은 random noise)이라고도 불리며 이는 잡음 신호를 모든 주파수 영역에 걸쳐서 균일한(uniformly distributed) 전력 스펙트럼을 갖고 있기 때문이다.

▸ **상호변조잡음**(intermodulation noise)

- 동일매체를 서로 다른 영역의 주파수로 구성되는 신호들이 이용할 때, 주파수들의 합, 차 또는 배수에 해당되는 새로운 주파수요소가 만들어짐으로서 발생되는 잡음이다. 주파수 f_1, f_2를 그 주파수 요소로 가지는 신호로부터, f_1+f_2, f_1-f_2 등의 새로운 주파수가 생기는 경우를 말한다.
- 2KHz와 4KHz의 주파수를 신호가 동일한 매체를 이용할 때, 6KHz에 해당하는 새로운 주파수를 생성할 수 있는데, 이때, 6KHz의 주파수를 사용하는 다른 신호와 간섭 현상을 일으킨다.

▸ **누화**(혼선, Crosstalk)

통신의 신호 채널이 다른 신호 채널과 원치 않는 결합을 할 경우 서로 간섭을 일으키는 현상으로 전화통화 중 다른 사람의 말이 들리는 혼선과 같은 현상이다.

▸ **충격성잡음**(Impulse Noise)

번개나 태양 흑점 폭발과 같은 외부적인 전자기적 충격이나 전자 부품의 스위칭 회로, 기계적 스위치의 순간적인 스위칭, 통신장비의 결함 등으로부터 발생하는 잡음으로 순간적이며 진폭이 매우 큰 임펄스 잡음이다.

2.6.2 에러제어방식의 개요

전송 중 발생되는 에러를 검출(detection)하고, 바른 정보로 정정(correction)해야 전송 품질을 향상할 수 있다. 이와 같이 에러 발생을 검출하고, 이것을 정정하는 것을 에러제어(error control)라고 한다.

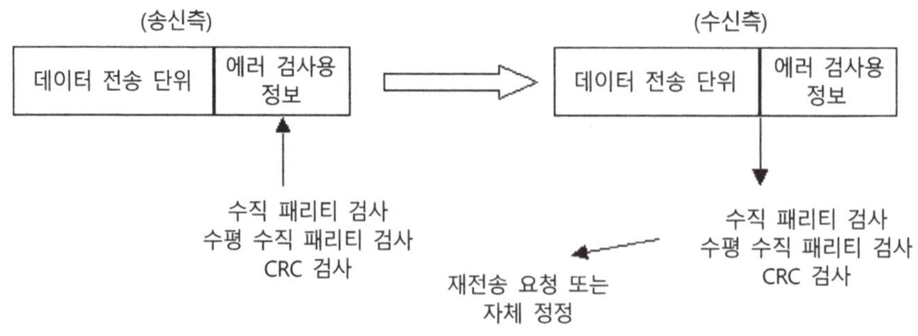

【그림 2-64】 에러제어방식의 개념

1. 에러제어방식

▸ 에러제어의 종류

1) 에러무시방법

가장 간단한 방법으로 에러에 대해 무시하고 전송하는 방법이다. 이 방법은 그리 중요하지 않은 정보를 다루는 통신이나 앞뒤의 문맥에 의해 전체의 내용을 파악할 수 있을 때는 굳이 에러제어를 할 필요가 없다. 하지만 에러에 의해 문장의 의미를 이해할 수 없다면 재전송 요구가 가능하다.

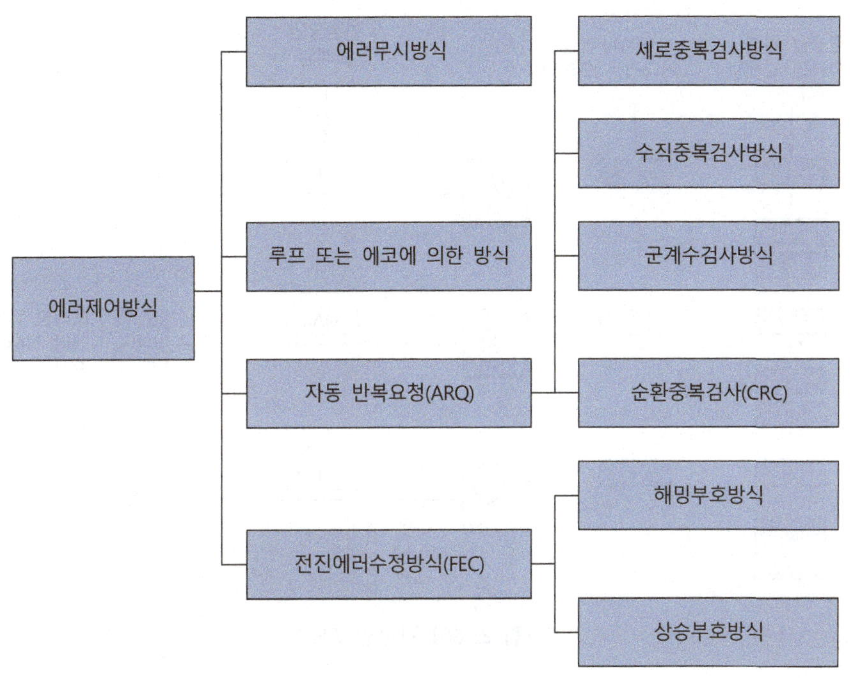

【그림 2-65】 에러제어방식

2) 루프나 에코에 의한 방법

루프(loop) 또는 에코(echo)에 의한 검사방식은 저속도 단말장치에서 입력된 정보가 원거리에 있는 컴퓨터에 전송된 후 수신된 정보가 단말장치로 되돌아오는 방식이다.

그러나 단말장치에 되돌아온 정보가 외부의 요인 등으로 에러가 발생하여 입력정보와 일치하지 않으면 단말기는 재전송을 실시해야 하므로 효율이 떨어진다.

3) 자동 반복요청(ARQ : Automatic Repeat Request)

송신측에서 에러를 검출할 수 있도록 에러제어를 위해 잉여 비트(redundancy bit)들을 전송하고자 하는 데이터와 함께 전송하여 수신측에서 에러 유무를 검사한다. 데이터 전송에서 가장 일반적으로 이용되는 이 ARQ방식은 수신측에서 잉여 비트의 규칙성을 확인하여 규칙에 위배된 경우 전송 시스템에 에러가 발생한 것으로 보아 수신된 정보를 무시하고 재전송을 송신측에 요구하는 방식이다.

이와 같이 수신측에서 송신측에 확인 응답 신호를 보내어 다시 데이터를 요구하여 전송하도록 하는 것을 자동 반복요청(ARQ)이라 한다. 주로 패킷 단위의 정보를 교환하는 방식에 이용되며 다음과 같은 종류가 있다.

기본형 ARQ(stop-and-wait ARQ)

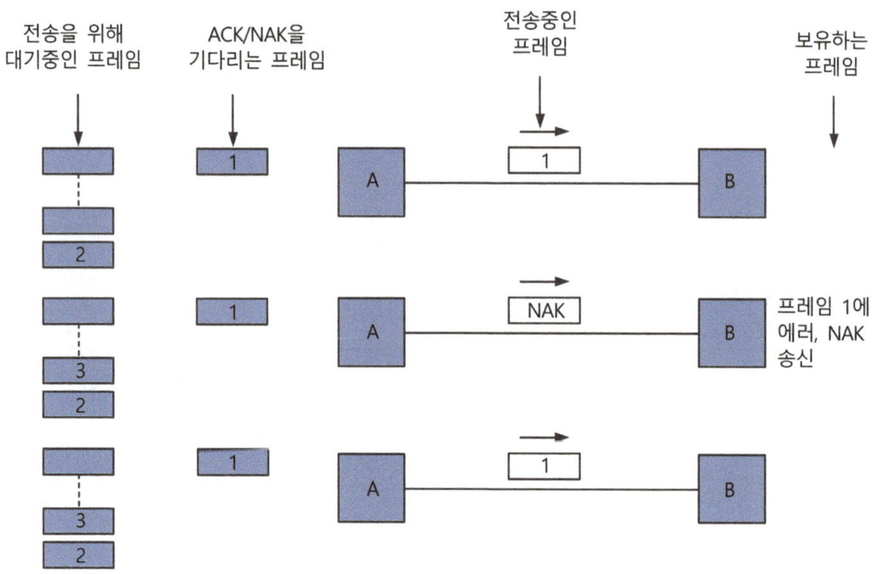

【그림 2-66】 기본형 ARQ

- 하나의 데이터 블록을 수신할 때마다 확인 응답을 반송하고, 확인 후에 다음의 데이터 블록을 보내는 방식이다. 송신스테이션은 한 개의 프레임을 전송하고 나서 ACK가 오기를 기다려야한다. ACK가 오지 않으면 더 이상의 프레임을 보낼 수 없다.
- 송신스테이션은 하나의 블록을 보낼 때마다 확인 응답을 반송하고 확인 후 다음의 정보 블록을 보내는 방법이다.
- 전송프레임이 잡음으로 파괴되어 수신되지 않을 경우, 수신기는 ACK를 보내지 않는다. 이런 경우에는 송신기내에 타이머(timer)가 부착되어 있다. 타이머의 정해진 시간이 경과하는 동안 확인 응답이 오지 않으면, 같은 프레임을 다시 보낸다. 이 프레임에 대한 ACK를 받을 때까지 그 프레임의 사본을 유지해야 한다.
- 이 방식의 장점은 단순하며, 구현이 간단하고 단점은 대기 시간이 길어져 전송 효율이 하락하는 경우가 많다는 것이다.

연속 ARQ(go-back-N continuous ARQ)

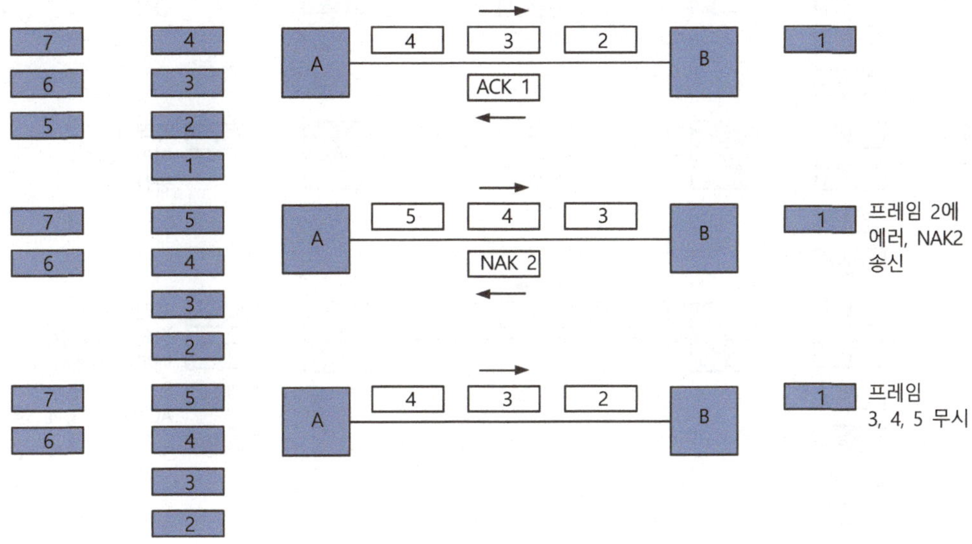

[그림 2-67] 연속 ARQ

- 데이터 블록을 연속 전송하고, 재송 요구 응답이 있는 시점에서 에러가 있었던 블록까지 되돌아가서 그 곳으로부터 N블록을 보내되 블록의 순서가 바뀌지 않게 재송하는 방법이다.
- 수신스테이션은 어느 한 프레임에서 에러를 발견하면, 그 프레임에 대한 NAK를 보낸다. 에러가 난 프레임이 고쳐질 때까지 이후의 프레임은 수신하지 않는다.
  송신 스테이션은 NAK를 수신하면, 에러가 난 프레임과 이 다음의 모든 프레임을 재전송해야 한다. 블록의 순서가 바뀌지 않도록 재전송하기 위해 정보의 일정 단위마다 번호를 부여하는 방법이다.

선택적 ARQ(Selective-repeat continuous ARQ)

- 연속 ARQ의 변형으로 NAK를 수신한 프레임만 다시 전송된다.
  에러가 발생한 그 정보 이후를 전부 보내는 것이 아니라 에러가 발생한 정보만 다시 재전송하는 방식이다.
- 전송 효율은 ARQ방식 중에서 가장 좋으나 에러가 난 프레임이 재전송될 때까지 그 다음의 프레임을 저장할 기억장소와 적당한 위치에 해당 프레임을 다시 삽입할 수 있는 논리회로를 필요로 하기 때문에 장치의 구성이 다소 복잡하다.
- 이런 복잡성 때문에 go-back-N ARQ방식이 훨씬 많이 사용된다.

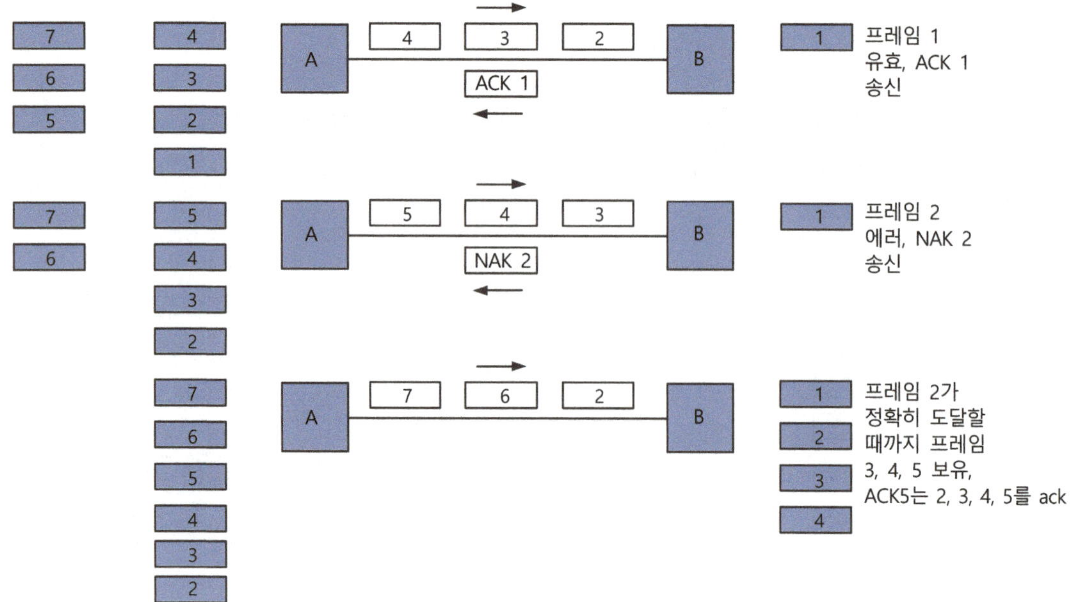

【그림 2-68】 선택적 ARQ

4) 전진 에러 수정(FEC; Forward Error Correction)

FEC방식은 데이터 전송시에 에러가 발생할 경우 전송 데이터에 포함되어 있는 잉여 비트를 활용하여 여러 부호이론에 따라 에러의 검출과 수정이 모두 이루어지는 코딩 기법이다. 이 방식은 에러 검출과 수정을 위한 잉여 비트가 포함되기 때문에 코드 효율과 전송 효율은 저하되지만 원거리 전송에 사용되며, 연속적인 데이터 전송이 가능하다.

이 방식은 해밍코드(hamming code), 순환 잉여 검사(CRC), 상승코드(convolution code)방식이 있다.

2. 에러검출방식

전송중의 에러를 검출하고 이를 정정하는데 크게 순방향 에러정정과 피드백 에러정정으로 나눌 수 있다. 순방향 에러정정은 에러를 검출할 뿐만 아니라 그 에러의 위치까지 알 수 있도록 충분한 여분의 에러정정 코드를 포함시켜 전송하며, 에러위치의 비트를 반전시킴으로써 에러정정이 가능하다. 피드백 에러정정은 에러발생 비트 위치는 모르나 에러의 유무를 검출할 수 있을 정도 여분의 적은 비트의 에러검출 코드를 포함시켜 전송하며, 에러정정은 재전송으로 해결한다.

▸ **패리티검사**(parity check)

가장 간단한 비트 에러검출방식은 한 패리티 비트(parity bit)를 프레임의 각 단어 끝에 붙이는 것이다. 비교적 에러 발생률이 낮은 정보전송에 사용되며, 전송문자마다 잉여문자 1비트씩을 부가하여 문자열을 구성하는 1의 개수가 홀수 개인지 또는 짝수 개인지 판별하는 방법으로 잉여문자 1비트를 패리티 비트(parity bit)라고 한다.

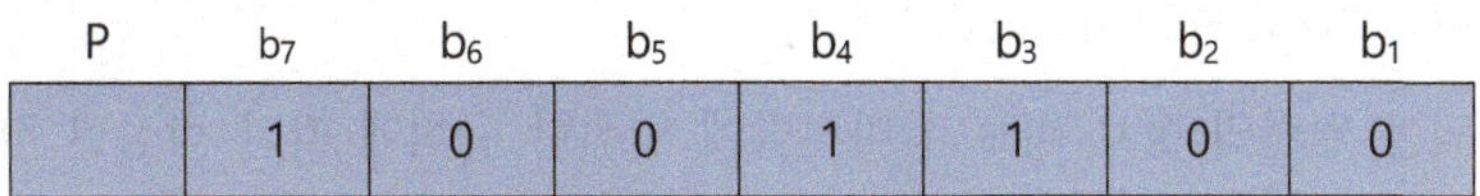

odd(홀수) Parity시 P의 값 0

even(짝수) Parity시 P의 값 1

【그림 2-69】 ASCII code 전송시 Parity의 값

패리티검사의 대표적인 예가 ASCII전송으로 7비트 길이의 ASCII 데이터의 끝에 한 비트를 추가하여 8비트로서 데이터를 전송하게 된다. 이 때 패리티 비트 값은 8비트의 문자정보 내에 '1'의 개수를 짝수(짝수 패리티 : even parity) 혹은 홀수(홀수패리티 : odd parity)개가 되도록 조정하는 과정에서 결정된다.

예를 들어, 홀수 패리티를 사용하는 ASCII전송에서 전송할 ASCII부호 값이'1110001'이면 8비트 문자정보 내에 '1'의 개수가 홀수개가 되도록 하기 위해서는 패리티 비트를 '1'로 세트하여야 한다. 수신측에서는 수신된 문자정보 내에 '1'의 개수가 홀수 개이면 전송 중에 에러가 발생하지 않은 것으로 간주하고 짝수 개이면 에러발생으로 판단한다. 패리티검사방법은 간단하다는 이점은 있으나 에러가 짝수 개 발생한 경우에는 에러검출이 불가능하다는 단점이 있다.

여기서 각 문자 끝에 패리티 비트는 수직중복검사(VRC; Vertical Redundancy Check)라 하고, 패리티검사 문자는 세로중복검사(LRC; Logitudinal Redundancy Check)라 한다.

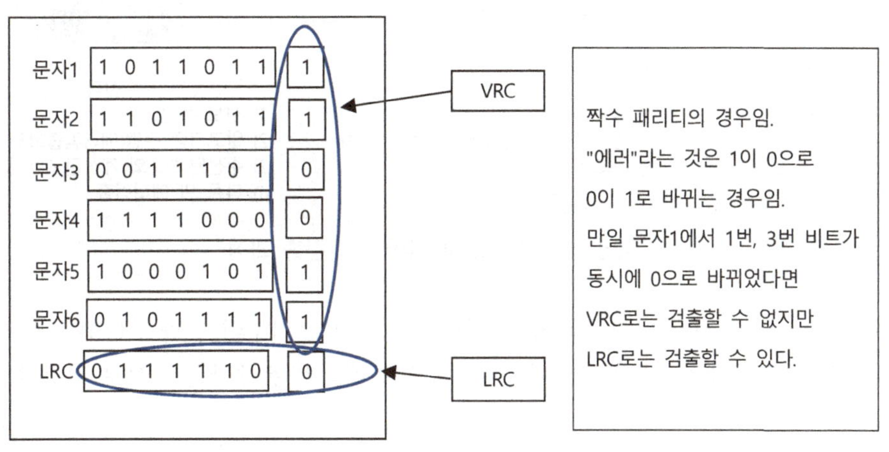

【그림 2-70】 패리티검사 에러검출 과정

- VRC(Vertical Redundancy Check : 수직중복검사) : 각 문자 끝의 패리티 비트를 두는 검사방식으로 한 문자에 포함된 bit중 '1'의 개수가 짝수냐 홀수냐로 parity bit를 '1' 또는 '0'으로 정하여 전송하는 방식이다.
- LRC(Longitudinal Redundancy Check : 세로중복검사/수평중복검사) : 패리티 검사문자는 block check character를 만든다. 보통 VRC와 함께 사용되는 방법을 block sum check라고 부른다.

▸ **순환중복검사**(CRC; Cyclic Redundancy Check)

연속적으로 전송되는 일련의 정보 비트의 마지막에 일정한 규칙에 따라 작성된 검사용 비트 열(bit sequence)을 부가하는 에러검출방식이다. 이 방식은 가우스 잡음 등에 따라 전송 데이터의 비트가 불규칙하게 틀리는 랜덤에러(random error) 또는 몇 개의 비트가 연속적으로 틀리는 버스트 에러(burst error)에 대해서도 엄격하게 검색할 수 있어 에러검출률을 높일 수 있다.

이 방식의 에러 체크 과정은 전송할 메시지를 구성하고 있는 X의 정보 열을 메시지 다항식 형태로 나타낸다. 이 다항식에 미리 정해놓은 생성 다항식(G(X))의 최고차 항을 곱한다. 이때의 결과 값을 생성 다항식(G(X))으로 다시 나누면 몫과 나머지가 구해진다.

여기에서, 나머지 값만을 X의 다항식으로 변환시켜 FCS(Frame Check Sequence)를 생성한다. 생성된 FCS를 전송 프레임의 끝에 부가하여 전한다.

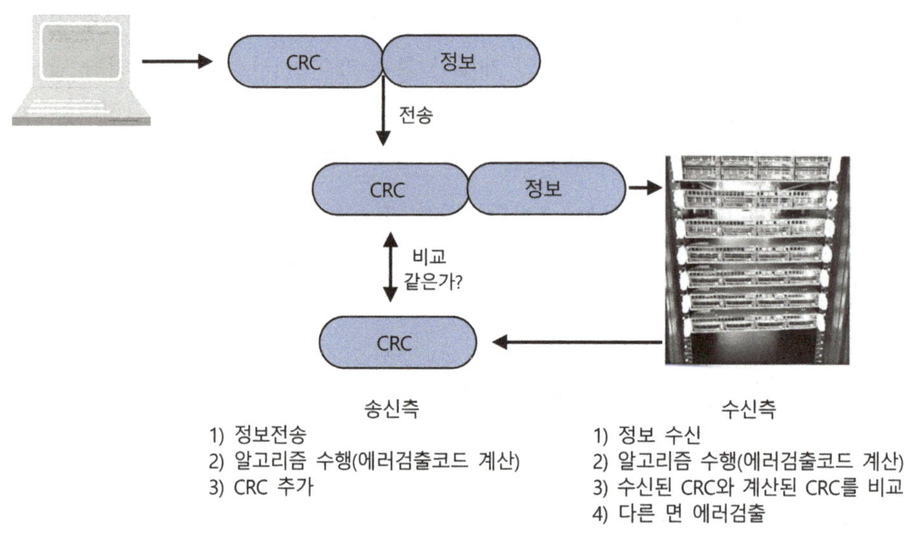

[그림 2-71] CRC에 의한 에러검출 과정

수신측에서는 수신된 메시지 다항식을 생성 다항식(G(X))으로 나누어 결과가 0이면 에러가 없는 것으로 간주하고, 나머지가 발생했을 경우는 일반적으로 에러가 존재하는 것으로 간주하여 재전송을 요구한다.

예제

메시지 M = 110011(6비트) → $M(X) = X^5 + X^4 + X + 1$

패턴 P = 11001 (5비트) → $G(X) = X^4 + X^3 + 1$

FCS R = 4비트 → X^4

1. 메시지 다항식에 체크순차 비트 X^4를 곱한다.

$X^4 \cdot (X^5+X^4+X+1) = X^9+X^8+X^5+X^4$[1100110000] — ①

2. ①식을 생성다항식 X^4+X^3+1로 나눈다.

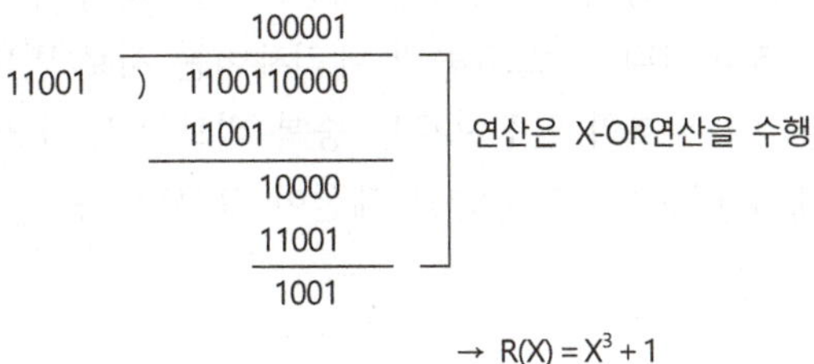

→ $R(X) = X^3 + 1$

3. 메시지 다항식 M(X)에 R(X)을 부가하여 송신한다.

송신 데이터 P(X) → 110011 | 1001 |

수신 내용 검사

송신 데이터 P(X) → **1100111001**,

생성 다항식 G(X) → **11001**

① P(X)를 G(X)로 나눈다.

```
              100001
11001 )  1100111001
         11001              연산은 X-OR연산을 수행
              11001
              11001
              00000
```

나머지가 0이므로 에러가 없음을 확인

다음과 같은 P(X)의 4가지 유형들이 널리 사용된다.

CRC-12 $= X^{12} + X^{11} + X^3 + X^2 + 1$

CRC-16 $= X^{16} + X^{15} + X^2 + 1$

CRC-CCITT $= X^{16} + X^{12} + X^5 + 1$

CRC-32 $= X^{32} + X^{26} + X^{23} + X^{22} + X^{16} + X^{12} + X^{11} + X^{10} + X^8 + X^7 + X^5 + X^4 + X^2 + X + 1$

CRC-12 시스템은 6비트 문자스트림 전송에 사용되며, 12비트 FCS를 생성한다. CRC-16과 CRC-CCITT는 미국과 유럽에서 8비트 문자 전송에 사용되며, 16비트 FCS를 가진다. CRC-32는 32비트 FCS를 생성한다.

3. 에러정정부호(Error Correction Code)

에러정정부호는 에러의 검출뿐 아니라 검출된 에러를 정정할 수 있는 능력을 갖는 부호를 말하며 대표적인 부호로는 해밍부호, 블록부호, 상승부호가 있다.

▸ 해밍부호(Hamming Code)

해밍부호는 부호를 정정하는 방법으로 가장 많이 이용되며 구성이 매우 간단하고, 에러를 검출함

과 동시에 그 에러를 정정할 수 있는 자기 정정부호이다. 이 부호는 블록부호로서 에러를 검출하는 데 필요한 잉여데이터 비트들의 수를 최소화하기 위해 어떤 비트들이 잉여비트를 위해서 선택되고 다른 비트들은 데이터가 실린다.

해밍부호는 단일에러의 정정 및 이중에러의 검출이 가능하다. 여기서 해밍비트를 많이 추가할수록 에러검출과 정정능력은 향상되지만 코드효율은 저하한다. 코드효율과 에러제어는 서로 반비례함으로 최소의 잉여비트를 추가하는 것이 필요하다. 이 부호의 단점으로는 중복 비트가 많이 필요하기 때문에 전송효율이 낮다는 것과 송수신 양쪽에서 비교적 많은 양의 계산이 요구된다는 점이다.

예제

입력 정보열 10110010이면 해밍 비트는 2k(k = 0, 1, 2, 3)번째 자리에 삽입됨

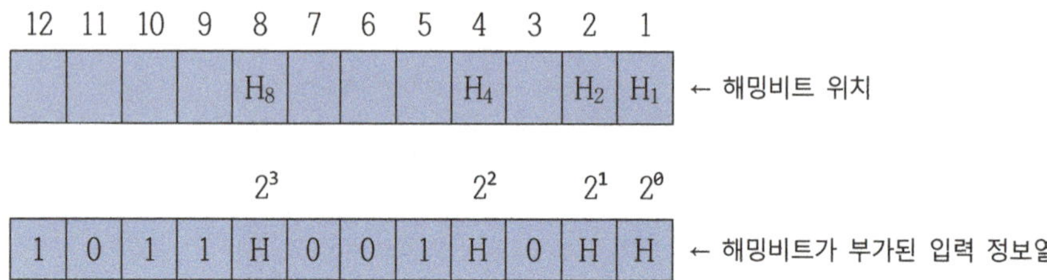

12	11	10	9	8	7	6	5	4	3	2	1	
				H_8				H_4		H_2	H_1	← 해밍비트 위치
				2^3				2^2		2^1	2^0	
1	0	1	1	H	0	0	1	H	0	H	H	← 해밍비트가 부가된 입력 정보열

해밍비트 값(H_8, H_4, H_2, H_1) 산출방법

입력정보열중 1의 비트가 있는 곳의 가중치를 2진수로 표현

12, 10, 9, 5의 bit가 1로 set되어 있음

12 → 1100　　10 → 1010

9 → 1001　　5 → 0101

표현된 2진수를 X-OR 연산을 수행

```
        1 1 0 0
        1 0 1 0
        1 0 0 1
        0 1 0 1
      ----------
X-OR    1 0 1 0
        ↙ ↓  ↓ ↘   → 해밍코드 값
      H8 H4 H2 H1
```

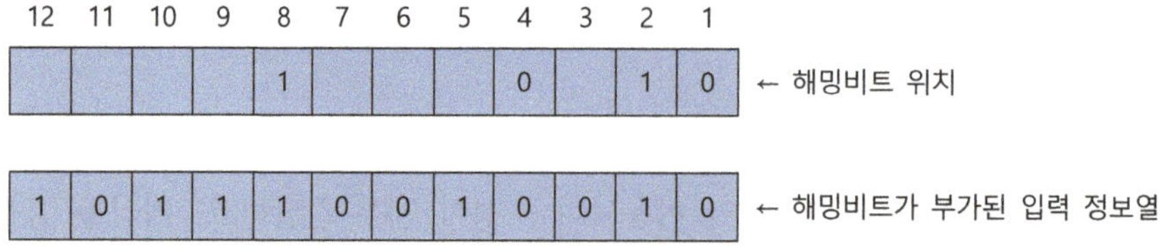

12	11	10	9	8	7	6	5	4	3	2	1	
				1				0		1	0	← 해밍비트 위치
1	0	1	1	1	0	0	1	0	0	1	0	← 해밍비트가 부가된 입력 정보열

만약 9번째의 비트가 에러로 전송되었다고 가정하면(1에서 0으로)

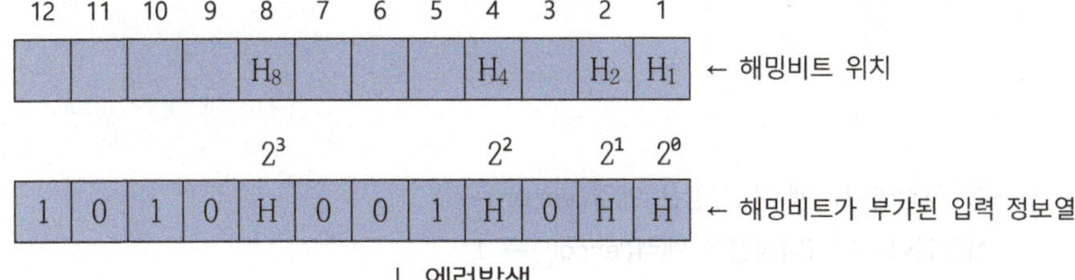

각 비트 중에서 1이 설정된 10진수의 값은 12, 10, 5이다.

12	1 1 0 0	
10	1 0 1 0	X-OR연산
5	0 1 0 1	
해밍비트	1 0 1 0	
	1 0 0 1	→ 9번째 비트에서 에러 발생(십진 값)

그러므로 9번째 비트가 인버터에 의해 0이 1로 변환된다.

예제

짝수 패리티를 가진 다음의 해밍코드를 수신하였다.

1	2	3	4	5	6	7	← 행번호
p_1	p_2	8	p_3	4	2	1	
0	0	0	1	1	0	1	← 수신된 해밍코드

이 코드에 단일비트 에러가 발생되었다고 할 때 에러가 발생한 행 번호는?

해설

p_1 : 1, 3, 5, 7번의 짝수패리티 검사 - no error(0)

p_2 : 2, 3, 6, 7번의 짝수패리티 검사 - error(1)

p_3 : 4, 5, 6, 7번의 짝수패리티 검사 - error(1)

따라서 $p_3p_2p_1$ = 110_2 = 6_{10}이므로 행번호 6번째 비트가 에러이다.
즉, 0을 1로 정정하면 정정된 코드는 '0001111'이 된다.

예제

101101010을 받았다. 몇 번째 비트가 에러 비트인가?

비트표시	p_1	p_2	M_1	p_3	M_2	M_3	M_4	p_4	M_5
비트자리	1	2	3	4	5	6	7	8	9
수신코드	1	0	1	1	0	1	0	1	0

해설

p_1은 자리 1, 3, 5, 7, 9를 점검한다. 패리티점검은 에러(error)→ 1

p_2는 자리 2, 3, 6, 7을 점검한다. 패리티점검은 에러(error)→ 1

p_3는 자리 4, 5, 6, 7을 점검한다. 패리티점검은 에러(error)→ 1

p_4는 자리 8, 9를 점검한다. 패리티점검은 에러(error)→ 0

$p_4p_3p_2p_1$은 0111이 되어 7번째 비트가 에러 비트이다.
수신된 코드는 '1011010101'이 된다. 정정된 코드는 "101101110"이다.

▸ **상승부호**(Convolution Code)

이 부호는 비블럭부호로서 블록부호보다 디코딩이 용이하여 자기정정 에러제어방식(FEC)에 많이 사용된다. 이 방식은 정보비트와 패리티 비트가 채널 상에서 섞인 형태로 전송되지만 이전의 전송 데이터 블록에 해당되는 주기 동안은 여러 가지 정보 비트에 모듈로 2연산을 함으로써 패리티 비트를 계산한다.

전송 데이터 n개의 비트 속에 평균 k개의 정보비트와 n-k개의 잉여 비트가 포함되도록 2개의 가변 스위치를 갖는 다중화 스위치를 교대시킴으로써 만들어진다. 따라서 수신측에는 역 다중화 스위치를 같은 방법으로 함으로써 정보비트와 패리티비트를 구별할 수 있다.

수신측의 복호기는 전송 측에서 사용한 것과 동일한 k단 시프트 레지스터와 패리티 검사망을 포함한다. 상승부호에 의한 방식은 부호화나 복호화에 의한 하드웨어가 복잡하므로 단가가 높은 반면 자기정정 에러효율은 우수한 부호이다.

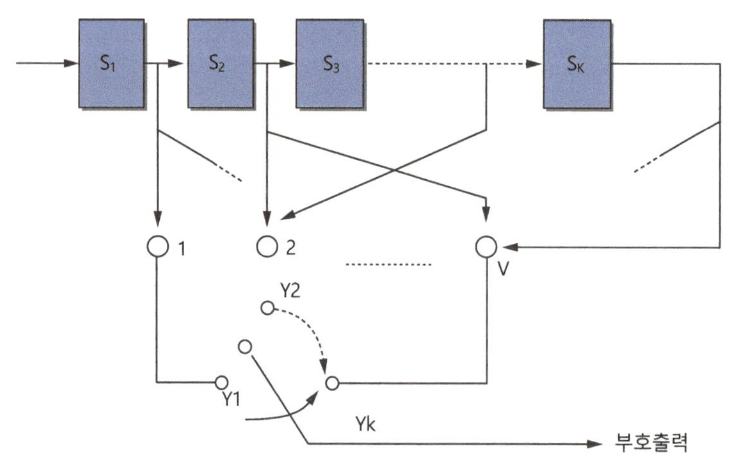

[그림 2-72] 상승부호기

연습문제

01. 아날로그전송과 디지털전송에 대해 설명하시오.

02. 아날로그와 디지털 신호의 특성에 대해 설명하시오.

03. 정보전송 중 베이스밴드전송방식에 대해 설명하시오.

04. QAM방식에 대해 설명하시오.

05. ASK, FSK, PSK를 비교 설명하시오.

06. AM, FM, PM을 비교 설명하시오.

07. PCM전송방식을 정의하고, 각 과정을 설명하시오.

08. 델타변조방식의 장점 및 단점에 대해 설명하시오.

09. 다중화방식을 정의하고, FDAMA와 TDMA방식에 대해 설명하시오.

10. 통계적시분할다중화방식(STDM)에 대해 설명하시오.

11. 동기방식에서 비동기식전송과 동기식전송의 차이점을 설명하시오.

12. 직렬 전송과 병렬 전송의 장점 및 단점에 비교 설명하시오.

13. 동축 케이블의 구조에 대해 설명하시오.

14. 광섬유 케이블의 전송원리 및 구조에 대해 설명하시오.

15. 인터페이스에 대해 정의하시오.

16. 전송제어방식에서 데이터전송절차에 대해 설명하시오.

17. 전송제어방식에서 데이터전송절차의 필요성에 대해 설명하시오.

18. 데이터통신에서 폴링과 셀렉팅방식에 대해 설명하시오.

19. 기본형 전송제어절차의 과정에 대해 설명하시오.

20. 전송제어절차의 5단계 과정에 대해 설명하시오.

21. HDLC전송제어절차의 과정에 대해 설명하시오.

22. HDLC전송제어절차의 특징에 대해 설명하시오.

23. 전송에러제어방식을 분류하고, 각각에 대해 정의하시오.

24. 잡음에 대해 정의하고, 각 종류에 대해 설명하시오.

25. 순환부호방식(CRC)에 대해 설명하시오.

26. 에러검출방식 중 패리티 검사방식에 대해 설명하시오.

27. 전송에러제어방식에서 ARQ방식에 대해 설명하시오.

[제 3 장]

통신 프로토콜

3.1 프로토콜의 기본 개념

3.1.1 프로토콜(Protocol)

프로토콜은 서로 간에 데이터를 신속하고 정확하게 정보전송을 하기 위한 정보 기기 간의 필요한 규약들의 집합으로, 통신을 원하는 두 실체(entity)간에 무엇을(what), 언제(when), 어떻게(how), 통신할 것인가에 대해 서로 약속한 규정이다. 여기서 실체란 각 계층에서 개방형 시스템 간의 통신을 가능하게 해주는 요소를 말하며, 사용자 응용 프로그램, 파일전송 패키지(file transfer package), 데이터 베이스 관리 시스템, 전자우편설비(electronic mail facility) 등이며, 시스템은 터미널, 컴퓨터를 포함한 단말장치 등을 포함한다. 일반적으로, 실체란 정보를 보내거나 받을 수 있는 것이며, 시스템은 하나 이상의 실체를 보유하는 물체이다.

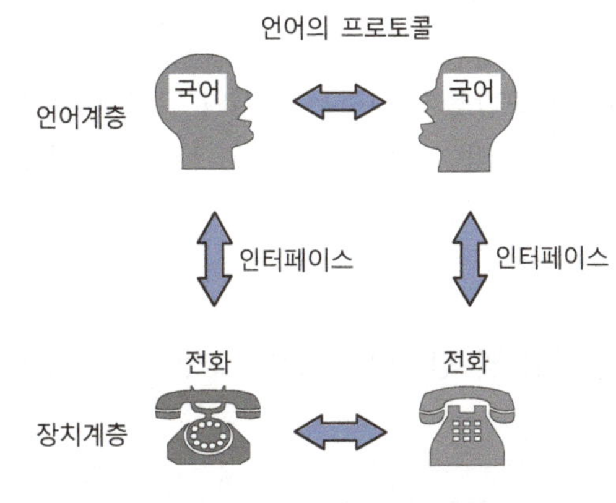

【그림 3-1】 프로토콜의 예

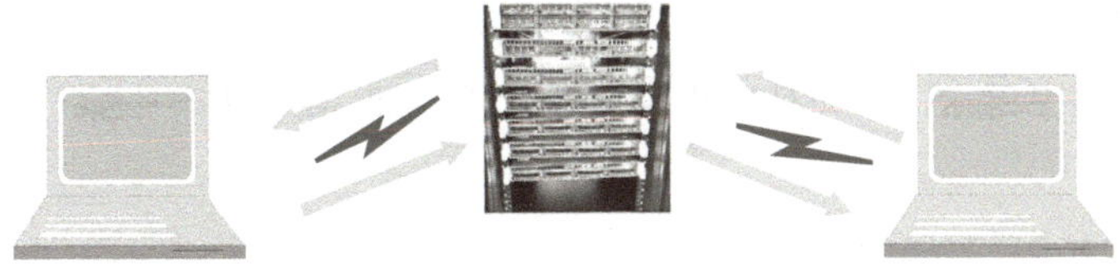

1. 에러 없이 정보를 수신하였으면, ACK를 보낸다.
2. 에러가 있으면, NAK를 보낸다.
3. 송신 측에서 NAK를 받으면, 정보를 다시 보낸다.
4. 계속해서 에러가 발생하면, 통신을 중단한다.

【그림 3-2】 프로토콜 개념

프로토콜은 그림 3-1과 같이 두 사람이 전화 통화를 하는 경우의 예로 나타내어 보자. 두 사람의 언어가 맞지 않거나 장치가 전혀 다르면 통화를 하기 어렵다. 따라서, 사용하는 언어와 장치의 규격을 일치시켜야 하는데, 이와 같이 정해진 약속이 프로토콜이다. 프로토콜은 물리적 측면의 프로토콜과 논리적 측면의 프로토콜로 구성된다.

▸ **물리적 측면**

프로토콜에서는 데이터 전송에 사용되는 전송 매체, 접속용 커넥터 및 전송 신호등에 대해 규정

▸ **논리적 측면**

데이터의 전송 단위인 패킷 또는 프레임의 구성과 내부의 각 항목의 의미와 기능, 데이터 전송의 각종 제어 절차 등에 대해 규정

프로토콜계층화 개념은 구조적 프로그래밍(structured programming) 개념과 비슷한데, 각 계층은 모듈과 같으며 각 계층의 수직적 상하 관계는 top down 구조와 같은 구조이다. 즉, 네트워크의 프로토콜계층화는 하위 계층이 상위 계층을 서비스하는 것과 같으며 호출 프로그램과 피호출 프로그램의 파라미터 상호전달방식 또는 상위 계층이 하위 계층의 서비스를 받을 때와 같은 파라미터 전달이다.

프로토콜은 두 실체 간의 데이터 교환을 관리하는 일련의 규약의 집합으로 정의되며, 구성 요소로는 구문(syntax)과 의미(semantic) 그리고 타이밍(timing) 등 주요 내용이 되는 기본요소는 다음과 같다.

구문(syntax)

데이터의 형식, 부호화(coding)방법 및 전기적 신호의 크기(signal level) 등을 규정한다.

의미(semantic)

효율적이고 정확한 전송을 위한 두 실체 간의 협조(coordination)항목, 전송 및 에러제어, 동기제어, 흐름제어, 에러복원을 위한 것으로 규정한다.

순서(timing)

두 실체 간의 통신 속도의 조정, 메시지의 순서제어 등으로 규정한다.

3.1.2 네트워크 구조의 기본개념

네트워크 구조는 컴퓨터 네트워크를 구성하기 위한 논리구조와 체계적인 규정이라 한다.

컴퓨터 네트워크는 컴퓨터, 통신회선망, 단말 등으로 구성되는데, 이들 구성요소를 통신기능의 관점에서 보면 이들이 갖는 특징을 기본으로 모델화하여 구조와 기능분담, 결합방법, 인터페이스 등을 규정하는 것이 논리구조이다.

노드(node)

호스트 컴퓨터, 전위처리장치, 원격처리장치, 단말처리장치, 단말 등 정보처리나 통신처리를 하는 장치를 모델화한 것이다.

링크(link)

통신 회선, 채널 등 전기 신호를 운반하는 매체를 모델화한 것이다.

프로세서(process)

단말 운용자나 호스트 컴퓨터의 응용 프로그램 등 정보처리나 통신을 하는 자체를 모델화한 것이다.

이들 논리적 요소를 이용함으로써 통신 관점에서 본 정보처리는 노드 내의 프로세서가 다른 프로세서와 독립적으로 실행하는 처리이며, 프로세서 간 통신이란 여러 개 노드의 복수 프로세서가 링크를 통하여 정보를 주고받는 것으로 표현할 수 있다.

통신은 데이터 전송과 통신처리로 분류될 수 있는데, 컴퓨터 네트워크에서 프로세서들이 통신을 하려면 데이터 전송이나 통신처리에 대한 여러 가지 프로토콜을 규정할 필요가 있다.

프로토콜은 통신기능의 확장이나 새로운 통신기술의 도입을 용이하게 하기 위하여 각 계층으로 분할하여 각 노드에 대응하는 프로토콜 계층마다 독립적인 프로토콜이 설정된다. 프로토콜 계층 구성은 데이터의 투명전송(transparency transfer)에 관한 계층(하위 계층)과 전송에 수반되는 통신처리에 관한 계층(상위 계층)으로 분리된다.

3.1.3 네트워크 구조의 목적

- 자원공용에 따른 경제성
- 자원분산에 따른 신뢰성의 향상
- 분산처리에 따른 비용
- 성능비의 향상
- 처리기능의 충실
- 컴퓨터 네트워크를 효율적이고 체계적으로 구성

네트워크 구조의 개발 목표는 크게 두 가지로 나눌 수 있다.

① 각종 제품을 체계적으로 개발생산하여 자사 제품으로 쉽게 컴퓨터 네트워크를 구성함

② 이(異)기종으로 구성되는 컴퓨터 네트워크를 서로 접속하거나 다른 제조회사의 제품으로 구성되는 이(異)기종 컴퓨터 네트워크를 구성함

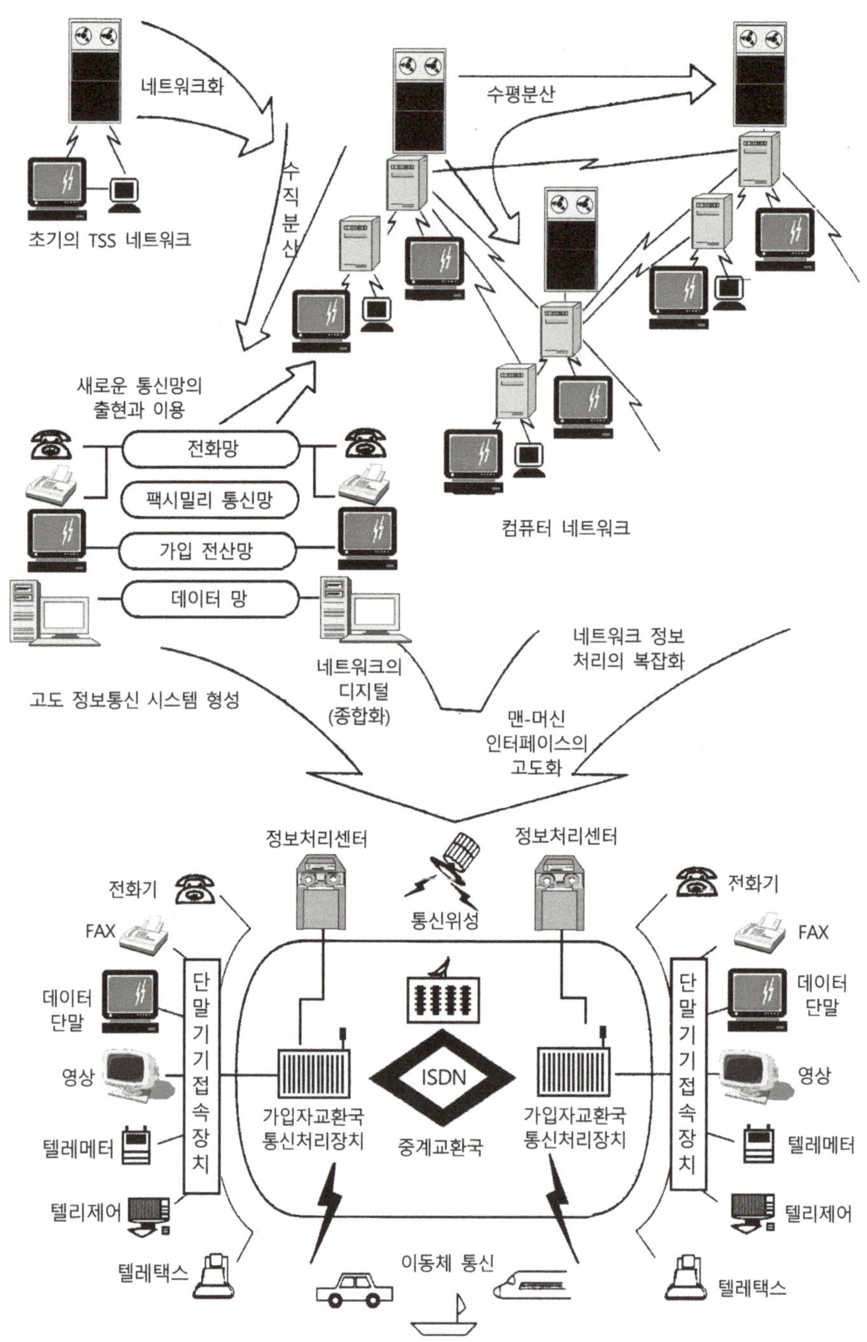

[그림 3-3] 컴퓨터 네트워크의 구성도

3.1.4 프로토콜의 국제표준화

네트워크 구조의 설정으로 각종 제품 간의 접속이 쉽게 되고, 서로 다른 회사 제품을 이용하여 컴퓨터 네트워크를 접속하기 위해서는 네트워크 구조를 한 회사의 표준으로 하는 것뿐만 아니라 국내외 다수 제조회사에 공통인 표준화가 필요하다. 즉, 국제표준화가 필요한 것이다.

ISO/TC97(국제표준기구 정보처리 시스템연구회)은 컴퓨터간 및 컴퓨터 단말간의 정보교환에 관한 표준화를 시작으로 1960년에는 SC2(문자코드소위원회)에서 문자코드표준화, SC6(데이터통신소위원회)에서 기본형 데이터전송제어절차의 표준화 등의 진전을 보았다.

1970년에 완성된 ARPANET은 각 계층의 프로토콜 제어정보에 임의의 비트 열을 이용할 때 비효율적이었고, 비트 지향형 데이터 링크 제어 절차가 필요하게 되었다.

1970년대 전반에는 여러 곳에서 비트 지향형 데이터 링크 제어 절차의 검토가 구체화되었고, CCITT(국제전신전화자문위원회)는 통신 회선을 통하여 자기테이프를 전송하기 위한 권고 V.41을 정하고, IBM사는 동기식 데이터 링크 제어(SDLC)절차를 개발하였다.

고위레벨데이터 링크 제어(HDLC: High level Data Link Control)는 SDLC를 기초로 V.41의 에러검출부호를 도입하고, 비동기응답모드 등의 새로운 동작 절차를 첨가하여 1974년경에 골격이 정해졌다. TC97은 1977년 봄에 시드니에서 총회를 열고 국제 표준화의 필요성에 의해 OSI(open system interconnection) 표준화를 진행하면서 OSI를 주제로 하는 SC16의 설치를 결정하였다.

1978년 봄에 워싱턴에서 열린 제1회 총회에서는 참조모델을 구체적으로 검토하기 위한 WG1(작업위원회 working group), 상위층(전달층, 세션층, 표현층, 응용층)의 표준화항목을 식별하기 위한 WG2 및 하위층(물리층, 데이터 링크층, 네트워크층)의 표준화항목을 식별하기 위한 WG3을 설치할 것을 의결하고, WG레벨의 검토를 개시하였다.

- WG1은 개방시스템(open system), 물리매체, 응용프로세서, 실체(entity), 접속(connection) 등의 용어와 정의를 규정하였다.
- WG2는 세션층의 서비스와 프로토콜 이외에 가상단말, 파일전송 및 OSI 관리를 위한 서비스와 프로토콜 표준화가 필요한 것을 명확히 하였다.
- WG3은 네트워크층 이하의 표준화는 SC6의 과제로 전달층의 서비스와 프로토콜의 표준화가 SC16의 과제임을 지적하고, 초기검토에 착수하였다.

SC16은 1980년 11월에 서베를린에서 제 3회 총회를 열고 WG1의 검토결과를 받아 OSI 기본참조모델을 국제규격초안(DP: Draft Proposal)으로 등록하였다.

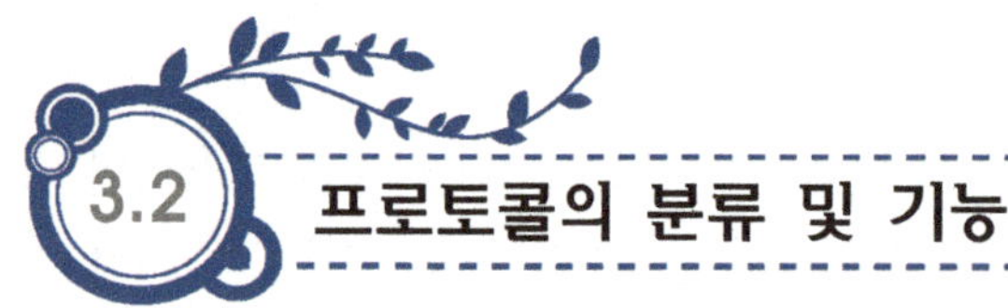

3.2 프로토콜의 분류 및 기능

3.2.1 프로토콜의 분류

프로토콜의 분류는 관점에 따라 다양하지만 여기서는 다음과 같이 분류한다.

1. 직접/간접(direct/indirect) 프로토콜

두 실체 간의 통신은 직접적이거나 간접적일 수 있다. 그림 3-4의 (a)는 두 시스템이 포인트-투-포인트(point-to-point)방식으로 두 지점간의 데이터와 제어정보는 외부의 도움 없이 교환될 수 있다. (b)는 멀티포인트(multi point) 연결을 나타내며 (a)와 비슷한 방식으로 전달되는데 다만 엑세스 제어(access control)가 추가로 필요하기 때문에 프로토콜이 복잡해진다.

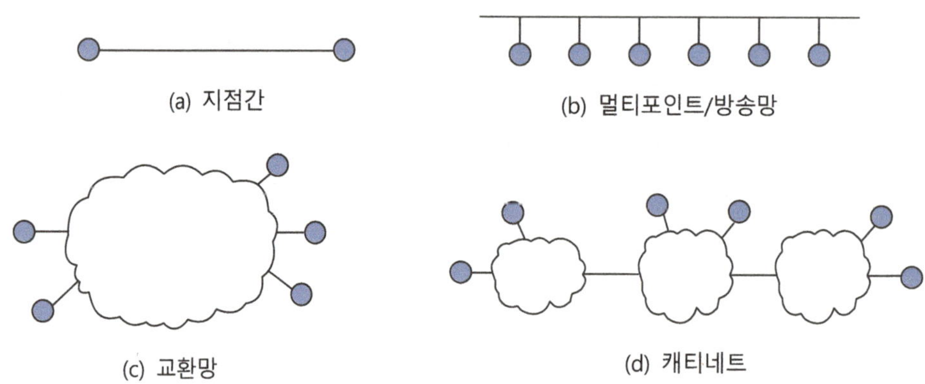

【그림 3-4】 통신 시스템의 연결

그림 (a)와 (b)처럼 외부의 도움 없이 직접 통신이 가능하게 만들어진 프로토콜을 직접 프로토콜(direct protocol)이라 한다. 그림 (c)의 경우는 두 시스템 간에 교환(switching)이 이루어지는 네트워크에 연결되어 있다면 직접 프로토콜은 사용이 불가능하게 되는 경우 정보 교환을 위해 다른 실체들에게 의존하게 된다.

이런 경우를 간접 프로토콜(indirect protocol)이라 한다. 그림 (d)은 정보를 교환하고자 하는 두 실체가 동일한 네트워크에 연결되지 않고, 각각 독립적으로 두 개 이상의 네트워크에 연결된 상태를 캐티네트(catenet)이라 한다.

2. 단일체/구조적(monolithic/structured) 프로토콜

모든 기능들이 하나의 프로토콜로 연관되어 있다면 이런 프로토콜을 단일체(monolithic) 프로토콜이라 한다.

단일체 프로토콜이 수행해야 할 기능은 다양한데, 전자우편의 경우 메시지가 너무 크면 몇 번에 나누어 전송할 수 있게 일정 크기로 분할한다든지 두 시스템 간의 논리적 연결을 수행하는 기능이 필요하게 된다. 또한, 프로토콜의 수정 요구가 발생될 경우 패키지는 재 작성되어야 하고, 에러가 발생될 때 에러 수정도 어려운 작업이다. 이러한 단일체 프로토콜이 내포하는 문제점을 해결하는 방안이 구조적(structured)으로 설계, 구현하는 기술이다.

전체적인 기능을 몇 개의 작은 기능들로 구분하고, 구분된 기능들이 수행하는 계층들로 전체를 이루는 프로토콜을 구조적(structured) 프로토콜이라 한다. 이 프로토콜에서는 상대적으로 낮은 계층에서는 좀 더 원시적(primitive)인 기능을 수행하고 상대적으로 높은 계층의 실체에 서비스를 제공하도록 한 것으로 국제표준기구(ISO; International Standards Organization)에서 발표한 OSI(Open System Interconnection) 모델이다.

3. 연결 대상에 따른 프로토콜

응용 중심(application oriented) 프로토콜이란 정보전송을 담당하는 실체의 성격이 어떤 응용성을 가질 때 이런 응용을 원활하게 해 주기 위한 프로토콜을 말하며, 이 프로토콜은 통신을 중재하는 여러 시설물에 대해 알 필요가 없고 단지 네트워크내의 실체들이 제공하는 네트워크 서비스를 이용한다.

네트워크 내부에 연결 대상이 존재할 때 인접하는 두 노드 사이에 필요한 프로토콜을 노드 간 프로토콜이라 하고, 각각의 스테이션과 네트워크 간에도 프로토콜은 존재하는데, 이렇게 시스템을 어떤 네트워크에 연결시키기 위한 프로토콜을 네트워크 프로토콜(network protocol)이라 한다.

네트워크간의 환경이 다른 네트워크 사이의 연결을 위한 프로토콜을 네트워크간 프로토콜(internetwork protocol)이라 한다.

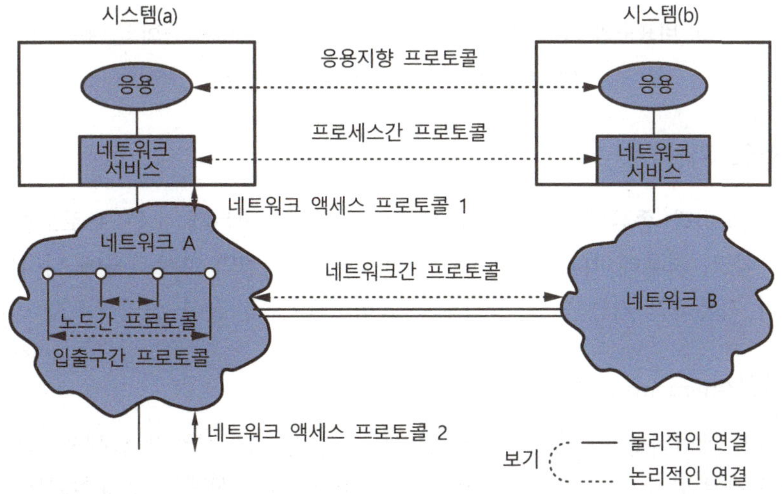

[그림 3-5] 연결 대상에 따른 프로토콜

4. 대칭/비대칭(symmetric/asymmetric) 프로토콜

일반적으로 프로토콜은 대칭적이거나 비대칭적일 수 있는데, 대부분의 프로토콜은 대칭적이다. 동등한 두 계층의 실체 간의 통신을 위한 프로토콜, 즉 통신하는 두 개의 실체가 동등의 레벨을 갖는 동등한(peer) 계층을 대칭에 따른 프로토콜이라 한다.

통신하는 두 개의 실체가 동등한 레벨의 계층에 속하지 않는 경우를 비대칭 프로토콜이라 한다.

5. 표준/비표준(standard/nonstandard) 프로토콜

일반적으로 프로토콜은 표준이거나 비표준일 수 있는데, 특정 컴퓨터 모델이나 특별한 경우에 사용되기 위해 만들어진 프로토콜이 비표준(nonstandard) 프로토콜이라 한다. 이 예로 송신자가 m개이고, 수신자가 n개인 실체 간의 통신 프로토콜이 비표준인 경우 m×n이 필요하다. 그림 3-6 (a)는 송신자가 4개이고 수신자가 3개이므로 2×4×3 = 24번의 설치가 필요하다. 하지만 그림 3-6 (b)처럼 표준화가 된 경우는 1개의 프로토콜이 필요하며 m + n의 설치가 필요하게 된다. 따라서 (b)의 경우는 7번의 설치만 요구된다. 이와같이 프로토콜의 표준화 필요성은 분산 처리의 증가와 다른 컴퓨터 기종간의 연결이 많아지면서 더욱 증대되고 이에 대한 노력도 배가되고 있다.

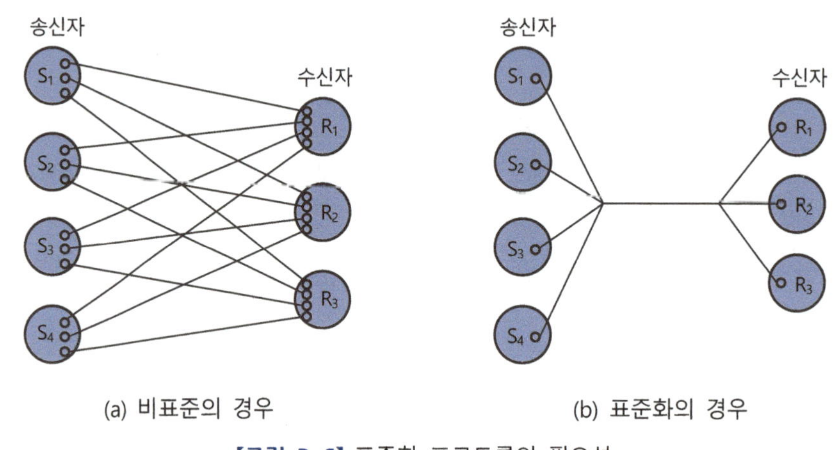

【그림 3-6】 표준화 프로토콜의 필요성

3.2.2 프로토콜의 기능

프로토콜은 사용 목적과 종류에 따라 여러 기능으로 이루어졌는데 모든 프로토콜에 모든 기능이 다 있는 것은 아니고, 경우에 따라서는 같은 기능이 다른 레벨의 프로코콜에 나타나기도 한다. 여기서 프로토콜의 기본적인 기능을 몇 가지로 분류하여 다음과 같이 설명하고자 한다.

1. 세분화와 재합성(Fragmentation and Reassembly)

송신기에서 주어진 데이터를 에러없이 또는 전송의 효율을 증가시키기 위해서 작은 데이터 블록으로 나누는 과정을 세분화(fragmentation) 라고 한다. 또한 두 개의 실체 간에 교환되는 세분화된 데이터 블록을 프로토콜 데이터 단위(PDU; Protocol Data Unit) 라고 한다. 세분화를 해야 하는 이유는 다음과 같다.

- 통신 네트워크에서 수신될 수 있는 데이터의 크기는 제한되어 있다.
- 에러제어를 효율적으로 하기 위해서는 PDU 크기는 작은 것이 좋다.
- 전송 장비를 여러 사용자가 공통으로 엑세스할 때, PDU가 작을수록 모든 사용자의 이용에 대한 균등한 기회를 쉽게 이룰 수 있다.
- PDU 크기가 작아질 때 수신 실체는 요구되는 버퍼의 크기를 줄일 수 있다.
- PDU의 크기가 작아 갯수가 많아지면 처리 시간이 길어지게 된다.

따라서 PDU 크기의 최대, 최소치를 결정하는데 있어서 위와 같은 요소는 고려해야 한다.

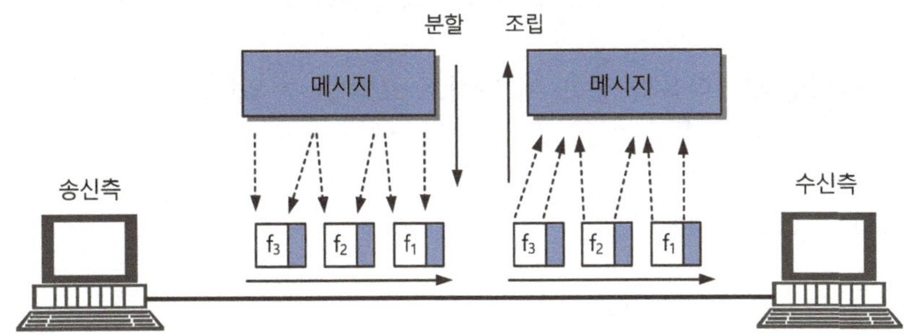

【그림 3-7】 정보의 분할 및 조립

재합성(reassembly)은 세분화의 반대 과정으로, 단편화된 데이터는 응용 레벨에서 도착되는 블록의 순서가 틀리지 않게 적합한 메시지로 재합성되어야 한다.

그림 3-8은 세분화와 재합성을 보여준다.

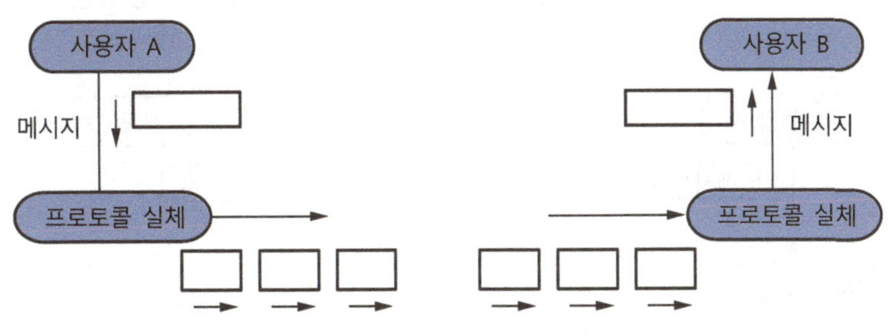

【그림 3-8】 세분화와 재합성

2. 캡슐화(Encapsulation)

송신기에서 발생된 정보의 정확한 전송을 위해서 사용자 정보의 앞부분과 뒷부분에 헤더(header)와 트레일러(trailer)를 부가하는 과정을 말한다. 이때 각 PDU는 데이터와 제어정보를 갖고 있으며 때로는 제어정보만으로 구성되는 PDU도 있다.

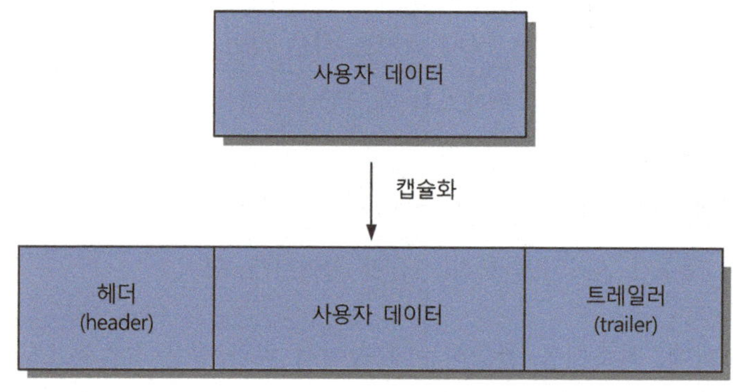

【그림 3-9】 정보의 캡슐화

여기서 사용되는 제어정보는 다음과 같은 세 가지로 요약될 수 있다.

주소(address)

발신자와 수신자의 주소가 명시된다.

에러검출코드(error detecting code)

전송중에 에러를 검출하기 위해 프레임을 검사하는 절차가 있다.

프로토콜 제어(protocol control)

프로토콜 기능을 구현하기 위한 별도의 프로토콜 제어정보가 있다.

그림 3-10처럼 데이터에 제어정보를 추가하는 것을 캡슐화(Encapsulation)라 하며, 데이터는 실체에 의해 만들어지고 받아들여지는데, 여기에 제어정보를 붙여 PDU를 형성한다.

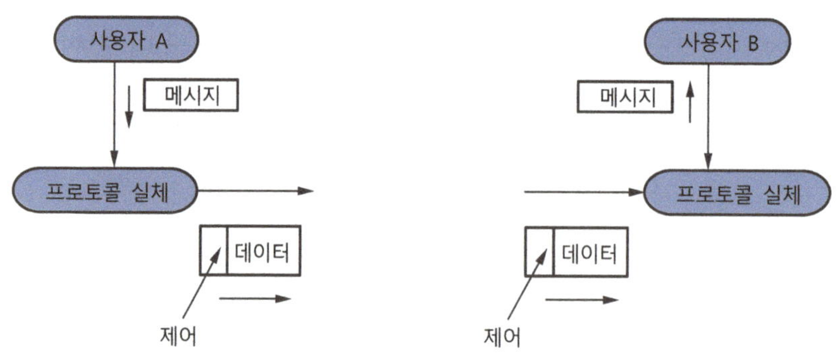

【그림 3-10】 캡슐화

3. 연결제어(connection control)

데이터를 전송하는 방법은 두 가지가 있는데, 데이터를 사전의 논리적 연결 없이 보내는 방식을 비연결 데이터전송(connectionless data transfer)이라 하며, 이것의 대표적인 예로 데이터그램(datagram)을 들 수 있다. 두 실체 간에 데이터를 교환하기 전에 우선 논리적으로 연결하는 방식을 연결 중심의 데이터 전송(connection-oriented data transfer)이라 하며, 그 예로 가상회선(virtual circuit)이 있다. 현재는 연결 중심의 데이터 전송이 비연결 전송보다 더 많이 쓰인다.

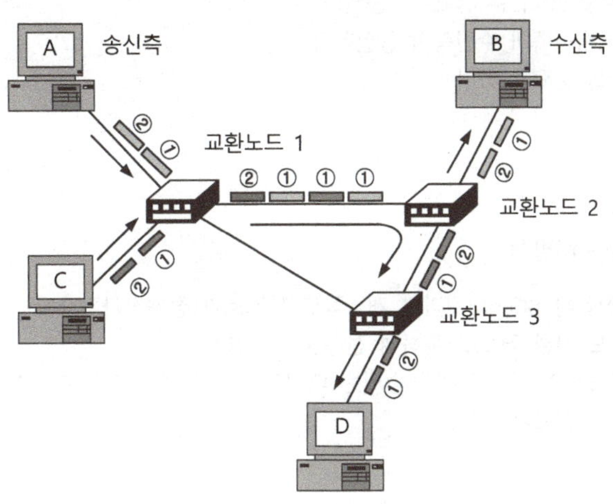

【그림 3-11】 가상회선방식

두 실체 간의 연결은 다음과 같은 3가지 과정을 거친다.

① 연결 확립(connection establishment)

② 데이터 전송(data transfer)

③ 연결 해제(connection termination) : 연결을 끊는 것을 의미

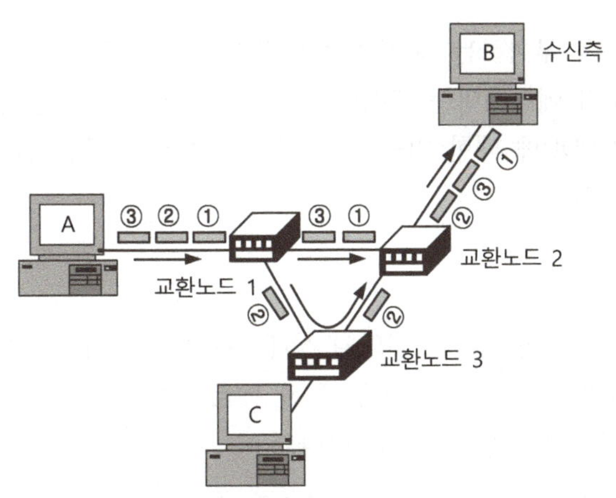

【그림 3-12】 데이터그램 방식

좀 더 복잡한 프로토콜에서는 연결 인터럽트(connection interrupt)와 회복 단계(recovery phase) 등이 필요하고, 연결 확립 과정기간 중에 프로토콜에서는 두 실체 사이에 데이터 교환을 합의하여야 한다.

가상회선(virtual circuit)방식

① 패킷이 전송되기 전에 송신지와 수신지간에 논리적인 경로가 미리 설정된다.
② 패킷이 사전 설정된 경로를 따라 순서대로 전송된다.
③ 전송되는 패킷의 순서가 송신측과 수신측이 동일하다.
④ 수신측에서 패킷을 정렬할 필요가 없다.

데이터그램(datagram)방식

① 사전에 연결 경로를 설정하지 않고 패킷마다 개별적으로 경로가 정해진다.
② 수신지가 같은 패킷이라도 다른 경로를 통하여 전송될 수 있다.
③ 패킷마다 전송 경로가 다를 수 있으므로, 전송되는 패킷의 순서가 송신측과 수신측에서 다를 수 있다.
④ 수신측에서 패킷을 정렬할 필요가 있다.

4. 흐름제어(flow control)

흐름제어는 수신 실체가 송신 실체의 데이터 전송량이나 전송속도 등을 조절하는 기능이다. 가장 간단한 흐름 제어는 정지-대기(stop-and-wait) 절차로 매 PDU를 전송한 후 수신측의 확인 신호(acknowledgement)를 받기 전에는 전송할 수 없게 한 것이다. 보다 효과적인 프로토콜방식은 확인 신호를 수신하기 전에 보낼 수 있는 데이터의 양을 정해주는 것이다.

5. 에러제어(error control)

에러제어는 정보에 신뢰성을 부여하는 것으로 전송 도중에 발생 가능한 에러들을 검출하여 정정하는 기능을 갖는다. 대부분의 에러제어는 프레임 순서를 검사하여 에러를 찾고 PDU를 재전송한다. 전송을 보낸 실체가 보낸 PDU에 대한 억놀리지먼트를 특정시간 동안 받지 못하면 타이머가 다시 재전송 하도록 활성화시킨다.

6. 동기화(synchronization)

2개의 프로토콜 실체가 동시에 명확하게 정의된 상태, 즉 초기화 상태, 검사 전 상태, 종료 상태에 있어야 초기의 시작, 중간의 체크 포인트 기능, 통신 종료 등을 수행할 수 있는데 이렇게 2개의 실체가 같은 상태를 유지하는 것을 동기화라고 한다.

일반적으로 전기적인 디지털 신호를 이용하여 정보를 전송하는 정보통신 시스템에서는 송신기와 수신기간에 정확한 동기를 이루어야 한다.

7. 순서결정(sequencing)

순서결정은 패킷 교환망에 사용되는 방식으로 정보가 분할되고 캡슐화 과정을 거쳐 전송되는 과정에서 전송되는 패킷의 순서가 바뀌는 경우에 수신단에서 정확한 정보의 발생 순서대로 정보를 재조립하는 과정에 이용되는 방식이다.

즉, PDU에 보내지는 데이터들이 보내진 순서대로 되어 있는지를 명시하는 기능으로, 연결 중심의 데이터 전송에만 사용되며, 흐름제어 및 에러제어를 용이하게 하는 기능이 있다.

각 PDU는 보낸 순서대로 전달되어야 하며, 각 PDU마다 고유한 순서번호가 있으므로 전송을 받는 실체에서 PDU의 순서를 재조정하는 것이 가능하다.

순서결정의 목적은 다음과 같다.

- 순서에 맞는 전달(ordered delivery)
- 흐름제어
- 에러제어

8. 주소지정(addressing)

두 개의 실체 간에 포인트-투-포인트(point-to-point)를 하지 않고 통신을 하기 위해서는 서로 간에 인식이 가능해야 한다. 즉, 송수신국 각각에 주소를 기입함으로써 목적지에 정확하게 데이터가 전달되도록 하는 기능이다.

예를 들면 방송망에서 각 스테이션은 자신의 고유 번호를 갖는 패킷을 찾아야 한다. 또 교환망에서는 데이터의 올바른 전달이나 연결의 확립을 위해서는 목적지 스테이션을 확인해야 한다.

네트워크내의 구별은 일반적으로 이름, 주소, 경로(routes) 등에 의해 이루어지는데, 이름은 목적지를 가르치는 것을, 주소는 장소를 나타내며, 경로는 그곳에 도착할 수 있는 방법을 말한다.

여기서 이름은 지역 이름(local name)과 광역 이름(global name)으로 구분된다.

- 지역 이름(local name) : 한 시스템 안에서 실체를 구별하는 이름
- 광역 이름(global name) : 한 시스템 밖에서 실체를 구별하기 위한 이름

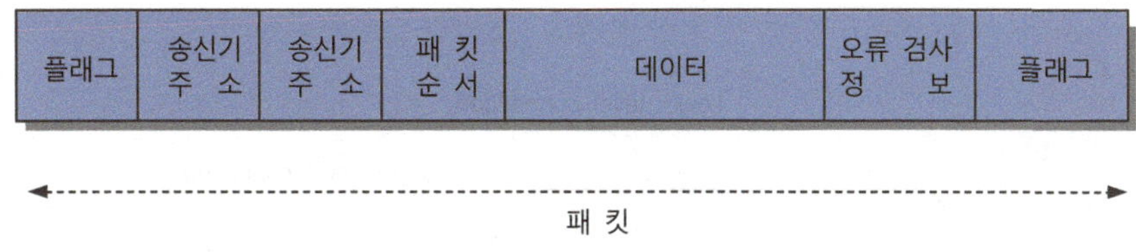

[그림 3-13] 패킷 구조

9. 다중화(multiplexing)

다중화는 프로토콜에 자주 사용되는 기능으로, 하나의 통신로를 다수의 가입자들이 동시에 사용 가능한 기능이다. 여기서 다중화는 연결 이름(connection name)과 포트 이름(port name)을 사용하는 경우가 있다. 연결 이름은 데이터 전송을 하나의 실체로 다중화하는 경우이고, 포트 이름을 사용한 다중화는 다중 연결이 동시에 일어날 수 있다.

그림 3-14에서와 같이 다중화는 두 방향으로 일어날 수 있다.

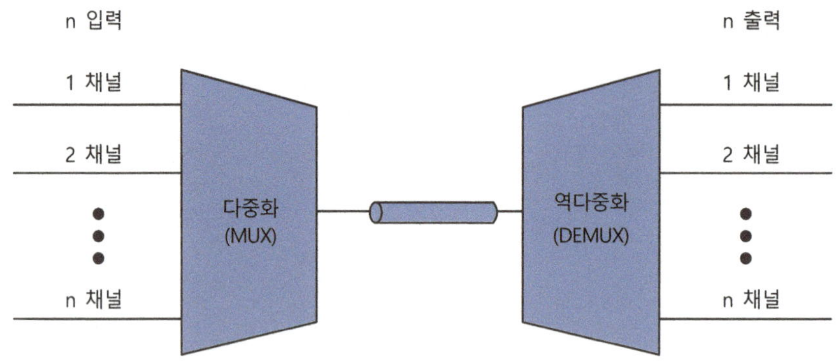

[그림 3-14] 다중화 원리

▸ **상향 다중화**

- 상위 레벨의 다중 연결을 다중화하거나 하나의 하위 레벨을 연결하여 공유하는 것
- 하위 레벨의 서비스를 보다 효율적으로 사용하는 경우
- 하위 레벨의 연결이 하나 밖에 없을 때 필요하다.

▸ **하향 다중화**

- 분할(spliting)이라 한다.
- 하나의 상위 레벨 연결이 복수 개의 하위 레벨 서비스를 이용하여 이루어지는 것
- 상위 레벨 연결의 트래픽이 여러 개의 낮은 레벨 연결로 분할된다.

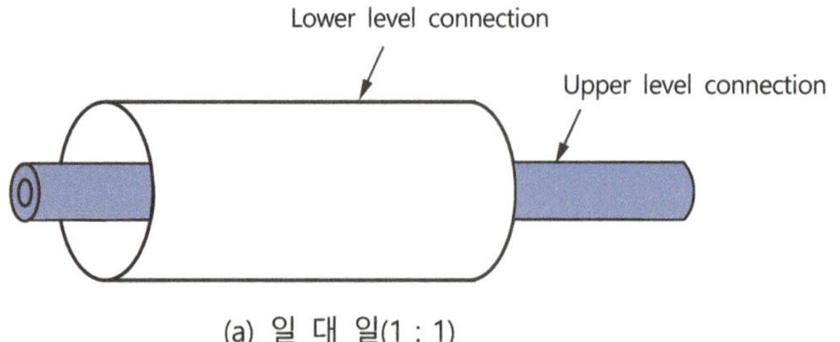

(a) 일 대 일(1 : 1)

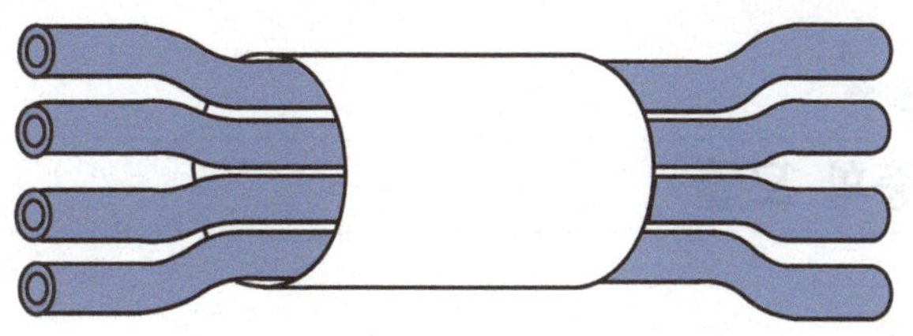

(b) 업 워드 멀티플렉싱

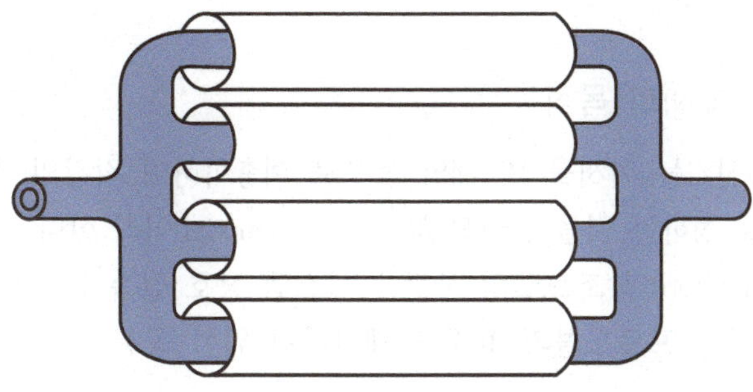

(c) 다운 워드 멀티플랙싱

【그림 3-15】 프로토콜 연결의 다중화

10. 전송 서비스

프로토콜은 실체가 사용되도록 별도의 부수적인 서비스를 제공한다.

- 우선순위(priority) : 메시지 단위로 우선 순위를 부여하여 우선순위가 높은 메시지가 먼저 전송되도록 한다.
- 서비스 등급 : 특정 부류의 데이터는 최소의 처리율(throughput)과 최대의 지역 한계치 등을 갖고 있기 때문에 서비스 등급에 따라 서비스한다.
- 보안성(security) : 엑세스 제한 같은 보안 체계를 구현할 경우

3.3 OSI계층화 모델

3.3.1 프로토콜의 계층구조

1. 참조모델(reference model)의 목적

통신회선의 제어에서 통신기능 까지를 몇 개의 층으로 계층화하여 각각의 층이 상위층에 제공하는 서비스와 각 층의 기능을 정하는 것을 참조모델(reference model)이라 한다. 개방시스템 간 접속(OSI; Open Systems Interconnection) 참조모델의 목적은 시스템 상호 접속을 목적으로 하는 각종 규제의 개발 작업을 조정하고 각종 프로토콜의 표준을 개발하기 위한 공통 기반을 제공한다.

2. OSI환경과 로컬시스템 환경

- 단말 및 컴퓨터를 사용하여 정보처리 또는 정보전송의 두 가지 기능 또는 한 기능을 수행할 수 있고, 독립적인 통일체를 구성하는 한 집합, 참조모델이라는 실시스템(real system)
- 각 특정업무를 위한 정보처리를 실행하는 것(응용프로세서)
- 단말운용자와 프로그램 간의 논리적인 접속(connection)
- 단말과 컴퓨터간의 정보전송 수단을 제공하는 물리매체

참조모델이 정하는 범위는 개방시스템 밖에서 본 동작이며, 이 범위가 OSI환경(OSIE : OSI Environment)이다. 실시스템의 OSIE 이외의 동작이 개방시스템 내부에서 본 동작이며, 편의상 이 범위를 로컬시스템 환경(LSE; Local System Environment)이라 한다.

3. OSI 7계층

OSI 모델을 사용하는 이유는 어떠한 기종의 컴퓨터라도 이것을 사용하면 통신이 가능하며, 두 시스템을 아래의 조건만 만족하면 적절하게 통신할 수 있다.

- 응용계층은 참조모델의 최고위층으로 응용프로세서에 대해 OSIE에 엑세스하기 위한 수단을 제공한다.
- 표현계층은 응용 실체들이 통신하거나 통신할 때 참조하는 정보 표현 기능을 제공하고, 데이터의 구문(syntax), 즉, 표현만을 관계하며 그 의미는 고려하지 않는다.
- 세션계층은 대화를 구성하고, 동기를 취하며, 데이터 교환을 관리하기 위한 수단을 제공한다.
- 전달계층은 세션계층에 투명적인 데이터 전송기능을 제공하고, 세션계층이 신뢰성이 높은 데이터 전송을 하기 위한 자세한 수단을 의식하지 않도록 한다.
- 망계층은 서로 통신하는 응용 실체가 존재하는 개방시스템 간의 접속확립, 유지 및 해제를 하기 위한

수단과 전달계층이 데이터 교환을 하기 위한 기능적·절차적 수단을 제공한다.

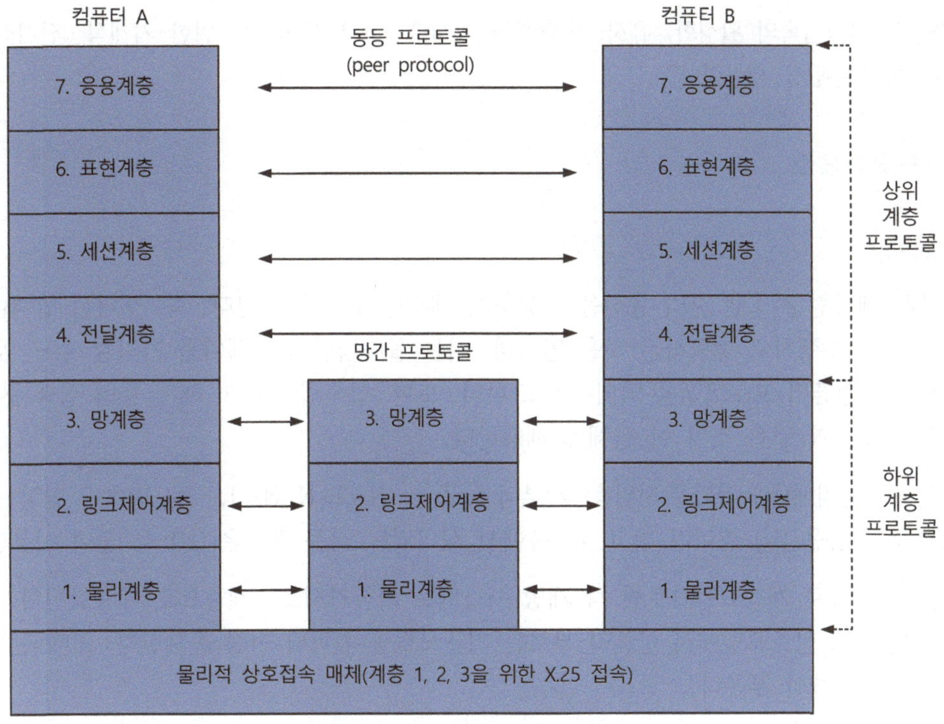

【그림 3-16】 OSI 7계층 비교 모델

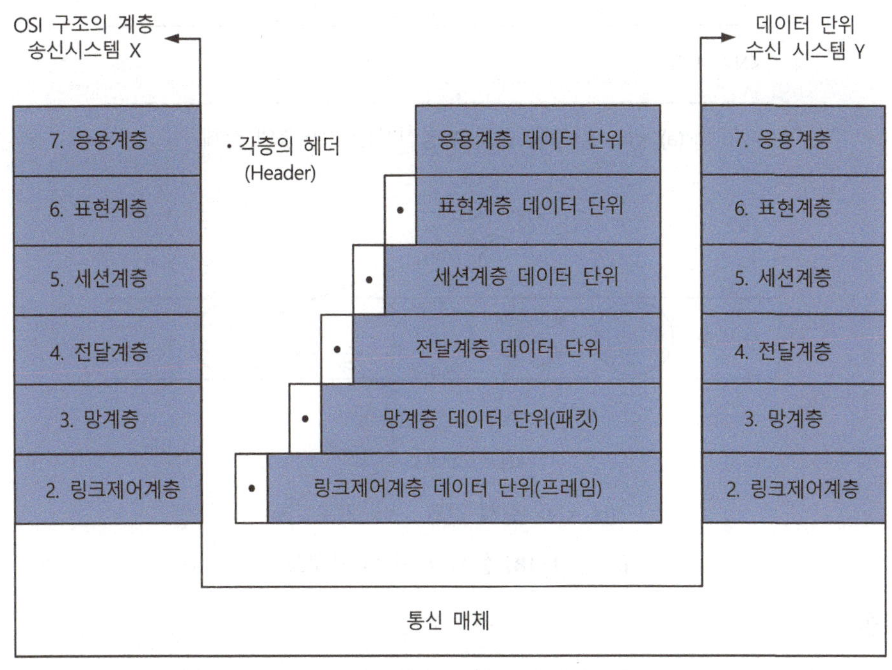

【그림 3-17】 OSI 개방시스템의 데이터 단위 구성

- 데이터 링크계층은 인접하는 개방시스템 간의 데이터 전송을 하기 위한 기능적, 절차상 수단을 제공하며, 전송 에러 제어도 한다.
- 물리계층은 물리접속의 활성화, 유지, 비활성화를 실행하고 비트전송을 위한 기계적 · 전기적 · 기능적 · 절차상의 수단을 제공한다.

3.3.2 기본구성요소

1. 실체(entity)

각 계층에서 개방형 시스템 간의 통신을 가능하게 해주는 요소를 말한다. 즉, 주어진 입력에 대하여 어떤 기능을 수행하고 출력하는 것을 말하며, 이는 물리적인 하드웨어를 가리킬 수도 있고, 소프트웨어 등의 컴퓨터 프로그램을 의미하기도 한다. 또한, 접속의 설정과 해제 등의 접속제어 기능을 수행하는 모듈과 같은 것이 이 실체에 해당한다.

OSIE의 각층은 물리매체에 가까운 저위층에서부터 1, 2, …, N-1, N, N+1, …로 번호가 할당된다. 이때 번호가 N인 층을 (N)-층이라 하고, (N)층에서 정의되는 각종 개념은 (N)-을 붙여 사용한다.

OSI 층을 7계층으로 계층화함으로써 각 개방 시스템도 마찬가지로 7계층으로 계층화된다. 각각의 층에는 그림 3-18 참조모델에서 실체라 부르는 기능모듈들이 하나 이상 존재한다. 이때 같은 층내의 실체를 동위실체라 부른다.

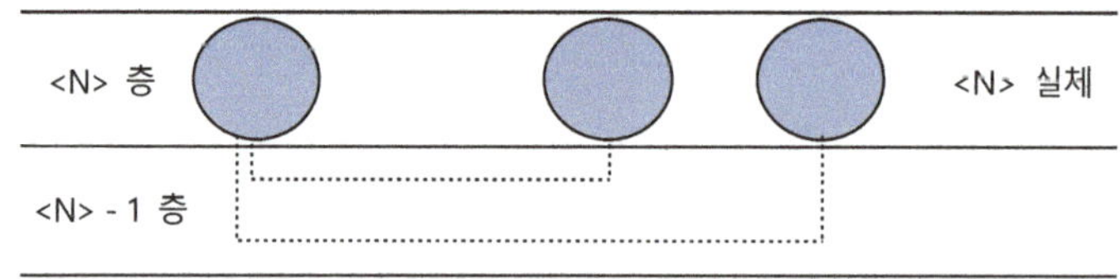

(a) <N - 1>층을 통하여 통신하는 <N>층의 실체

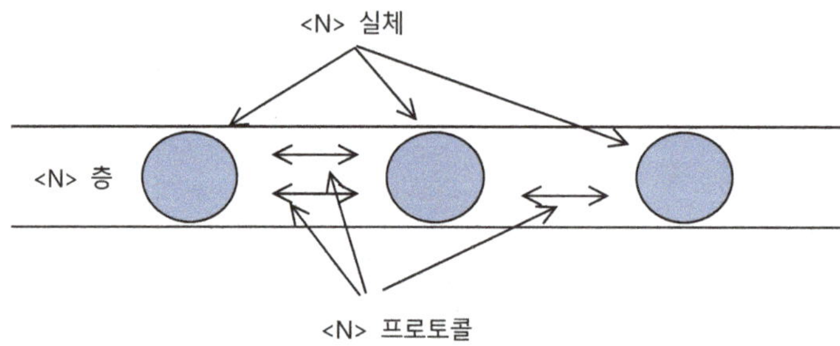

(b) <N> 실체 간의 <N> 프로토콜

【그림 3-18】 실체 간의 (N)프로토콜

2. 프로토콜

통신망을 통해 각 실체 간에 각종 정보를 교환하려면 정보형태나 코드화방식, 전송방식, 에러제어

및 흐름제어 등 많은 기능요소에 대한 규칙과 협약이 이루어져야 되는데, 이런 망 안에서의 데이터 흐름을 통제하는 규칙들의 집합을 프로토콜이라 한다. 그 목적은 서로 간에 데이터를 신속하고 정확하게 전송할 수 있도록 하기 위함이다.

프로토콜에는 에러검출(error detection) 및 정정(correction) 그리고 돌발적인 사고에 대처할 수 있는 정보의 복원 절차(recovery procedure) 등이 포함된다. 즉, 구체적인 제어정보의 내용 및 형식이 각 계층에서 정해지는데 이를 (N)-프로토콜이라 한다.

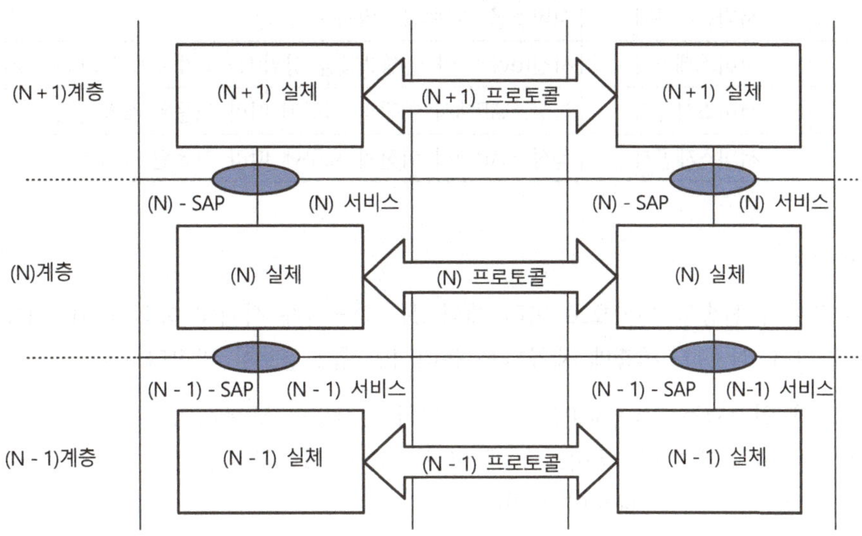

【그림 3-19】 프로토콜의 계층구조

3. 서비스(service)

OSI 개방시스템 모델을 따르는 시스템의 경우 각 계층 사이에는 여러 종류의 정보와 데이터 단위들이 전송된다. 한 개방시스템 내에서 (N) - 서비스를 이용하는 (N + 1) - 실체를 (N) - 서비스 사용자라 하고, (N) - 서비스를 제공하는 (N) - 실체 집합의 동작을 모델화한 추상적인 기계를 서비스 제공자(service provider)라 한다.

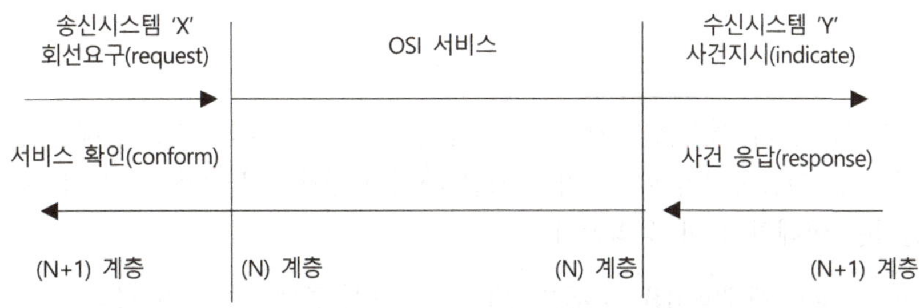

【그림 3-20】 OSI 제어 프리미티브

한 서비스 사용자와 서비스 제공자간의 상호동작의 추상적인 또는 실현방법에 독립적인 요소를 서비스 프리미티브(service primitive) 또는, 간단히 프리미티브(primitive)라 한다. 프리미티브는 표 3.1, 그림 3-20과 같이 회선요구(request), 지시(indicate), 응답(response) 및 확인(conform)의 네 종류가 있다.

【표 3.1】 서비스 프리미티브

종류	발행자	동작
요구	서비스사용자	서비스를 수행하는 명령
지시	서비스제공자	사건(event)이 발생했음을 상위(N+1) 계층에 보고하는 기능
응답	서비스사용자	특정 SAP에서 이전의 지시에 따라 기동된 절차를 끝낸다.
확인	서비스제공자	특정 SAP에서 이전의 요구에 따라 기동된 절차를 끝낸다.

4. 접속(connection)

(N) - 접속은 데이터 전송을 목적으로 여러 개의 (N + 1) - 실체 사이의 통신을 위해 (N) - 계층에서 동적으로 확립되어 (N + 1) - 계층에 제공하는 논리적인 통신경로를 말한다.

각 (N + 1) 실체에 연결되는 (N) - SAP을 서로 결합하고, (N) - SAP에서의 (N) - 접속의 종단을 (N) - 접속끝점(end point)이라 한다. 특히, 세 개 이상의 (N) - 접속끝점을 갖는 (N) - 접속을 (N) - 다단끝점접속(multiendpoint connection)이라 한다.

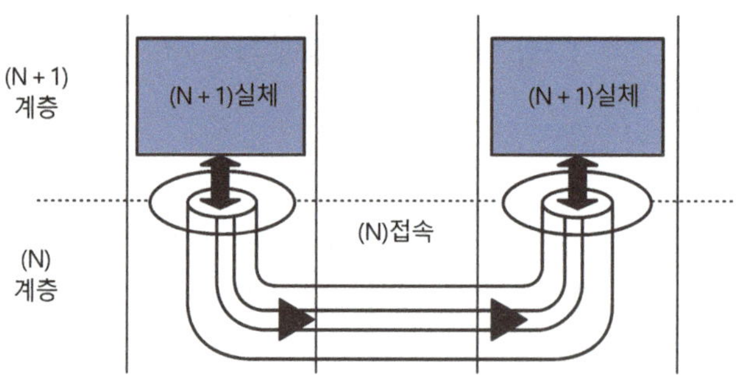

【그림 3-21】 접속의 개념

5. 식별자(identifier)

일반적으로 각층에는 여러 개의 실체가 있고, 통신을 하기 위해서는 특정 실체를 통신상대로 지정하고, 특정한 접속을 이용하여야 한다. 이를 위한 개개의 실체나 접속을 식별하는 이름이나 주소에 해당하는 식별자는 아래와 같이 정의한다.

- 광역명칭(global title) : 개개의 (N) - 실체를 (N) - 층 안에서 함께 식별하기 위한 것
- (N) - SAP주소 또는 (N) - 주소 : 개개의 (N) - SAP를 식별하기 위한 것

• (N) - 접속 끝점 식별자(endpoint identifier) : 개개의 (N) - 접속을 (N)- SAP에서 식별하기 위한 것

6. 데이터 단위

동일한 실체 사이에서 정보를 주고받을 경우 서비스 접속 점을 통해 인접한 계층의 실체 간에 교환하기 위한 정보 단위를 데이터 단위(data unit)라 부르며, 중요한 데이터 단위는 다음 두 가지가 있다.

• (N) - 서비스 데이터 단위 : (N + 1)-실체 상호 간의 전송 데이터 단위를 (N) - 서비스 관점에서 본 것을 말한다.
• (N) - 프로토콜 데이터 단위 : (N) - 실체 상호 간의 전송되는 데이터 단위를 (N + 1)-프로토콜 관점에서 본 것을 말한다.

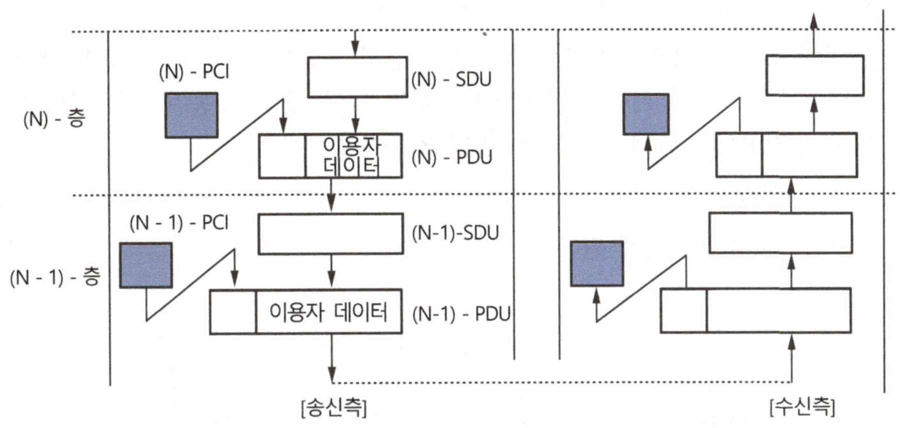

【그림 3-22】 SDU와 PDU

프로토콜 제어정보는 헤더로서 사용자 데이터 단위의 앞에 위치한다. 가장 간단한 경우로 그림 3-22와 같이 (N) - 서비스 데이터 단위가 그대로 (N) - 사용자 데이터로 1 : 1로 대응하며, (N) - 프로토콜 데이터 단위가 (N-1)-서비스 데이터 단위와 1 : 1로 대응한다. 이 경우 송신측에서는 층마다 사용자 데이터에 프로토콜 제어정보를 추가하며, 수신측에서는 층마다 프로토콜 제어정보를 제거하게 된다.

3.3.3 동작요소

1. 접속에 관한 동작요소

(N) - 실체는 다른 하나 또는 여러 개의 (N) - 실체와 동시에 여러 개의 (N - 1) - 접속을 이용할 수

있다. 한 쌍의 (N) - 실체 간에 동시에 (N - 1) - 접속을 이용할 때 각각의 접속을 용도에 따라 사용할 수 있다. (N) - 접속과 (N - 1) - 접속과의 대응관계는 다음 세 종류가 있다.

- 1 : 1
- 다중화 : 여러개의 (N) - 접속 대 한 (N - 1) - 접속
- 분류 : 한 (N) - 접속 대 여러 개의 (N - 1) - 접속

다중화는 그림 3-23 (a)와 같이 여러 개의 (N) - 접속을 지원하기 위하여 한 (N - 1) - 접속을 이용하기 위한 (N) - 층의 기능이다.

분류(splitting : 分流)는 그림 3-23 (b)와 같이 한 (N) - 접속을 지원하기 위하여 여러 개의 (N - 1)- 접속을 이용하기 위한 (N) - 층의 기능이다. 또한 여러 개의 (N - 1) - 접속을 이용하여 신뢰성을 높이고, 요구된 성능을 제공하여야 되는 경우에 필요하다.

한 (N - 1) - 접속으로 직접 접속되지 않는 (N) - 실체 간의 통신을 위하여 그림 3-24와 같이 중간의 개방시스템 (N) - 실체의 중계 기능을 이용하는 경우가 있다. 중계는 동위실체로부터 받은 데이터를 그대로 다른 동위실체로 보내 주는 (N) - 층의 기능이다.

이것은 (N + 1) - 실체 명칭 또는 (N + 1) - 실체가 연결되어 있는 (N) - SAP 주소를 해석하여 도달하는 경로를 선택함으로써 실현하게 된다.

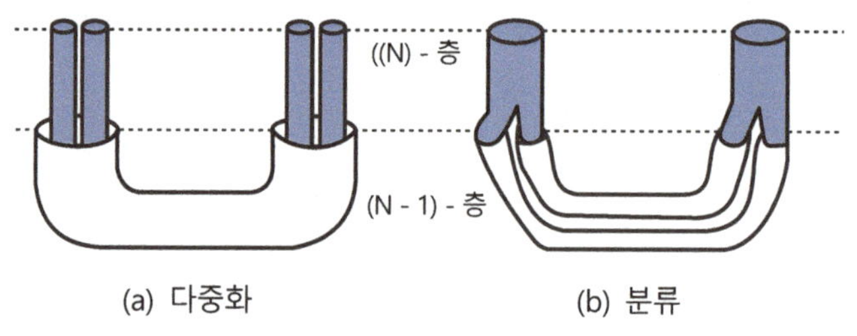

【그림 3-23】 접속의 다중화와 분류

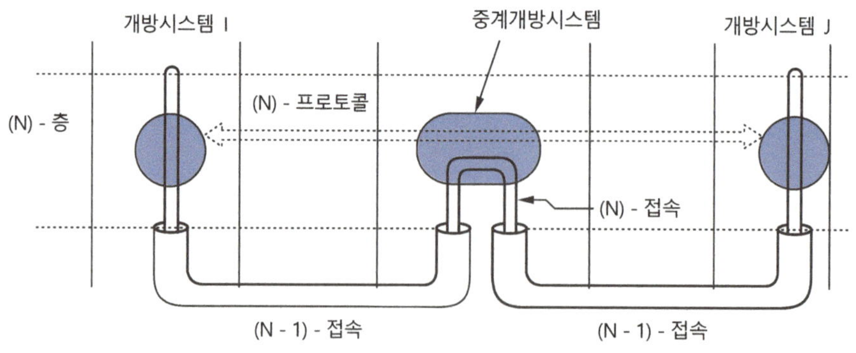

【그림 3-24】 중계통신

2. 데이터 단위에 관한 동작요소

- 분할(segmentation) : 한 (N) - SDU를 여러 개의 (N) - PDU로 사상하기 위하여 송신측 (N) - 실체가 실행하는 기능이다.
- 조립(reassembling) : 분할의 역기능으로, 수신측의 기능이다.
- 결합(blocking) : 여러 개의 (N) - SDU를 한 개의 (N) - PDU로 사상하기 위하여 송신측 (N) - 실체가 실행하는 기능이다.
- 분해(deblocking) : 결합의 역기능으로, 수신측의 기능이다.
- 연결(concatenation) : 여러 개의 (N) - PDU를 한 개의 (N) - SDU로 사상하기 위하여 송신측 (N) - 실체가 실행하는 기능이다.
- 분리(separation) : 연결의 역기능으로, 수신측의 기능이다.

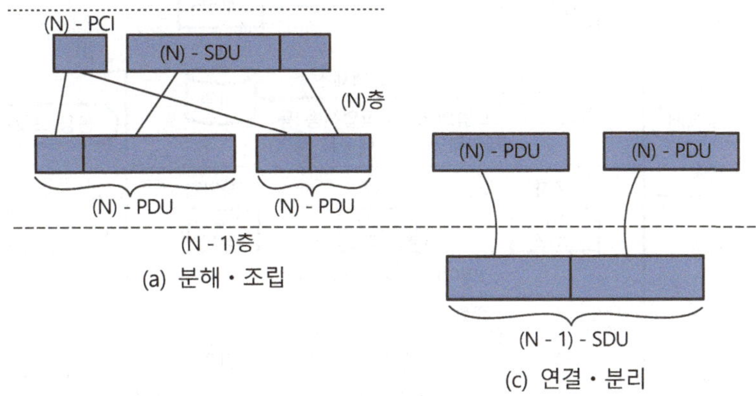

(a) 분해 · 조립

(c) 연결 · 분리

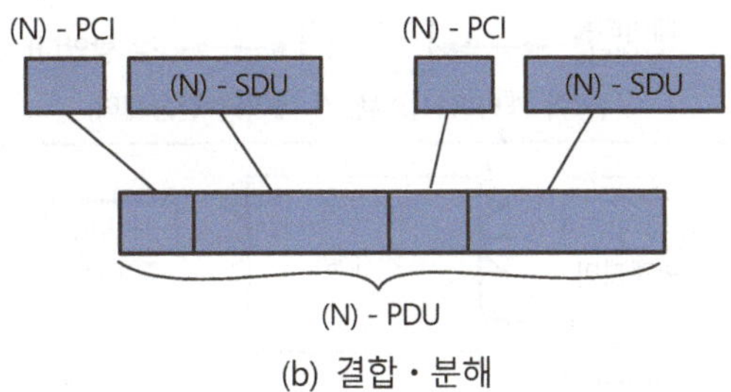

(b) 결합 · 분해

SDU : 서비스 데이터 단위
PCI : 프로토콜 제어 정보
PDU : 프로토콜 데이터 단위

【그림 3-25】 데이터 단위에 관한 동작요소

3. 데이터전송에 관한 동작요소

데이터전송에 관한 기능요소는 전송제어, 흐름제어, 순서제어, 에러제어로 구성된다.

전송제어

단방향, 반이중, 전이중 통신제어

흐름제어

데이터양의 흐름을 제어하는 기능

순서제어

SDU의 순서를 지키기 위한 기능

에러제어

프로토콜 데이터 단위의 에러나 데이터의 전송 에러를 검출하는 에러검출 기능

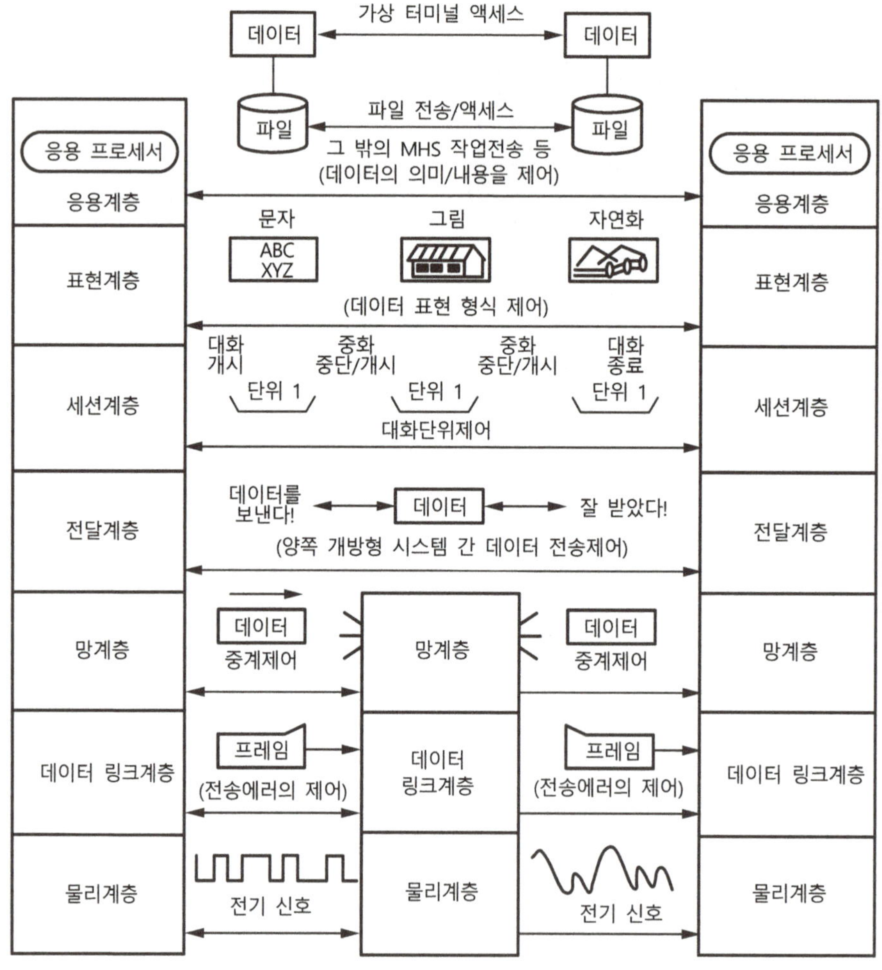

【그림 3-26】 OSI에서의 7계층 모델

3.4 하위 계층의 프로토콜

3.4.1 개요

네트워크나 전송매체에 구애받지 않고, 상위 계층이 필요로 하는 성능과 품질의 데이터 전송을 보장하는 것이다. 즉, 데이터의 전송에 이용되는 여러 가지 수단 및 네트워크 계층 이하의 프로토콜에 관계없이 상위 계층간의 통신을 보장하며, 상위 계층이 요구하는 각종 네트워크 서비스를 가능한 한 효과대 경제비가 가장 높은 수단으로 제공하려는 것이다.

3.4.2 물리계층(Physical Layer) 프로토콜

1. 개요

OSI 최하위 계층으로서 비트단위의 정보를 노드 사이의 물리적 매체를 통하여 전자기적 신호나 광신호로 전달하는 역할을 한다. 상위 계층에서 전송된 데이터를 물리매체를 통하여 인접한 장치에 전송하는 기능을 가진 전기적 제어기능이다. 단말기기와 전송매체 사이의 인터페이스를 정의하며, 데이터 링크 실체 간의 비트 전송을 위한 기계적 특성의 규정, 데이터 회선 종단 장치(DCE)의 전기적 · 기능적 · 절차적인 수단을 제공한다.

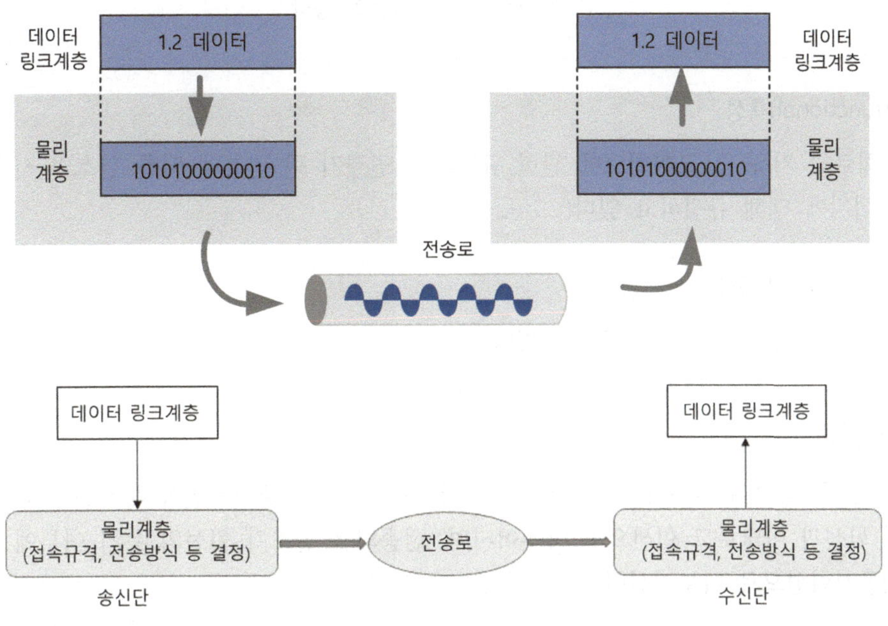

【그림 3-27】 물리계층의 역할

2. 특성

1) 기계적(mechanical)특성

시스템과 주변장치를 포함한 물리적인 접속을 위한 커넥터의 외형, 즉, 커넥터의 모양, 내부의 핀 수 및 각 핀의 위치 등을 규정하고 있다(ISO 2110, ISO 4902, ISO 4903).

2) 전기적(electrical)특성

두 단말기기간의 상호 접속회로의 전기적인 특성을 규정하고 있다(V.10, V.11, V.28, X.26, X.27).

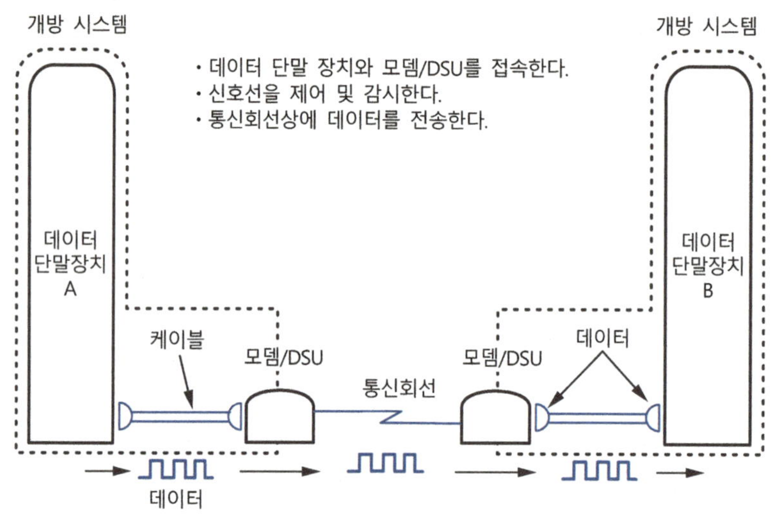

【그림 3-28】 물리계층의 동작

3) 기능적(functional)특성

상호 접속회로의 기능 중 교환회로에 관한 규격으로 연결기 핀 번호에 따른 신호의 지정 및 데이터, 제어, 접지에 대해 규정하고 있다(V.24).

4) 절차적(procedural)특성

데이터의 전송을 위한 순서를 규정하고 있다(X.20, X.21).

3. 회선의 종류

물리적인 회선을 통하여 전송되는 정보신호가 이산적(discrete)신호 및 연속적(continuous)신호에 따라 디지털 회선과 아날로그 회선으로 나누어지며, 전송되는 신호가 회선의 동기 여부에 따라 동기회선과 비동기회선으로 나누어진다.

▸ **동기 디지털 회선**

네트워크의 클럭에 동기된 디지털 전송로의 클럭에 동기를 맞추어 데이터를 전송하며, 전송로를 통한 데이터 신호속도는 2,400bps, 4,800bps, 9,600bps, 48Kbps, 56Kbps 등이 사용된다(X.21, DSU).

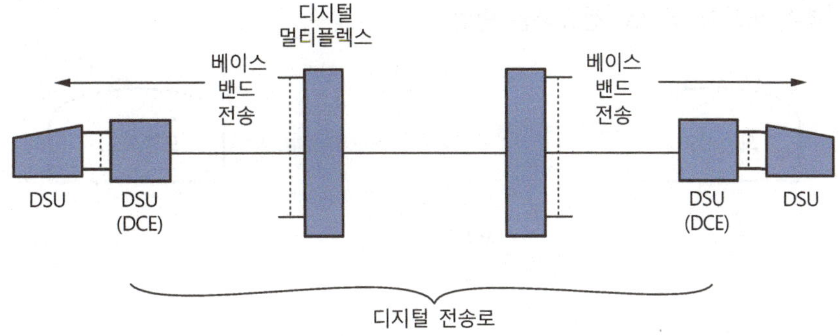

【그림 3-29】 동기 디지털회선의 기본 구성

▸ **동기 아날로그 회선**

아날로그 전송로의 DCE에 변복조장치(MODEM)를 이용한 회선이다.

- 데이터 신호속도가 9,600bps 이하인 경우 : 음성급 전송로를 이용
- 데이터 신호속도가 48Kbps, 56Kbps인 경우 : 군대역 전송로를 이용

동기 아날로그 회선의 모뎀(MODEM)과 DTE간의 물리레벨의 접속은 CCITT권고 X.21 bis로 규정하고 있다.

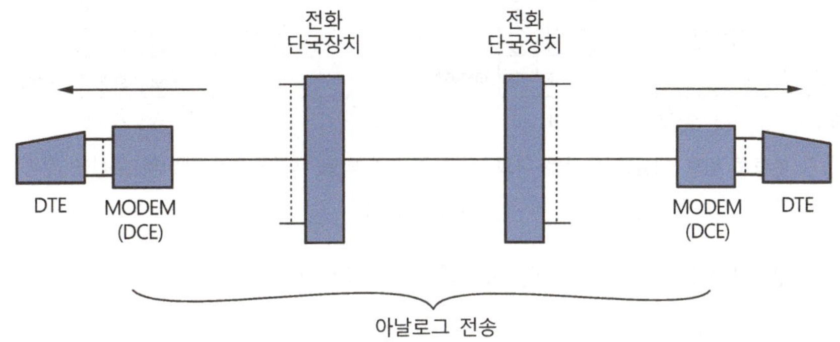

【그림 3-30】 동기 아날로그회선의 기본 구성

▸ **비동기 회선**

전송로의 종단에 위치하는 DCE와 DTE간의 상호 접속회로에 DTE가 송수신하는 데이터 신호의 동기용 타이밍 회로가 없는 회선이다. 디지털 전송로의 경우는 DCE로서 DSU를 사용하고, 아날로그 전송로의 경우는 MODEM을 사용한다.

4. 물리계층 서비스의 계층 분배

▸ **직렬 전송과 병렬 전송**

- 직렬 전송 : 한 비트씩 직렬로 전송하는 방법
- 병렬 전송 : 복수 비트가 병렬로 전송하는 방법

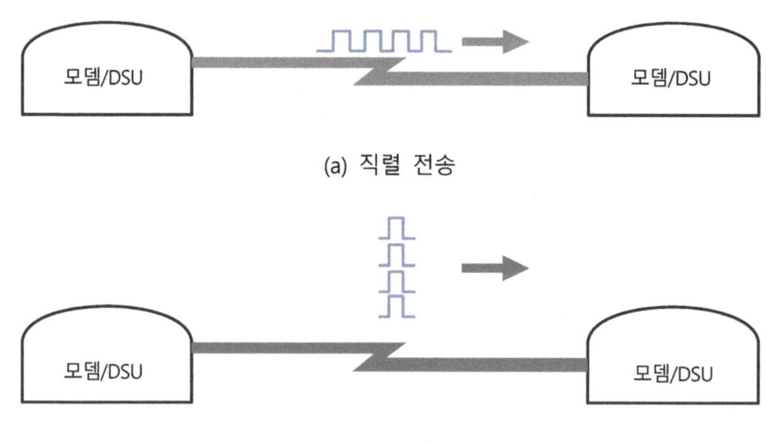

【그림 3-31】 직렬 전송과 병렬 전송

▸ **동기전송과 비동기전송**

- 동기전송 : 동기 확립에 필요한 동기 부호를 송신하는 방식

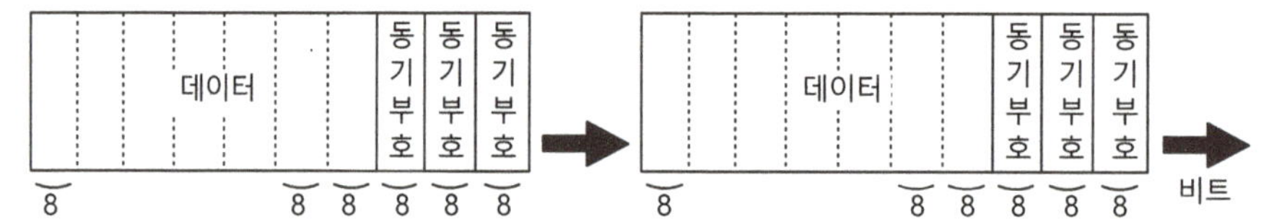

※ 동기 부호로 비트 샘플링 동기를 하고, 일정 주기의 비트 샘플링으로 데이터 수신을 계속한다.

(a) 동기전송

- 비동기전송 : 전송 단위(1문자분, 8비트)의 시작과 끝을 표시하는 사이에 전송하는 방식

※ 시작 비트로 데이터 비트군 개시를 알며 데이터를 수신한다.

(b) 비동기전송

【그림 3-32】 동기전송과 비동기전송

▸ **전이중 전송과 반이중 전송**(Duplex and Half-duplex)

- 전이중(Duplex) 전송 : 송수신을 동시에 하는 전송방식
- 반이중(Half-duplex) 전송 : 송수신 중 어느 한 가지만을 수행하는 전송방식

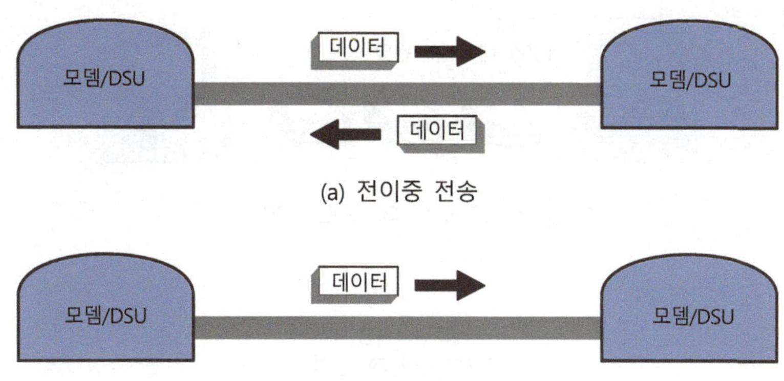

[그림 3-33] 전이중 전송과 반이중 전송

▸ **포인트-투-포인트 통신과 다중점 통신**

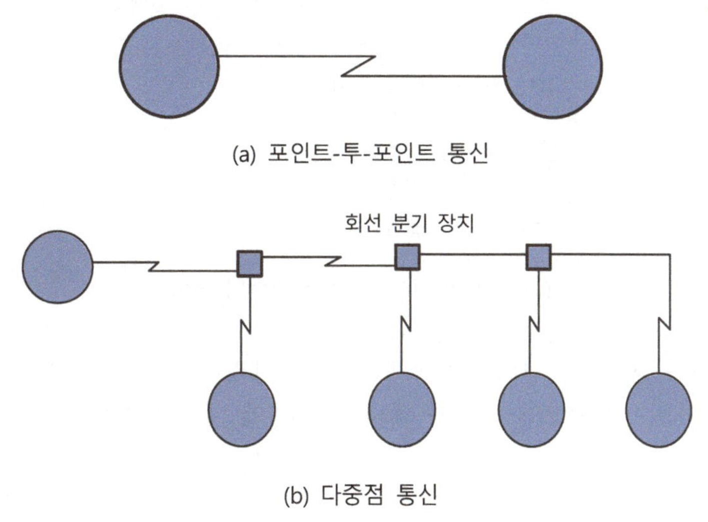

[그림 3-34] 포인트-투-포인트 통신과 다중점 통신

3.4.3 데이터 링크계층(Data Link Layer) 프로토콜

1. 개요

데이터 링크계층은 인접한 개방 시스템 사이의 확실한 데이터 전송 및 전송 에러제어 기능을 갖는

다. 네트워크 실체 간의 데이터 링크의 설정, 유지, 단락 및 데이터의 전송 등을 제어한다. 즉, 접속된 기기 사이의 통신을 관리하고, 신뢰도가 낮은 전송로를 신뢰도가 높은 전송로로 바꾸는데 사용된다.

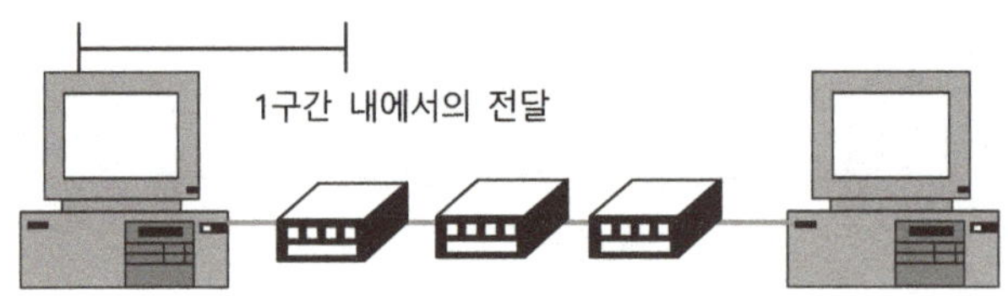

【그림 3-35】 노드 대 노드 전달 기능

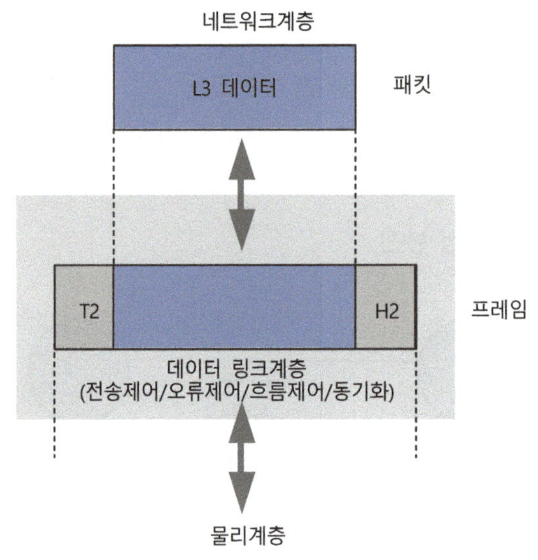

【그림 3-36】 데이터 링크계층의 역할

물리계층으로부터 제공받는 비트단위의 전송에서는 비트에러가 발생할 수 있기 때문에 이를 수정하여 보다 신뢰성 있는 비트링크(bit link)를 네트워크계층에 제공해 주는 역할을 한다.

2. 특성

프레임 동기

데이터는 프레임이라는 블록(block)으로 전송되며, 각 프레임의 시작과 끝을 명확하게 구분하게 되어 있다.

회선형태의 다양성

기기는 포인트-투-포인트방식이나 멀티포인트방식으로 접속할 수 있다.

흐름제어(flow control)

송신측은 수신측에서 수신할 수 있는 통신속도 이상으로 프레임을 전송할 수 없도록 한다.

에러제어

전송시스템에 의해서 유발되는 에러를 검출하여 정정하게 되어 있다.

링크관리

회선의 감시와 통계적인 처리뿐만 아니라 회선의 설정, 단락을 제어한다.

3. 전송제어절차

데이터의 전송을 제어하며, 이 제어절차는 IBM이 제안한 BSC(Binary Synchronous Communication) 절차 및 SDLC(Synchronous Data Link Control)절차에 각각 근거를 둔, 기본형 데이터전송 제어절차, HDLC 절차, 멀티 링크 제어절차가 있다.

▸ 기본형 데이터전송 제어절차

기본형 데이터전송 제어절차(BASIC 절차; basic mode control procedures)는 컴퓨터와 단말장치간의 문자데이터를 기본으로 하는 데이터 통신을 에러 없이 확실하게 수행하기 위한 논리적인 절차로 다음과 같은 특징을 갖고 있다.

- 폴링/셀렉팅방식(polling/selecting)과 회선쟁탈방식(contention)의 선택
- 반이중 단방향 통신, 반이중 단방향 상호통신, 전이중 양방향 동시통신의 선택
- 코드 독립모드 및 비교적 용이한 통신제어방식
- 수직 · 수평 패리티에 의한 에러검출

▸ 하이레벨 데이터 링크 제어절차

하이레벨 데이터 링크 제어절차(HDLC; High level Data Link Control procedures)는 데이터 전송회선을 경유하여 DTE 상호 간에 고능률의 데이터 전송을 가능하게 하고, 어떠한 부호체계에도 의존하지 않으며, 임의의 비트열을 전송할 수 있는 동기식의 전송 제어절차이다.

- 임의의 비트 패턴의 전송이 가능하다.
- 에러제어가 엄밀하다.
- 컴퓨터간의 통신에 적당하다.

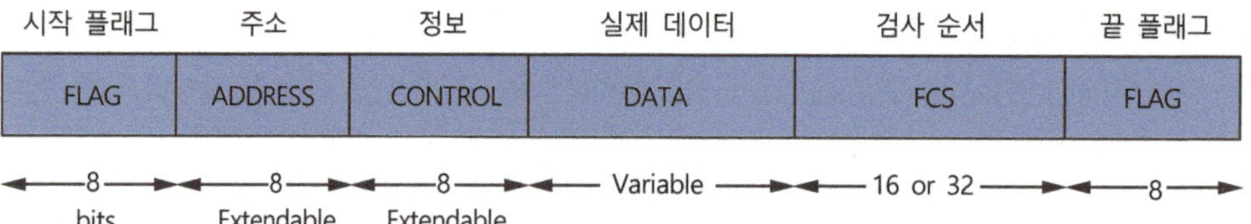

(a) 프레임 형식

I : Information
S : Supervisory
U : Unnumbered

	1	2	3 4	5	6 7 8
I	0	N(S)		P/F	N(R)
S	1	0	S	P/F	N(R)
U	2	1	M	P/F	M

N(S) = Send sequence number

N(R) = Receive sequence number

S = Supervisory function bits

M = Unnumbered function bits

P/F = Poll/final bit

(b) 제어 필드 형식

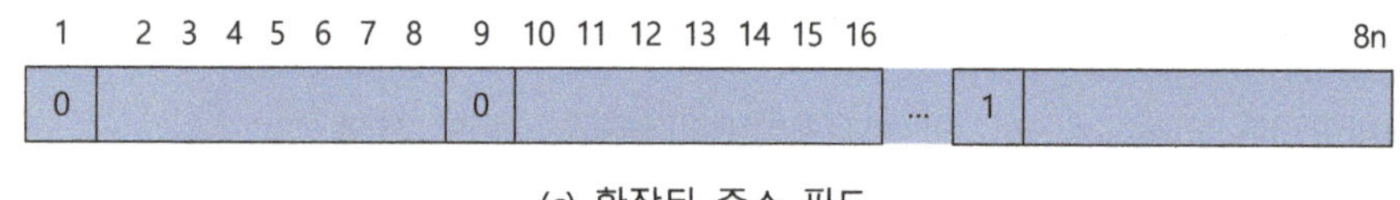

(c) 확장된 주소 필드

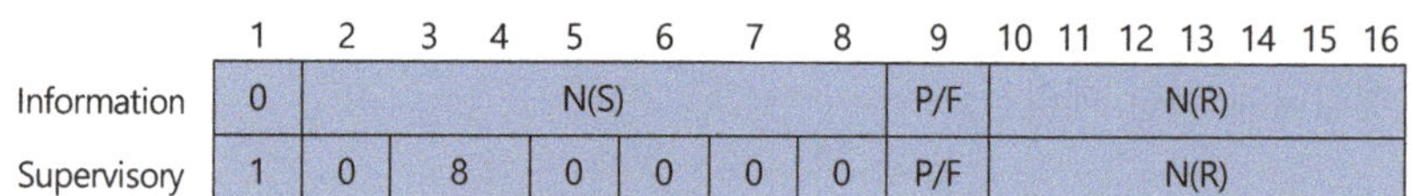

(d) 확장된 제어 필드

【그림 3-37】 HDLC 프레임 구조

HDLC에서 프레임의 구성은 다음과 같다.

- 플래그(Flag) : 8비트
- 주소(Address) : 한 개 이상의 8비트
- 정보 프레임(Control) : 8 또는 16비트
- 데이터(Data) : 가변
- 프레임 검사 순서(FCS) : 16 또는 32비트

3.4.4 네트워크계층(Network Layer) 프로토콜

1. 개요

네트워크계층은 정보를 보내는 노드에서부터 이 정보의 목적노드까지, 전달계층에서 분할된 패킷들을 안전하게 전송하는 것을 목적으로 한다.

데이터 링크계층의 기능을 이용하여 하나 또는 그 이상의 통신망을 이루어 시스템 사이에 투과적인 데이터 전송을 하는 기능을 갖는다.

또한 네트워크에 연결된 시스템 간의 통신이 가능하도록 호의 설정 및 절단, 데이터 전송절차를 실현시키고, 네트워크에서의 접속에 필요한 순서제어, 흐름제어 등의 기능을 수행하는 계층이다.

가장 널리 알려진 네트워크 접속의 표준은 패킷교환망의 접속을 위한 DTE/ DCE접속 프로토콜을 정의한 X.25로서, 이는 OSI 참조모델의 하위 계층 프로토콜의 표준으로 채택될 예정이다.

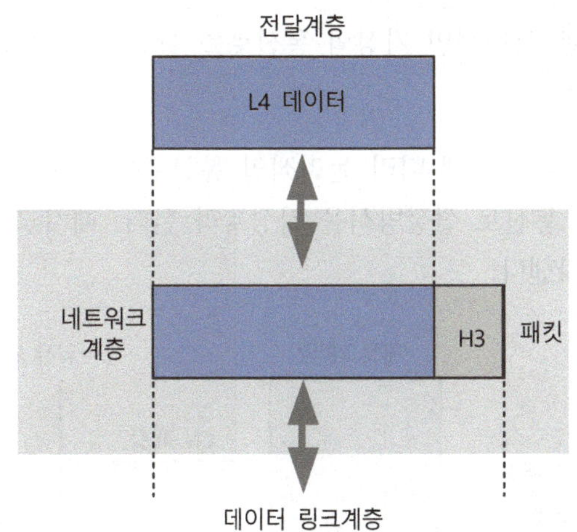

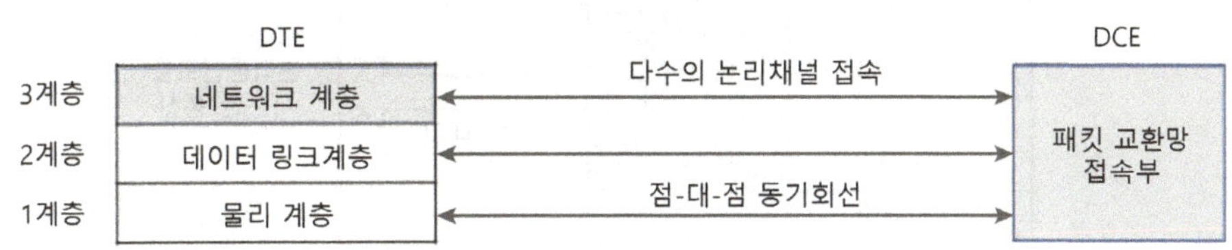

【그림 3-38】 네트워크계층의 역할

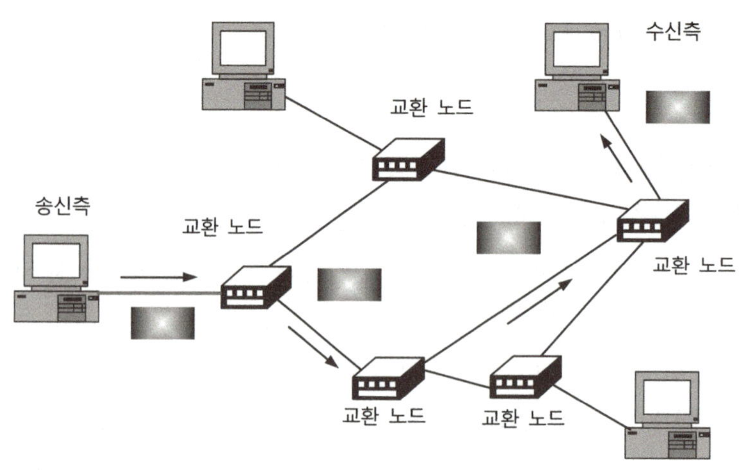

【그림 3-39】 네트워크계층의 라우팅 기능

2. 논리채널(logical channel)

논리채널은 가입자 상호 간에 논리적인 가상의 통신로를 설정하기 위하여 사용되는 메커니즘이다.

가상호(Virtual Call)

통신에 앞서 미리 정해진 개시 절차에 따라 논리적인 통신로를 설정하고, 통신 종료 시에 그 통신로를 복구한다. 이 논리적인 통신로 설정방식을 가상호라 한다. 패킷교환망에서의 통신로 설정, 복구 절차를 그림 3-40에 나타낸다.

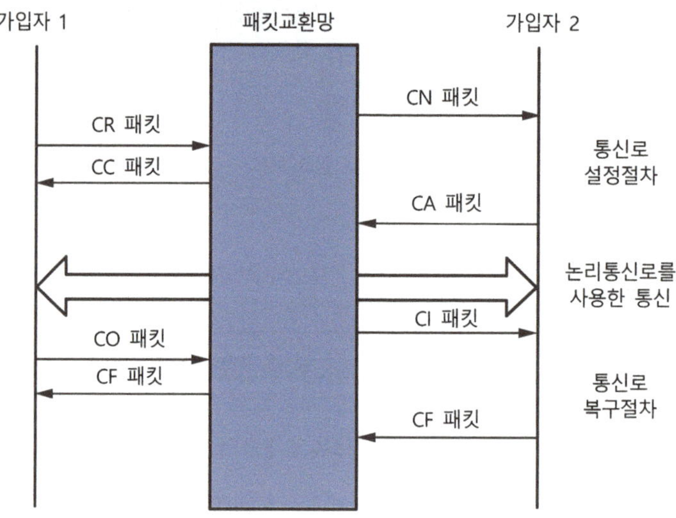

【그림 3-40】 통신로 설정 및 복구 절차

고정접속(permanent Virtual Call)

가입자가 통신에 앞서 특수한 절차를 실행하지 않아도, 상대 가입자와의 사이에 고정된 논리통신로가 설정되어 있는 방식을 고정접속이라 한다.

3. 데이터그램(datagram)

가상호와 같이 발착 DTE간의 가상적 통신로를 설정하지 않고 패킷마다 상대방 주소를 부여하여 망이 경로선택처리를 행하는 방식을 데이터그램이라 한다. ARPA네트워크와 같은 단일 컴퓨터 통신망에서는 널리 사용되나, 국제표준은 X.25의 부록에서 절차를 규정하고 있다.

4. 데이터 전송 절차

흐름제어

하나의 데이터를 여러 개의 패킷으로 분해하여 상대방에게 보내는 경우, 거치는 경로에 따라 패킷의 도착시간이 각각 다를 수 있으며, 이렇게 되면 도착된 패킷을 데이터로 묶을 때 문제가 된다. 이것을 해결하기 위하여 송수신 순서번호를 부여하여 순서가 틀리지 않도록 제어할 필요가 있다. 또한, DTE나 패킷 교환기의 수신 버퍼 용량에는 한계가 있으므로, 송수신시에 버퍼용량을 넘을 때는 데이터의 흐름을 제어할 필요가 있다.

데이터 패킷 구성

컴퓨터 네트워크 분야에서 송수신되는 데이터를 일정한 길이로 잘라서 각각의 송수신 주소를 지정하여 패킷으로 다루는 방식을 패킷교환방식이라 한다. 패킷교환망은 다음과 같은 특징이 있다.

- 고신뢰성 : 장애가 발생하여도 우회에 의한 통신이 가능하기 때문에 높은 신뢰성을 유지할 수 있다.
- 고품질 : 인접하는 단말과 패킷교환망간의 전송 에러를 검사하여 에러가 발생하면 재전송하므로 고품질의 전송을 유지한다.
- 다른 기종 단말간의 통신 : 데이터 전송 속도, 사용 데이터 코드, 전송 제어 절차가 다르더라도 패킷교환망이 변환 처리를 제공하여 통신을 가능하게 한다.
- 정보량에 따른 요금 체계 : 전송되어진 패킷의 수량에 대해 징수한다.

그림 3-41은 데이터 패킷의 구성을 나타낸 것이다.

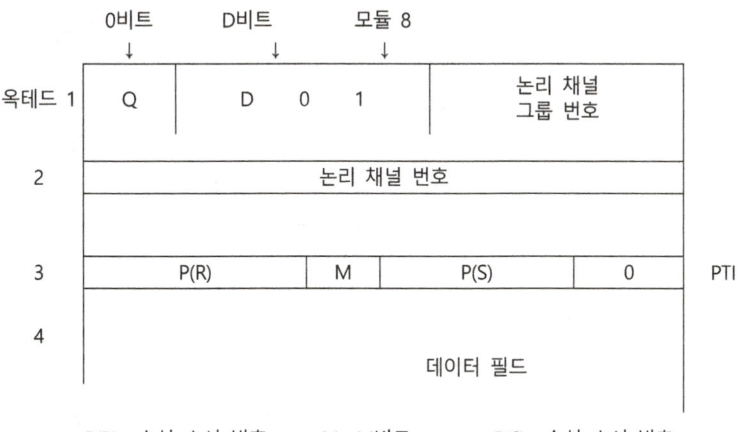

【그림 3-41】 데이터 패킷의 구성

5. 비 패킷 터미널 프로토콜

패킷화기능을 갖지 않는 가입자가 패킷 교환망에 접속할 수 있도록 망이 데이터를 패킷화하는 기능을 대신하는 서비스가 가능한데 이 기능을 PAD라 한다. PAD를 사용함으로써 패킷 단말과의 통신이 가능하게 되며, 망 접속조건을 넓힐 수 있다.

6. 네트워크 서비스

네트워크계층과 전달 계층간의 인터페이스에 있어서 네트워크 서비스 프리미티브(primitive)라고 부르는 기본 인터페이스에 의해 정의된다.

▸ 접속형 네트워크 서비스

- 네트워크 접속의 확립
- 네트워크 서비스 품질 QoS(Quality Of Service)의 설정과 확인
- 데이터 및 우선 데이터의 전송
- 데이터 수신의 확인
- 흐름 제어
- 리셋(Reset)

▸ 비접속형 네트워크 서비스

동일계층에 있는 통신 상대국과 접속이라는 논리적 링크를 확립하지 않고, 프로토콜 데이터 단위(PDU; Protocol Data Unit)라는 전송 단위로 전송한다.

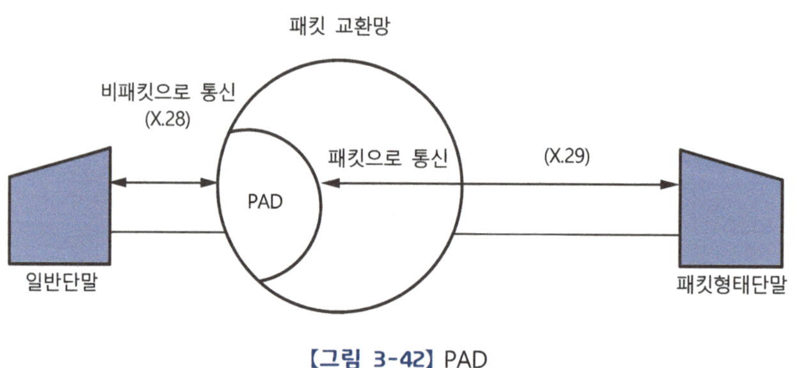

【그림 3-42】 PAD

3.5 상위 계층의 프로토콜

3.5.1 개요

물리적인 규격으로부터 실제 사용자가 기기를 사용하는 방법을 규정한 응용계층까지 7계층으로 나누어, 통신에 필요한 처리기능을 체계화한 것으로 전달계층, 세션계층, 표현계층 및 응용계층에 이르는 상위 계층에 대하여 설명한다.

3.5.2 전달계층(Transport Layer) 프로토콜

1. 개요

전달계층은 하위계층의 모든 데이터를 상위계층에 그대로 전달하는(transparent) 전송방식을 제공하며, 신뢰성 있는 앤드-투-앤드(end-to-end) 통신을 가능하게 하는 계층이다.

이 층은 전달 서비스(TS; Transport Service) 사용자에게 요구된 서비스 품질의 차이를 보완하여 준다. 서비스 품질은 효율(throughput), 전송지연, 에러비율, 호 설정지연, 비용, 보안성, 우선순위 등으로 측정된다.

안전한 전송을 위하여 그림 3-43과 같이 송신측과 수신측 사이에 논리적 통로를 만들 수 있고, 수신측에서 모든 패킷의 전송과 도착을 검사한다.

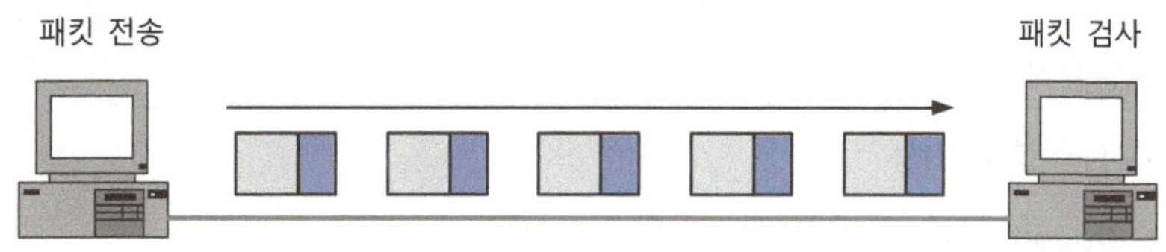

【그림 3-43】 패킷의 전송과 도착 검사

전달계층은 자신이 가지고 있는 기능 중, 어떤 기능을 네트워크 접속(NC; Network Connection)에 사용할 것인가를 결정하기 위하여 먼저 NC의 서비스품질을 파악한 후 접속을 확립시킨다.

보내는 쪽의 전달계층에서는 그림 3-44와 같이 세션계층에서 보내온 메시지를 알맞은 크기의 세그먼트로 나누고, 헤더에 각 세그먼트의 순서 번호를 기록하여 네트워크계층으로 보내며, 다시 받는 쪽의 전달계층에서는 이를 취합하여 순서대로 조립한다.

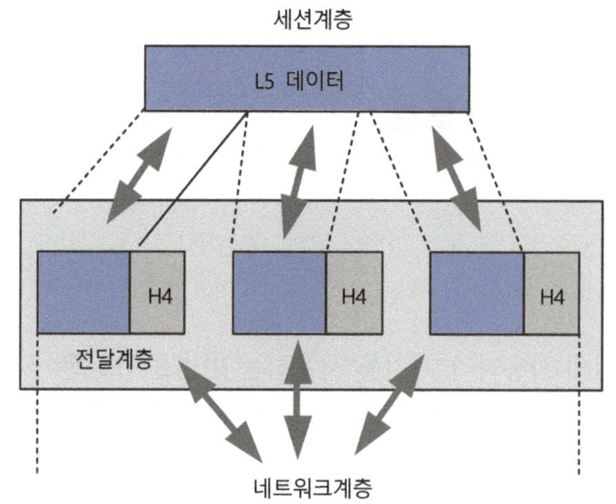

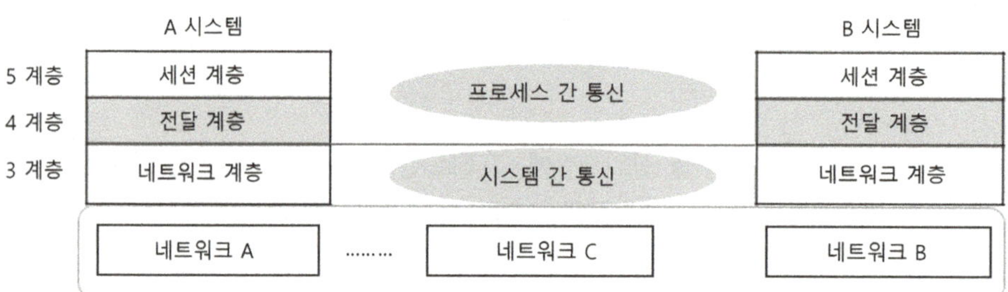

【그림 3-44】 전달계층의 역할

2. 전달 프로토콜

전달 프로토콜에는 다음과 같이 클래스 0 - 클래스 4의 5개의 클래스로 나누어진다. 클래스 N(N = 0 - 3)은 클래스 N + 1의 부분집합(subset)이다.

- 클래스 0 : 단순전송기능
- 클래스 1 : 기본 에러복원 기능
- 클래스 2 : 다중화(multiplexing) 기능
- 클래스 3 : 에러복원 및 다중화 기능
- 클래스 4 : 에러검출, 복원 및 다중화 기능

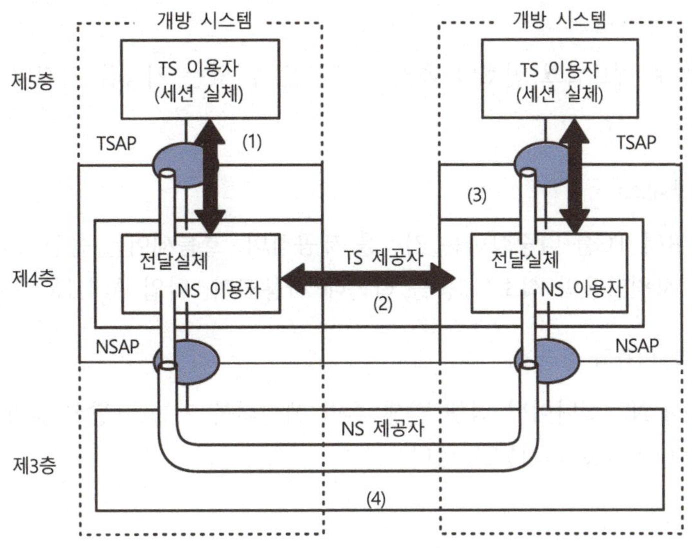

※ (1) TS 제공자가 TS 사용자에게 제공하는 전달 서비스를 정의한다.
(2) TS 제공자가 (1)의 서비스를 실현하기 위하여 만족해야 할 프로토콜 사양의 규정
(3) TC(전달 연결)
(4) NC(네트워크 연결)

【그림 3-45】 전달계층 모델

3. 클래스의 선택 및 네트워크 서비스품질

클래스의 선택은 다음의 내용에 따라 전달 실체에 의하여 결정된다.

- TS 사용자가 명령하는 T-CONNECT요구와 T-CONNECT응답의 서비스 프리미티브의 내용
- 네트워크 서비스의 품질
- TS 사용자가 요구하는 서비스와 비용의 비율

네트워크 서비스품질에 대해서는 다음과 같은 NC 타입이 있다.

- 타입 A : 무시하여도 될 정도의 에러빈도 및 신호이상(signal failure) 상태의 NC
- 타입 B : 무시하여도 될 정도의 에러빈도지만, 신호이상(disconnect, reset 등)이 일어날 경우의 NC
- 타입 C : 무시할 수 없을 정도의 에러빈도 및 신호이상 상태의 NC

4. 각 프로토콜의 특징

▸ 클래스 0(단순 클래스)

모든 클래스 가운데 최소한의 기능만을 포함하며, 품질이 양호한 레벨이고, CCITT 권고안 T.70과 호환성을 갖으며, 타입 A의 NC에서 사용된다.

▸ **클래스 1**(기본 에러회복 클래스)

품질이 보통인 레벨로 네트워크 신호의 에러를 복구할 수 있는 기능을 가지며, 타입 B의 NC에서 사용된다.

▸ **클래스 2**(다중화 클래스)

단수의 NC에서의 여러 TC를 다중화하는 기능을 제공하며, 흐름제어는 옵션으로 사용되는데, 주로 폭주, 응답시간 및 자원활용의 최소화 등을 하는데 사용되며, 타입 A의 NC에서 운용된다.

▸ **클래스 3**(에러 회복 다중화 클래스)

클래스 2의 기능에서 NC 절단이나 리셋 발생 후의 에러회복 기능을 합친 클래스로 타입 B의 NC를 사용하며, 다중화/역다중화 기능도 있다.

▸ **클래스 4**(에러검출 회복 클래스)

품질이 낮은 레벨로 분실된 TPDU, 순서대로 송수신되지 않은 TPDU를 검사하기 위한 기능을 가지며, 타입 C의 NC에서 운용된다.

3.5.3 세션계층(Session Layer) 프로토콜

1. 개요

세션계층은 다양한 응용을 설정할 때 필요한 전송 제어 기능을 상위층에 제공하며, 서비스와 프로토콜로 구성되어 있다. 세션 서비스는 세션계층이 그 상위 계층인 표현계층에 제공하는 서비스로서 표현 실체와 세션 실체 사이에 데이터(SSDU: Session Service Data Unit)를 주고받음으로써 제공된다.

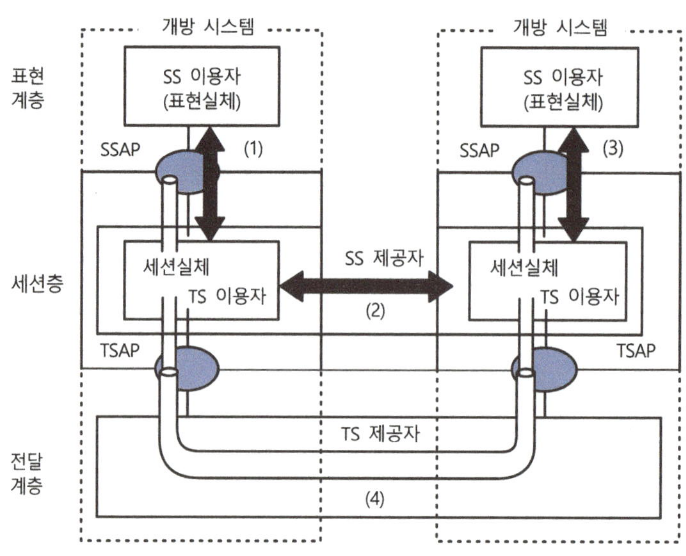

※ (1) SS 제공자가 SS 사용자에게 제공하는 세션 서비스를 정의한다.
(2) SS 제공자가 (1)의 서비스를 실현하기 위하여 프로토콜 사양을 규정한다.
(3) 세션 연결
(4) 전달 연결
TS : Transport Service
TSAP : Transport Service Access Point
SS : Session Service
SSAP : Session Service Access Point

【그림 3-46】 세션계층의 모델

세션 프로토콜이란 세션 실체가 상대방 세션 실체와 통신을 하기 위해 지켜야 할 통신규칙이다. 이때 주고받는 데이터(SPDU; Session Protocol Data Unit)는 SSDU 내에 포함된 세션 서비스 사용자 데이터와 제어정보로 구성된다.

세션계층(session layer)은 응용 프로그램 간의 대화를 유지하기 위한 구조를 제공한다. 최소한의 기능은 그림 3-47과 같이 두 응용 프로그램 간의 연결설정, 유지 및 해제이다.

그밖에도 긴 응용 프로그램인 경우, 데이터 열의 중간에 동기점(syn)을 삽입하여, 연결이 단절되거나 전송 오류가 발생한 경우, 재동기화(re-synchronization)와 에러복구(error recovery)를 쉽게 한다.

이 계층의 헤더는 전송된 데이터 단위의 종류와 동기화 지점 정보를 포함한다.

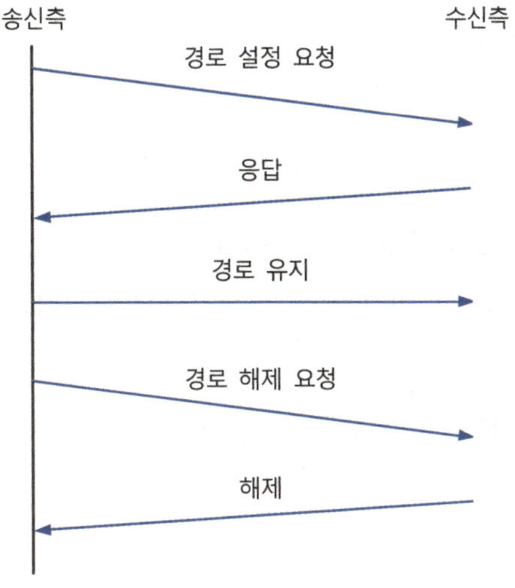

【그림 3-47】 연결설정, 유지 및 해제

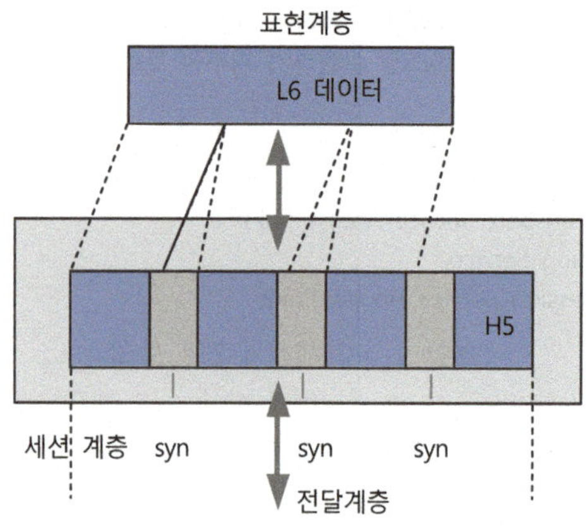

【그림 3-48】 세션계층의 역할

2. 세션 서비스

▸ 세션 서비스 특징

- 세션 접속관리는 서비스 사용자(session service user)간의 세션 접속 확립, 데이터 전송, 세션 접속 해제의 기능을 관리한다.
- 토큰(token) 관리에서 토큰이란 통신이 어느 한 지점에서 단 한 개의 표현 실체에 주어진 속성으로 이 토큰을 갖는 표현 실체만이 특정의 서비스를 요구할 권리를 갖는다.
- 동기(synchronization)에서 동기점(synchronization point)이란 통신 장애 시 데이터 전송의 재 동기를 맞추기 위하여 정해지는 특정한 위치이다.

▸ 서비스의 종류

- 접속 확립 : 2개의 표현 실체 간의 세션 접속을 확립하는 서비스
- 보통데이터(normal data), 타입드 데이터(typed data), 우선 데이터 전송
- 소동기, 대동기, 재동기(resynchronization) 등 서비스
- 액티비티 관리 : 액티비티의 시작(start), 끝(end), 중단(interrupt), 재개(resume) 등을 상대방 표현 실체에 요구하는 서비스

▸ 서비스 프리미티브

- 확인형(confirmed type) : 상대방 표현 실체에 서비스 요구를 알리면 상대방으로부터 그 요구에 대한 응답이 돌아오는 형
- 비확인형(non-confirmed type) : 상대방 표현 실체에 서비스 요구를 알리지만, 상대방으로부터 요구에 대한 응답이 돌아오지 않는 형
- 제공자 초기화형(provider initiated type) : 세션층의 상태를 상위의 표현 실체에 보고하는 형

3. 세션 프로토콜

세션 프로토콜이라는 것은 세션계층의 기능을 원활하게 수행하기 위하여 필요한 것으로 세션 실체 간의 신뢰성 있는 통신을 실현하는 수단이다.

① 커넬(kernel) : 접속확립, 보통데이터전송, 접속해제 및 이상 상태 시 에보트(abort) 등의 기능을 제공하는 기능 단위로서 항상 선택되어져야 한다.

② 반이중(half duplex), 전이중(full duplex) 등 통신서비스를 제공

③ 우선 데이터(expedited data), 형태 데이터(typed data), 수신 능력 데이터(capability data) 등 교환 서비스를 제공

④ 소동기(minor synchronization), 대동기(major synchronization), 재동기(resynchronization) 등을 제공

3.5.4 표현계층(Presentation Layer) 프로토콜

1. 개요

이 계층은 상위층인 응용계층의 다양한 표현 양식을 범용적인 전송 형식으로 변환하고, 보안을 위한 암호화/해독(encryption/decryption), 효율적인 전송을 위한 데이터압축(data compression) 및 화면 표시를 위한 데이터 구조, 출력 형식, 가상 단말 프로토콜 서비스가 존재한다.

또한 응용에서 사용되는 추상구문을 전송구문으로 변환하거나 또는 그 역기능을 수행한다.

정보 표현 방법으로는 응용계층에서 사용되는 의미를 표현한 메시지인 추상구문(abstract syntax)과 데이터 전송 시 사용되는 전송구문(transfer syntax)이 있다.

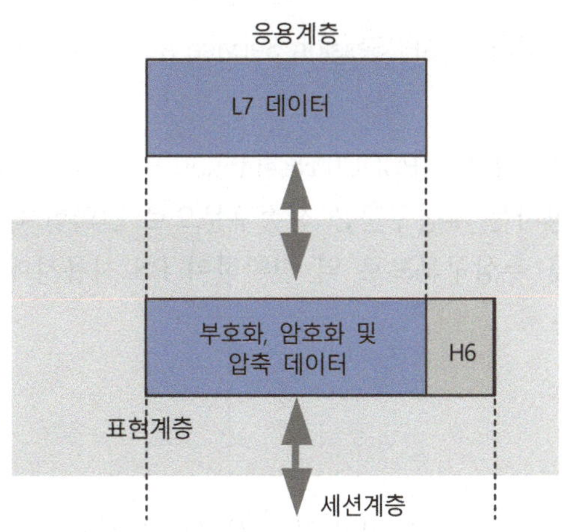

【그림 3-49】 표현계층의 역할

2. 표현계층 모델

그림 3-50은 표현계층 모델을 나타낸 것이다. 표현계층의 실체는 표현 서비스 엑세스점(PSAP; Presentation Service Access Point)을 통해서 표현 서비스를 표현 서비스 사용자에게 제공한다. 표현 실체는 표현 프로토콜에 따라 상호 통신을 수행함으로써 표현 서비스를 실현하게 된다.

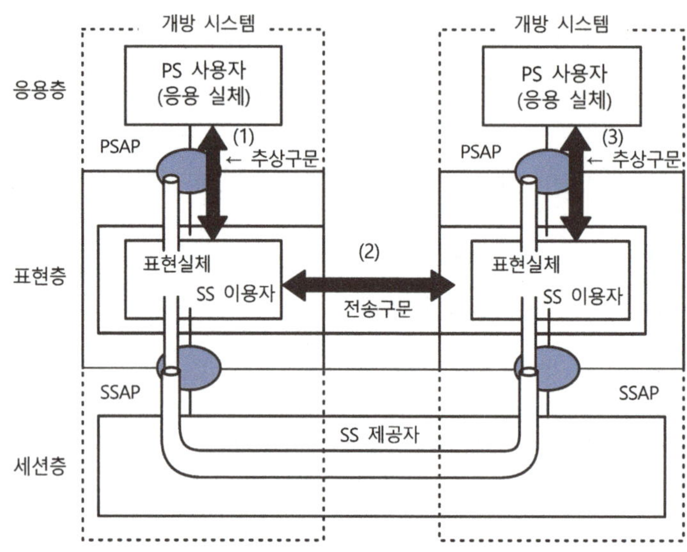

※ (1) PS 제공자가 PS 사용자에게 제공하는 표현 서비스를 정의한다.
(2) PS 제공자가 위의 서비스를 실현하기 위하여 만족시킬 프로토콜 사양을 규정한다.
PS : Presentation Service, PSAP : Presentation Service Acces Point,
SS : Session Sevice, SSAP : Session Service AccessPoint

[그림 3-50] 표현계층 모델

표현 실체는 세션 서비스 엑세스점(SSAP; Session Service Access Point)을 통해 세션 서비스를 이용하게 된다.

PS 사용자는 추상구문에 다른 정보를 PSDU(Presentation Service Data Unit)로 구성하여 PS 제공자에게 전한다. 이때 PS 제공자는 추상구문을 전송구문으로 번역한 다음 세션 서비스를 이용하여 전송한 후에 다시 전송구문을 추상구문으로 역 변환하여 PS 사용자에게 전달한다.

3. 표현 서비스

▸ **표현단위**

PS 제공자는 응용계층의 어느 시점, 어느 범위의 추상구문을 사용하는가에 대한 지원 여부를 조사해야 하고 추상구문을 전송구문으로 변환할 수 있어야 한다.

표현단위는 표현 접속 상에서 유효하며 다음과 같이 2가지로 나눌 수 있다.

- 추상구문명 : 추상구문을 식별하는 등록 인정된 이름
- 전송구문명 : 추상구문에 대하여 전송구문을 식별하는 등록 인정된 이름

▸ **단위정의집합(DCS)**

- 단일 단위 정의 집합(simple defined context) : 표현단위의 수가 하나인 단위 정의 집합
- 다중 단위 정의 집합(multiple defined context) : 표현단위수가 일반적으로 복수 개인 단위 정의 집합

▸ **Default 표현단위**

DCS가 공집합(empty set)인 PSDU이거나 세션계층의 XSSDU에 대응하는 PSDU를 전송할 때 적용되는 단위를 default 표현 단위라 한다.

▸ **표현 서비스**

- 연결확립 기능(connection establishment facility) : PS 사용자는 이 기능에 따라 PSAP의 주소를 지정해서 대응하는 PS사용자와 표현 연결을 확립한다.
- 연결해제 기능(connection termination facility) : PS 사용자간에 통신이 종료된 경우 또는 표현 연결상에서 복구가 불가능한 경우에 이 기능에 의해 정상 해제나 강제 해제를 행한다.
- 단위관리 기능(context management facility) : PS 사용자는 이 기능을 이용하여 표현 연결상에서 문맥의 요소를 삭제 또는 추가할 수 있다.
- 정보전송 기능(information transfer facility) : PS 사용자는 이 기능에 의하여 PSDU의 부호화 결과를 세션계층으로 전달하여 전송할 수 있다.
- 대화제어 기능(dialogue control facility) : PS 사용자는 이 기능에 의해 세션계층이 제공하는 토큰제어, 동기점 제어, 재 동기 및 동작 관리 등의 서비스를 이용할 수 있다.

4. 표현계층의 기능단위

▸ **세션의 기능단위**

자료전송 기능과 대화제어 기능 중에서 어떤 서비스를 사용하는가에 따라 해당 세션 기능단위를 선택한다.

▸ **표현의 기능단위**

- 커널(kernel) 기능 : 표현의 접속 설정/해제, 정보전송의 각 기능을 제공
- 단위관리(context management) 기능 : 단위관리 기능을 선택적으로 제공
- 단위복구(context recovery) 기능 : 동기점에 따라 단위의 재설정 기능을 제공

3.5.5 응용계층(Application Layer) 프로토콜

1. 개요

응용계층은 OSI 참조 모델의 최상위 계층으로서 자원(resource)결정, 문장(syntax) 확인 기능을 갖고, 응용 프로세서에 서비스를 제공한다.

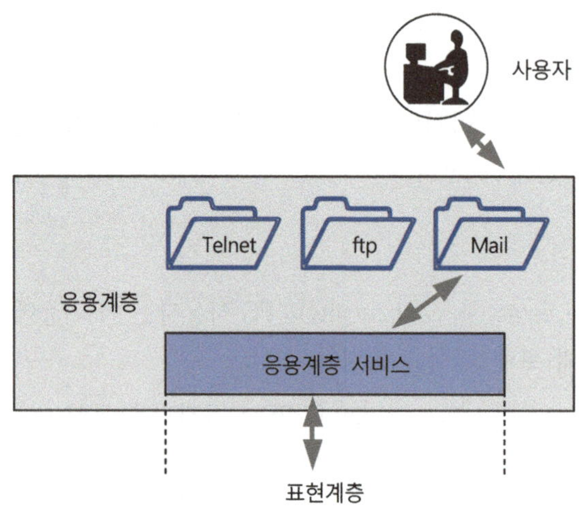

【그림 3-51】 응용계층의 역할

응용계층에 속하는 서비스나 프로토콜로는 서로 다른 시스템 간의 파일전송에 사용되는 FTAM (File Transfer, Access and Manipulation), 다른 사양의 터미널들을 동일 규격의 터미널로 보이게 하는 가상터미널(VT; Virtual Terminal) 프로토콜, EDI(Electrical Data Interchange)에서 메시지 교환에 사용되는 MHS(Message Handling System), 전자우편, 원격 작업 입력(RJE; Remote Job Entry), 텔레텍스트(Teletext), 비데오텍스(Videotex) 등이 있다.

응용계층(application layer)은 OSI 참조 모형에서 정의된 최상위 계층으로, 사용자가 네트워크에 접근할 수 있도록 해 준다.

2. 응용계층 모델

응용계층에서 통신을 행하는 것은 응용 프로그램이나 운용자이다. 이것을 일반적으로 응용 프로세스라 하는데, 이런 응용 프로세스 기능 중에서 통신에 관련된 부분만을 응용 실체(AE; Application Entity)라 한다.

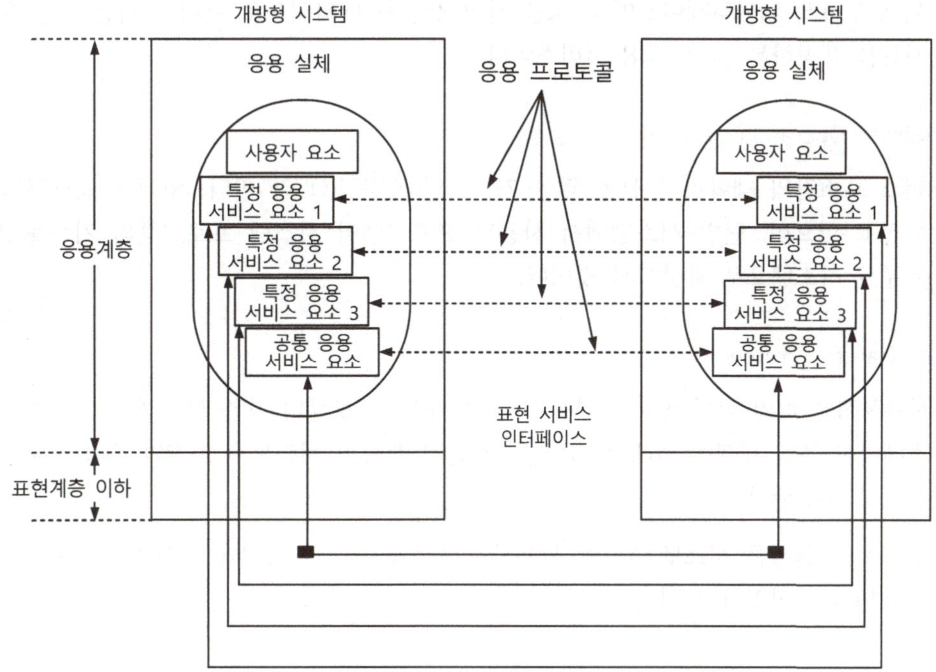

【그림 3-52】 응용계층 모델

3. 응용계층 서비스

공통 응용 서비스 요소에는 association제어, 단위제어, 정보전송 대화제어, CCR(Commitment Concurrency Recovery)이 있고, 특정 응용 서비스에는 ROS(Remote Operation Service)가 있다.

▸ **Association제어**

Association이란 응용 실체 간에 통신을 위한 논리적인 통신로를 말한다. 그러므로 association 제어 서비스 요소는 응용 실체 간의 association 설정 및 해제를 관리하는 것이라 볼 수 있다. Association 설정은 응용 실체의 논리적 명칭인 응용 실체 표제(title)를 지정함으로써 수행된다.

▸ **단위제어**

Association 상태에서 사용될 응용 단위의 정의 및 변경을 위한 기능

▸ **정보전송/회화제어**

응용 association하에서 정보 교환을 하며 표현계층 서비스에 대응되는 기능

▸ **CCR**(Commitment Concurrency Recovery)

데이터베이스가 복수개의 시스템에 분산되어 있을 때 내용의 수정이 필요한 경우 각 시스템마다 각각 배타제어 기능이 필요하고, 배타제어란 데이터베이스 갱신시 다른 시스템이 동일 데이터베이

스에 엑세스 못하게 데이터베이스에 lock을 걸어 갱신을 배타적으로 행하게 하는 것을 의미한다. 이러한 기능을 제공하는 것이 CCR 서비스이다.

▸ **ROS**(Remote Operation Service)

응용 서비스 요소간의 대화형 통신을 위한 기본적인 것을 ROS라 한다. ROS는 응답형의 통신을 기본으로 하고 있으며, 단일 시스템에서 사용자 프로그램이 시스템 프로그램의 기능을 호출하여 사용하는 분산 시스템으로 확장시킨 것이다.

▸ **FTP**(File Transfer Protocols)

FTP의 사용목적은 파일 전체 또는 일부를 하나의 시스템으로부터 다른 시스템으로 옮기는 것이다. FTP는 스테이션 운영 체제에 의해 지원되는 7계층의 최상위 계층으로 FTP의 온라인 사용자에 의해 대화식으로 운영된다.

이것의 논리적인 연결은 시스템 A상의 사용자가 시스템 B상의 파일에 엑세스하기를 원하면 A의 FTP는 B와 연결을 확립하게 된다.

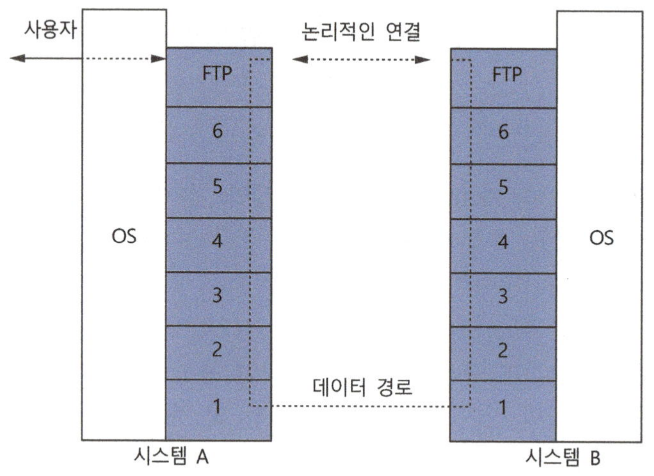

[그림 3-53] FTP의 구조적 개관

3.5.6 상위 계층의 프로토콜 응용

1. 텔리텍스 프로토콜

텔리텍스 서비스는 각국의 통신담당 관서에서 그 나라의 공중통신망(PSDN, PSTN, CSDN)을 이용하여 운영하는 문서통신 서비스로서 텔렉스 기능을 보다 고급화하고, 워드프로세서 기능을 갖는 문서 통신용 데이터 터미널에 의하여 이루어지는 서비스이다.

2. 비디오텍스

비디오텍스는 컴퓨터를 사용하여 글자와 그림으로 구성된 화상 정보를 데이터베이스에 우선 축적시켜 두고 이를 전화망 혹은 데이터 통신망을 통해서 가입자의 TV수상기에 연결한 후, TV화면을 보고 컴퓨터와 상호 대화형식으로 이용자가 필요한 정보를 선별하여 찾아볼 수 있도록 한 영상 정보 시스템이다.

3. 문서교환 프로토콜

혼합문서(텍스트, 테이블, 사진(picture)의 데이터)를 상호통신하기 위하여 문서의 구조 및 전송에 관한 규약을 정하여 놓은 것이 문서교환 프로토콜(document interchange protocol)이다. 문서교환 프로토콜이란 혼합문서의 상호통신에 사용되는 통신 프로토콜이다.

3.5.7 TCP/IP 프로토콜

1. 개요

인터넷은 데이터 중개 기능을 담당하는 네트워크 계층으로 IP(Internet Protocol) 프로토콜을 사용하는 네트워크다. 인터넷에 연결하는 호스트는 반드시 IP 프로토콜을 지원하며, 전송계층은 TCP(Transmission Control Protocol)나 UDP(User Datagram Protocol)를 사용한다.

2. 구현 환경

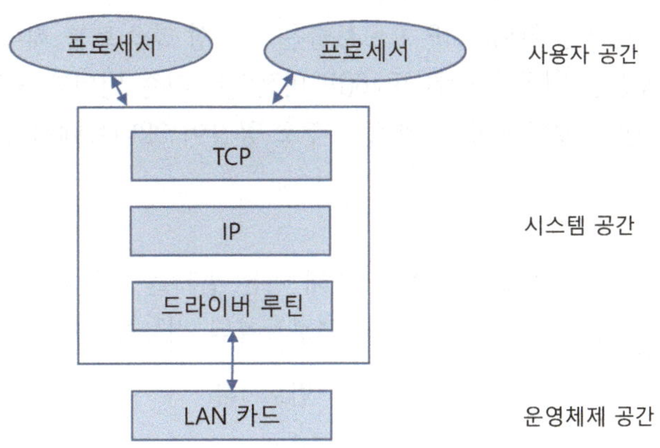

[그림 3-54] TCP/IP 구현 공간

TCP와 UDP는 시스템 운영체제인 커널(Kernel) 내부에 구현된다. 시스템 공간은 소켓(Socket) 인터페이스를 이용하며, TCP는 연결형 서비스를 제공하고 UDP는 비연결형 서비스를 제공한다. 네트워크 응용 프로그램은 텔넷(Telnet), FTP 등이 있는데 모두 TCP와 UDP를 사용해 네트워크에 연결한다.

3. TCP/IP 계층 구조

응용 프로그램은 TCP와 UDP를 사용해 데이터 송수신 기능을 수행하고, ARP/RARP와 ICMP는 네트워크 계층에 소속되어 IP동작을 도와주는 역할을 한다. 네트워크 계층의 IP는 사용자 데이터를 전송하는 프로토콜이다.

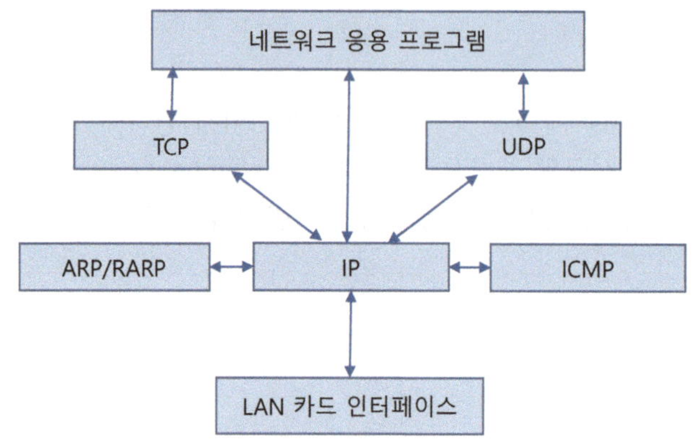

【그림 3-55】 TCP/IP 계층 구조

3.5.8 IPv6

1. 개요

32비트의 주소 공간을 지원하는 현재의 IP 프로토콜은 이론상 호스트를 최대 2^{32}개까지 수용이 가능하다. 호스트의 주소 공간을 대폭 확장한 IPv6(IP 버전6)은 기존 인터넷 환경에서 사용하는 IPv4(IP 버전4)를 대체하기 위한 프로토콜이다. 호스트 주소 공간이 32비트에서 128비트로 확장되었다.

2. IPv6 헤더 형식

IPv6 프로토콜의 헤더 구조는 IPv4보다 매우 단순해 기본 필드를 8개 지원하는데 총 40바이크 중 32바이트는 주소 공간으로 할당하고, 8바이트만 프로토콜의 기능을 위해 사용한다.

- 버전 번호(Version Number): IP 프로토콜의 버전 번호이다.
- 페이로드 길이(Payload Length): 헤더를 제외한 패킷의 크기로 단위는 바이트이다.
- 다음 헤더(Next Header): 기본헤더 다음에 이어지는 헤더의 유형을 수신 호스트에 알려준다.
- 홉 제한(Hop Limit): IPv4 프로토콜의 Time To Live 필드와 동일한 역할을 수행한다.
- 발신지 주소/목적지 주소(Source Address/Destination Address): 송수신 호스트의 IP 주소를 나타낸다. 최대 28비트를 지원한다.

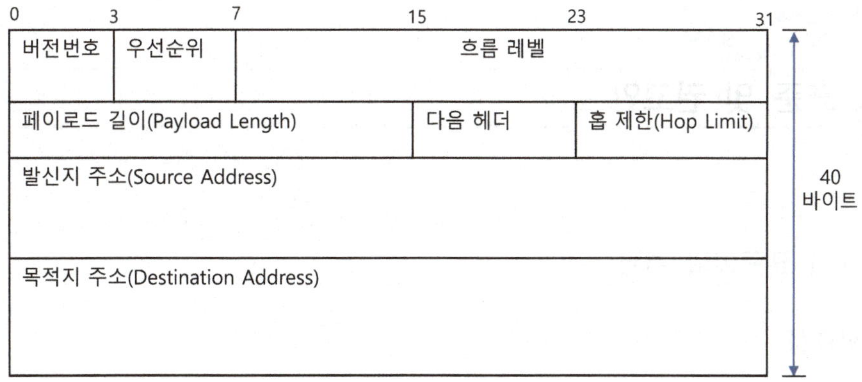

【그림 3-56】 IPv6의 기본 헤더

3. IPv6 주소 표현

IPv4 프로토콜에서는 8비트 단위의 숫자 4개를 점(.)으로 구분하여 210.223.201.30과 같이 표현한다. 그러나 IPv6 프로토콜에서 지원하는 128비트의 숫자는 16비트의 숫자 8개를 콜론(:)으로 구분한다.

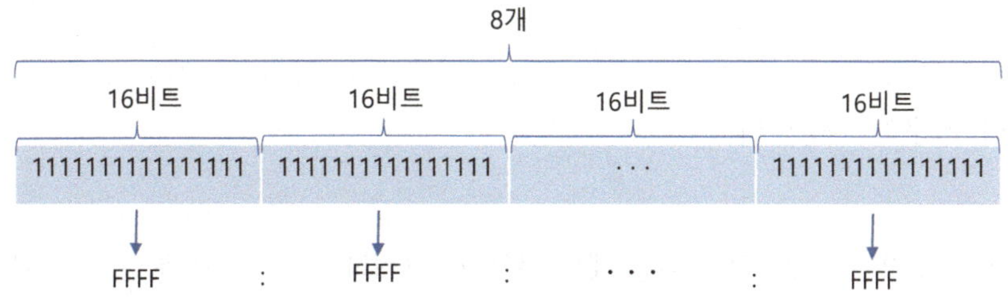

【그림 3-57】 IPv6의 주소 표현

3.6 표준 및 권고안

3.6.1 정보통신 표준화의 개념

1. 표준의 필요성

정보통신 표준이란 궁극적으로 정보통신망 및 정보통신 서비스를 제공하거나 이용하는 데 필요한 정보통신 주체간에 합의된 규약의 집합이라 볼 수 있다. 이러한 정보통신 시스템 간의 프로토콜을 정립하는 활동을 표준화라 한다. 정보통신의 효율적인 운용성을 확보하기 위해서는 통신망 상호 간, 통신망과 단말 시스템 간 또는 단말기기 시스템 상호 간의 호환성을 갖는 통신을 확보하는 것이 필수적이다.

2. 정보통신 표준의 종류

▸ **기본표준**

ISO(International Organization for Standardization), ITU(International Telecommunication Union) 등 국제 표준화 기구가 제정한다.

▸ **기능표준**

기본표준을 기본으로 기능을 구현하기 위한 세부사항까지 구체화한 표준으로 특정 사용 환경에 적합하도록 기본 표준에 존재하는 다양한 기능 중 일부만을 선택한다. 하나 이상의 기본표준을 조합해 사용자가 원하는 서비스를 제공한다.

3. 표준화의 단계

표준화의 단계는 기초, 기반 연구, 표준의 제정, 표준의 구현, 표준의 시험, 이용 및 응용의 5단계로 나누어진다.

- 1단계
  새로운 방식으로 채택함이 적합하다는 것을 이론적이나 실험적으로 입증하는 단계
- 2단계
  이해 당사자들이 모여 의견을 수렴하고 협의하여 합의점을 도출하는 과정
- 3단계
  합의된 표준에 따라 제품을 구현하는 단계
- 4단계
  구현제품에 대한 시험단계

- 5단계

  해당 표준을 이용하여 제품을 생산하거나 서비스를 제공 · 이용하는 단계

3.6.2 국제표준화 관련기구 및 활동체계

1. 국제표준화 기구

정보통신 표준화 분야에서 핵심적인 역할을 수행하고 있는 국제 표준화 관련기구와 미국, 유럽, 일본 등 주요 선진국 및 우리나라의 현황에 대해 설명하고자 한다.

▸ 국제전기통신연합(ITU)

국제전기통신연합(ITU; International Telecommunication Union)은 국제연합의 전문기관으로서 전기통신업무의 개선 및 합리적인 이용을 위한 국제협정의 유지와 확대증진을 목적으로 한 기관이다. ITU 산하에는 무선통신분야(RS; Radiocommunication Sector), 전기통신표준화분야(TSS; Telecommunication Standardization Sector) 및 전기통신개발분야(TDS; Telecommunication Development Sector)를 두고 있다.

특히 기존의 국제전신전화 자문위원회(CCITT)와 국제무선통신 자문위원회(CCIR)의 표준화 기능을 포함한 TSS로 새롭게 구성하였으며, 4년마다 개최되던 CCITT총회가 세계전기통신표준화 회의(WTSC; World Telecommunication Standardization Conference)로 이름이 바뀌어 1993년 핀란드의 헬싱키에서 1차 회의가 개최되었다.

▸ 국제표준화기구(ISO)

국제표준화기구(ISO; International Organization for Standardization)는 1947년에 창설되어 공업규격의 국제적인 통일과 조정을 목적으로 설립된 기관이다. ISO의 표준화 작업의 추진을 해당분야의 전문위원회(TC; Technical Committee)가 있어 그 소관업무를 관장하며 이 위원회가 OSI모델을 설계하였다. ISO/ TC97에서 1981년 8월에 발족된 SC18에서는 문자정보뿐만 아니고 도형, 영상 등을 포함한 텍스트의 작성 및 전송을 위한 프로토콜이 표준화되었다. OSI의 기본개념인 개방형시스템간 상호접속을 위한 참조모델을 표준화하여 이를 기초로 필요한 프로토콜의 표준화를 작성하였다.

▸ 국제전기표준회의(IEC)

국제전기표준회의(IEC; International Electrotechnical Commission)는 전기전자 분야와 관련된 표준화와 국제적인 협력 및 이해 증진을 도모하고 있는데 한 국가에 한 단체만이 가입할 수 있다. 우리나라는 1963년 5월에 가입하여 활동하고 있는데 IEC의 기술적 작업은 65개 이상의 전문 위원회를 통하여 수행된다.

▸ 미국표준기구(ANSI)

ANSI(American National Standards Institute)는 미국의 국립표준협회로서 1918년에 창설되었고,

1969년에 현재의 구조화 이름을 갖게 되었다. 생산업자, 사용자, 통신 사업체 및 기타 관련 분야의 연합체로서 미국 내의 자치적 표준안을 설계한다. ANSI는 물리적링크 프로토콜(Physical Link Protocol) 및 ADCCP(Advanced Data Communication Control Procedure)를 작성하였으며, ISO의 OSI참조모델의 기초가 된 분산처리 모드(distributed processing mode)의 7계층 모델(seven layer model)을 만들었다.

▸ 인터넷 아키텍처 위원회

인터넷 아키텍처 위원회(IAB; Internet Architecture Board)는 인터넷의 기술적 진화에 대한 인터넷 사회의 감독 단체이다. IAB는 TCP/IP의 발전을 감독하는 IETF(Internet Engineering Task Force)를 지휘한다. 그밖에 IAB의 활동 범위에는 네트워크 기술에 대해 작업을 하는 IRTF(Internet Research Task Force), IP 주소 할당을 담당하는 IANA(Internet Assigned Numbers Authority), 그리고 DNS를 관리하는 IR(Internet Registry) 등이 포함된다.

▸ 전자공업협회(EIA)

전자공업협회(EIA; Electronic Industries Association)는 1924년에 RMA(Radio Manufactures Association)로 창설되었으나 그 후 EIA로 개편되었다. EIA 중 데이터통신의 표준에 대한 사항은 기술 위원회 TR-30(Data Transmission)이 담당하고 있으며, TR-30에는 데이터 처리장치와 데이터통신장치 사이의 접속에 관한 산업 표준안의 유지, 발전을 규정하고 있다.

▸ 영국의 BSI

영국의 BSI(British Standard Institute)는 영국국가 규격을 제정하고 있으며, 평의회와 위원회로 구성되는데 표준제정에 있어 해당 전문위원은 원안의 작성뿐만 아니라 규격서의 심의까지 담당하며 표준제정의 계획, 입안, 최종 표준안의 승인, 표준 제정의 우선순위 등을 결정한다.

▸ 독일의 DIN

DIN(Deutsche Institutfuer Normung)은 독일의 모든 표준화 작업을 조정하는데 1919년 독일기술자협회에 의해 설립되었다가 1975년 독일표준협회로 개칭되었다. 현재 제정하고 있는 전체 규격수는 18,000개이며, 정보처리분야의 규격수는 700여 개로 다른 나라에 비해 가장 많은 규격을 보유하고 있다.

▸ 프랑스의 AFNOR

프랑스는 민간 표준화 단체가 중추적인 역할을 하고 있지만 AFNOR(Association Française de Normalisation)에 제도적으로 결집되어 조정, 감독을 받는 정부 주도형으로, 실제 모든 업무진행은 표준화 담당관이 맡아하고 있다.

표준화 담당관은 AFNOR에 대해 정부위원의 직무를 행하는데, NF(정부 승인 표준)의 정부승인은 AFNOR가 작성한 추천 보고서에 입각하여 표준화 담당관이 제안하고 주무장관이 승인함으로써 표준규격이 제정된다.

▸ **일본의 JIS**(Japanese Industrial Standard)

일본 역시 정부 주도로 표준화 작업을 총괄하고 있으며, 공업 표준화 사업은 1921년부터 시작된 것이다.

JIS는 통상 산업상의 시험 연구 기관이 행하는 공업 표준화 특별연구와 민간기간에 위탁하여 행하는 공업 표준화 조사 연구 위탁을 통하거나, 또는, 이에 관심 있는 이해관계인이 원안을 참가해서 주무장관에게 제출하는 경우 일본 공업표준 조사회의 심의를 거쳐 제정이 된다.

2. 우리나라 표준화

국내 정보통신 표준화와 관련된 정부 부처는 방송통신위원회와 중소기업청이 있으며, 정보통신 분야의 표준화는 방송통신위원회가 담당하고, 공산품 등에 관련된 표준화는 중소기업청이 담당하고 있다.

방송통신위원회 관련 정보통신 표준화 분야에서는 한국정보화진흥원(NCA; National Computerization Agency), 한국전자통신연구원의 정보통신 표준연구센터(ETRI/PEC : Electronics and Telecommunication research Institute/Protocol Engineering Center), 정보통신기술협회(TTA; Telecommunication Technology Association), 개방형 컴퓨터통신연구원(OSIA; Open System Interconnection Association) 등이 활동하고 있으며, 공업진흥청 관련 산업 및 공업 표준화 분야에서는 한국공업표준협회(KSA), ISO · IEC부회, 한국 S/W산업협회 등이 활동하고 있다.

▸ **한국정보통신기술협회**

한국정보통신기술협회(TTA; Telecommunication Technology Association)는 미국의 ANSI와 유사한 단체이다.

이 협회는 국내의 통신 사업자, 산업체, 학계, 연구 기관 등의 상호 협력과 유대를 강화하고, 국내외 정보 통신 분야의 최신 기술 및 표준에 관한 각종 정보를 수집, 조사, 연구하여 이를 보급, 활용하게 하며, 정보 통신 관련 표준화에 관한 업무를 효율적으로 추진함으로써 정보 통신 산업 및 기술 진흥과 국민 경제의 발전에 기여함을 그 목적으로 한다.

▸ **기술표준원**

기술표준원(ATS; Agency for Technology and Standards)은 1883년 전환국 소속 분석 시험소로 설립되었으며, 여러 번의 개칭을 거쳐 1999년 산업자원부 소속 기술표준원으로 되었다.

국내의 산업 표준의 집행 기관으로서 산업 표준을 제정하고 이를 산업계에 보급하기 위하여 한국 산업 규격(KS) 표시 허가 제도를 운영한다.

또, IEC, ISO 등 국제 표준화 단체의 활동에 참여하여 국제 표준의 제정에 우리나라의 의견을 반영하고 국제 표준화 관련 자료와 정보를 국내 업계에 보급하고 있다.

표준화 단체 홈페이지 주소

- 국제전기통신연합(ITU) http://www.itu.org
- 국제전기표준회의(IEC) http://www.iec.ch
- 국제표준화기구(ISO) http://www.iso.ch
- 인터넷아키텍처위원회(IAB) http://www.iab.org
- 미국표준협회(ANSI) http://web.ansi.org
- 미국전기전자학회(IEEE) http://www.ieee.org
- 미국전자공업협회(EIA) http://www.eia.org
- 한국정보통신기술협회(TTA) http://www.tta.or.kr
- 기술표준원(ATS) http://www.ats.go.kr

3.6.3 주요 표준화 대상 분야

1. 국제표준화 추진 분야

지금까지 전기통신의 유선통신 분야는 CCITT에서, 무선통신 분야는 CCIR에서 표준화가 이루어져 왔으며, 정보기술 분야는 JTC1을 통해 주요 표준화가 이루어지고 있다. CCITT에 의해 추진되고 있었던 표준화 분야는 전기통신 서비스, 유지보수, 데이터 통신망, 텔레매틱스 서비스와 단말장치, 교환 및 신호방식, 전화망과 단말의 전송, 종합정보통신망 등이 있다.

CCIR에 의해 추진되고 있었던 표준화 분야는 주파수 스펙트럼의 이용 및 감시, 고정위성, 무선중계, 방송, 이동통신 등이 있고 각 분야별로 더욱 세분화된 수많은 표준화 대상이 존재한다.

이와 같이 기존의 CCITT와 CCIR의 표준화 기능을 통폐합하여 표준화 분야 ITUTSS를 신설하고 매 4년을 주기로 세계 전기통신표준화회의(WTSC)를 개최하여 표준을 제・개정하며, 신설된 자문반(TSAG; Telecommunication Standardization Advisory Group)의 권고를 기초로 ITU-TS권고로 승인하게 된다.

미국의 T1-위원회, 유럽의 ETSI(European Communication Standards Institute), 일본의 TTC(Telecommunication Technology Committee), 우리나라의 TTA(Telecommunication Technology Association), 그리고 호주・캐나다 등은 전기통신 표준의 신속한 제정과 협력을 강화하기 위해 ITSC(International Telecommunication Standards Conference)를 결성하였다.

2. 주요 선진국의 표준화 추진 분야

정보통신 주요 선진국들은 각기 자국의 상황에 따라 표준화를 추진하고 있는 분야가 있는데, 유럽 지역을 대표하는 전기통신 표준연구기관인 ETSI와 미국의T1 - 위원회, 그리고 일본의 TTC에서 중점적으로 추진하고 있는 표준화 분야에 대해 알아본다. 먼저 ETSI에서 최우선으로 표준화를 추진하기로 한 10개의 기술과제는 다음과 같다.

- IN, TNM, B-ISDN을 포함한 ISDN분야

- TE(Terminal Equipment)
- GSM(Global System for Mobile Communication)
- DECT(Digital European Cordless Telecommunication)
- ERMES(European Radio Message System)
- ONP(Open Network Provision)
- VSAT(Very Small Aperture Terminals)
- HDTV(High Definition Television)
- DAB(Digital Audio Broadcasting)
- RLAN(Radio Local Area Network) 등이다.

미국의 T1 - 위원회에서는 전기 통신망의 성능 및 품질, 망운용 및 관리, 서비스, 신호방식, 디지털 계층 및 동기화 등이 있고, 이외에도 N-ISDN, B-ISDN, IN, TMN, AVS 분야에도 활발한 표준화를 추진하고 있다.

일본의 TTC에서는 망간 신호방식, 망간 전송, IN, TMN, ISDN 사용자 인터페이스, PBX 접속, LAN 프로토콜, 무선 LAN, 텔레매틱, 부가통신망 서비스 및 상호접속, 음성, 오디오 부호화방식 등이다.

3. 우리나라의 표준화 추진 분야

우리나라의 경우는 정부전산망 및 주요 공중통신망에서 기본적으로 OSI 프로토콜을 채택하기로 함에 따라 OSI에 대한 표준화 작업이 활발하게 진행되고 있다. 이러한 표준화 작업은 한국전자통신연구소의 정보통신 표준연구센터와 개방형 컴퓨터 통신연구회가 방송통신위원회의 정책사업으로 정보통신 표준화사업을 본격적으로 추진하여 왔다.

3.6.4 표준안

1. 프로토콜의 표준화

통신분야의 국제적 표준화 기관으로는 국제표준화기구인 ISO가 국제전기통신 연합인 ITU가 있다. ISO에서는 이용자 측면에서, ITU에서는 망 사업자 입장에서 표준화를 주로 다루고 있다.

정보처리 분야의 표준화는 ISO와 IEC(International Electrotechnical Commission : 국제전기표준회의)가 함께 JTC1(Joint Technical Committee1)을 결성하여 표준화 작업을 공동으로 진행하고 있다.

한편, 국내 표준화 기관으로는 국가 기간 전산망 관련 기관인 한국전산원(NCA), 정보통신 표준관련 기술연구기관인 ETRI/PEC, 전기, 정보통신 단체표준 제정기관인 한국통신기술협회(TTA), 개방형 컴퓨터통신 연구회(OSIA) 등이 활동 중에 있다.

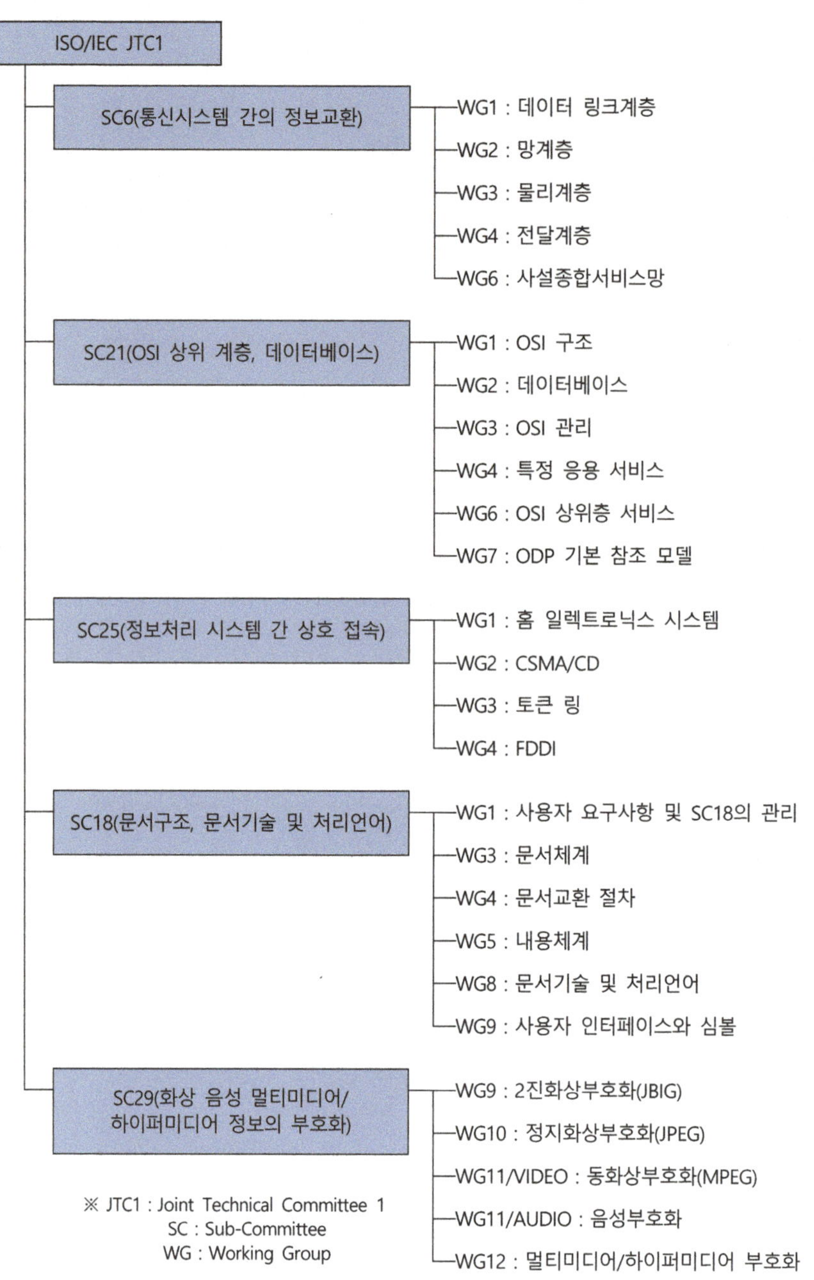

【그림 3-58】 ISO/IEC JTC1의 주요활동

【표 3.2】 V시리즈 권고안

번호	내용	
V.1	2진부호 시스템의 상호교환에 필요한 기호	
V.2	전화선을 이용한 데이터전송에 있어서의 출력신호의 전력레벨	
V.3	데이터의 메시지의 전송을 위한 국제전신부호 CCITT No.5 코드	
V.4	데이터와 메시지 전송을 위한 7단위 코드의 구조	
V.5	공중회선을 이용한 동기식 데이터 전송속도	600, 1200, 2400, 9600bps 등
V.6	공중회선을 이용한 동기식 데이터 전송속도	600, 1200, 2400, 3600, 4800, 9600bps 등
V.10	IC로 된 장치와 불평형 복류회로의 접속부의 전기적 요건에 관한 사항	
V.11	IC로된 평형복류회로의 접속부의 전기적 요건에 관한 사항	
V.15	데이터 전송을 위한 음향결합기에 관한 사항	
V.16	의료용 아날로그 데이터전송을 위한 변복조기에 관한 사항	
V.20	공중회선을 위한 병렬 데이터 전송용 변복조기에 관한 사항	
V.21	공중회선(교환회선)을 위한 200보오 변복조기의 규격	
V.22	공중회선(교환회선)을 통한 동기식 1200bps 변복조기	
V.22BIS	전용회선을 통한 동기식 1200bps 변복조기	
V.23	공중 회선을 위한 600/1200보오 변복조기	
V.24	데이터 터미널과 데이터 통신기기의 접속 규격	
V.25	공중회선을 이용한 자동호출 및 응답장치	
V.26	4선식 전용회선을 위한 2400bps 변복조기	
V.26BIS	공중회선을 위한 2400/1200bps 변복조기	
V.27	전용회선을 위한 4800bps 변복조기	
V.27VISV.27	전용회선을 위한 4800bps 변복조기	
TER	공중회선을 위한 4800/2400bps 변복조기	
V.28	불평형 복류 인터체인지 회로의 전기적 특성	
V.29	전용회선을 위한 9600bps 변복조기	
V.31	접점에 의해 제어되는 단류 인터체인지 회로의 전기적 특성	
V.35	60~108㎑ 군대역 회선을 통한 48kbps 데이터 전송	
V.36	60~108㎑ 군대역 회선을 통한 48kbps 동기식 변복조기	
V.37	60~108㎑ 군대역 회선을 통한 72kbps 이상의 데이터 전송	
V.40	전자기계식 기기의 에러지시에 관한 사항	
V.41	모든 코드에 사용이 가능한 에러 제어방식에 관한 사항	전자기계식 ARQ
V.50	데이터 전송의 전송품질을 위한 표준한계값	
V.51	데이터 전송을 위한 국제전화회선의 보전에 관한 사항	
V.52	데이터 전송에서의 의곡 현상과 에러율 측정	
V.53	데이터 전송용 전화회선의 유지보수에 관한 사항	
V.54	변복조기의 루프테스트 기기	DSU에 채택
V.55	데이터 전송을 위한 충격성잡음 측정기	
V.56	전화회선을 위한 변복조기의 비교 측정	
V.100	공중데이터 통신망과 일반 전화망간의 상호접속	

【표 3.3】 X시리즈 권고안

번호	내용
X.1	공중 데이터 네트워크에서의 국제이용자 서비스 분류
X.2	공중 데이터 네트워크에서의 국제이용자 서비스 설비
X.3	공중 데이터 네트워크에서의 패킷 분해 · 조립장치
X.4	공중 데이터 네트워크를 이용한 데이터 전송시 CCITT No.5코드의 구조
X.20	공중 데이터 네트워크에서 비동기 전송을 위한 DTE와 DCE의 접속 규격
X.20BIS	V.21과 호환성이 있는 공중 데이터 네트워크에서 비동기 전송을 위한 DTE와 DCE사이의 접속규격
X.21	공중 데이터 네트워크에서 동기식 전송을 위한 DTE와 DCE의 접속규격
X.21BIS	V시리즈와 동기식 변복조기에 맞게 설계된 DTE의 PDN에서의 사용
X.24	공중 데이터 네트워크에서 사용되는 DTE와 DCE 사이의 인터페이스 회로에 대한 정의
X.25	공중 데이터 네트워크에서 패킷형 터미널을 위한 DCE와 DTE 사이의 접속 규격
X.27	IC로 된 장치와 불평형 복류회로의 접속부의 전기적 특성
X.28	IC로 된 장치와 평형 복류회로의 접속부의 전기적 특성
X.29	동일 국내의 PDN에 연결하기 위한 DTE/DCE 접속
	패킷형 DTE와 PAD 사이에 제어정보 및 데이터 교환에 대한 절차
X.40	기초군(primary group)을 주파수 분할하여 전신과 데이터 채널을 만들기 위한 주파수변이방식의 표준화
X.50	동기식 데이터 네트워크 사이의 국제적 접속을 위한 다중화방법
X.51	10비트 envelope구조를 사용한 동기식 데이터 네트워크 사이의 국제접속을 위한 다중화방법
X.60	동기식 데이터통신방식에서 공동채널신호(이용자 부분)
X.70	비동기식 데이터 네트워크 사이의 국제회선에 스타트-스톱방식을 사용하기 위한 터미널 및 공중제어신호방식
X.71	동기식데이터 네트워크 사이의 국제회선에 분산된 터미널 중계제어신호방식
X.75	패킷교환 공중 데이터 네트워크 상호 간의 접속을 위한 노드 사이의 프로토콜
X.92	동기식 공중 데이터 네트워크에 대한 가상적 기준연결
X.95	공중 데이터 네트워크의 네트워크 파라메터
X.96	공중 데이터 네트워크의 call progress신호

【표 3.4】 X 400시리즈 권고안

권고	표제	내용
X.400	시스템 모델과 서비스 개요	MHS의 시스템 모델 및 메시지 전송 서비스와 개인간 메시지 통신 서비스의 서비스 요소의 정의를 수행한다.
X.401	기본 서비스 요소와 부가 사용자 기능	MHS가 제공하는 서비스 요소를 필수와 선택으로 분류하고 있다.
X.408	부호화 정보 형태 변환 규칙	MHS가 취급하는 메시지의 내용을 구성하는 IA5 문장, 텔레텍스 등의 부호화 정보 형태에 대하여 상호변환 규칙을 규정한다.
X.409	표현 전송구문 규칙과 기법	OSI 참조 모델의 응용계층에 사용하는 프로토콜 요소의 기법과 전송 데이터의 표현 형식을 규정한다.
X.410	원격 조작법과 고신뢰 전송 서버	MHS에 있어서 원격 조작법과 표현계층이하의 사용법을 규정한다.
X.411	메시지 전달계층	메시지 전달계층에서 메시지 전송 서비스를 제공하기 위해 사용되는 프로토콜(P1, P3)을 규정한다.
X.420	개인간 메시지 통신 에이전트계층	개인간 메시지 통신 서비스를 제공하기 위하여 개인간 메시지 UA간에서 사용되는 프로토콜(P2)을 규정한다.
X.430	텔레텍스 터미널의 액세스 프로토콜	텔레텍스 터미널을 MHS 액세스 프로토콜(P5)을 규정한다.

연습문제

01. 프로토콜에 대해 정의하시오.

02. 프로토콜의 구성요소에 대해 논하시오.

03. 컴퓨터 네트워크를 이루는 요소에 대해 기술하시오.

04. 네트워크 구조의 목적에 대해 기술하시오.

05. 프로토콜을 각각 분류하고 기능에 대해 설명하시오.

06. OSI 참조모델의 목적에 대해 기술하시오.

07. OSI 7계층의 각각의 기능에 대해 설명하시오.

08. OSI 7계층의 데이터단위의 구성에 대해 설명하시오.

09. OSI 7계층의 기본 구성요소 중 실체(entity)에 대해 정의하시오.

10. OSI 7계층의 기본 구성 요소 중 N-프로토콜을 정의하고, 그 목적에 대해 설명하시오.

11. OSI 기본 구성요소 중 서비스 프리미티브에 대해 설명하시오.

12. OSI 기본 구성 요소 중 접속(connection)의 개념에 대해 설명하시오.

13. OSI 7계층별 전송데이터 단위 중 SDU, PCI 및 PDU에 대해 설명하시오.

14. OSI 참조 모델에서 하위 계층의 개념에 대해 설명하시오.

15. 물리계층 프로토콜을 정의하고, 그 특징에 대해 설명하시오.

16. 데이터 링크계층의 프로토콜에 대해 정의하고, 그 기능에 대해 설명하시오.

17. 네트워크계층의 프로토콜에 대해 정의하시오.

18. OSI 참조모델에서 상위 계층에 대해 설명하시오.

19. 전달계층의 기능과 프로토콜에 대해 설명하시오.

20. 전달계층의 프로토콜에 사용되는 클래스의 특징에 대해 설명하시오.

21. 세션계층의 기능과 프로토콜에 대해 설명하시오.

22. 세션계층의 서비스에 대해 설명하시오.

23. 표현계층의 기능과 프로토콜에 대해 설명하시오.

24. 표현계층의 서비스에 대해 설명하시오.

25. 응용계층의 기능과 프로토콜에 대해 설명하시오.

26. 응용계층의 서비스에 대해 설명하시오.

27. 정보통신 표준화의 필요성에 대해 설명하시오.

28. 국제표준화 관련기구 중 국제표준화기구(ISO)에 대해 설명하시오.

29. 국제표준화 관련기구 중 국제전기통신연합(ITU)에 대해 설명하시오.

30. OSI 참조모델에서 최상위 계층에 대해 설명하시오.

[제 4 장]

데이터 통신망

4.1 통신망의 개요 및 구성

4.2 통신망의 종류와 특성

4.3 근거리통신망(LAN)

4.4 부가가치통신망

4.5 종합정보통신망

4.1 통신망의 개요 및 구성

4.1.1 통신망의 개요

통신망(communication network)이란 인간의 의사, 또는 기계나 장치에서 발신되는 데이터 정보 등의 정보 전달체계라 정의할 수 있으며, 전달수단으로서 전기적 수단을 사용하는 것을 전기통신망(telecommunication network), 또는 통신망, 네트워크이라 한다.

4.1.2 통신망의 구성

여러 기기들 간에 통신을 할 때 두 기기를 포인트-투-포인트(point-to-point)방식으로 직접 연결하는 것은 비현실적이다. 만약 기기가 다수일 때 각 기기마다 연결 장비를 갖춰야 되는 경우 통신 링크로 상호 연결된 방식을 토폴로지(topology)라 한다. 그림 4-1에서 각 기기는 포인트-투-포인트 링크로 연결되어 있다. 이것을 완전 연결(fully connected) 또는 그물 토폴로지(mesh topology)라 한다.

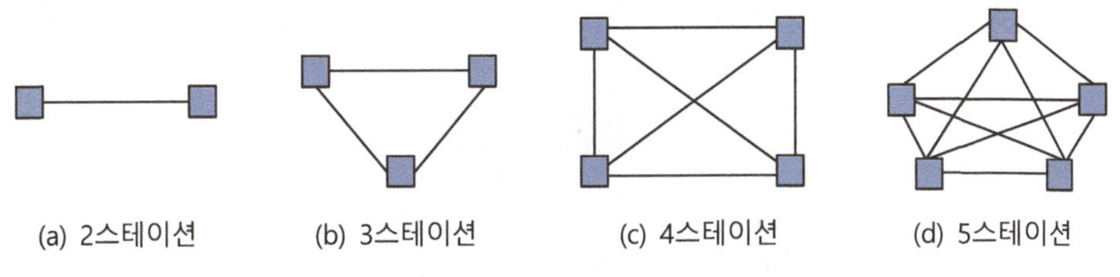

【그림 4-1】 완전연결 토폴로지

만일 N개의 기기가 있을 때 N(N-1)/2개의 전이중(full-duplex) 링크가 필요하고, 각 기기는 (N-1)개의 입출력 포트가 필요하게 된다. 그러므로 시스템의 비용은 케이블 및 입출력 하드웨어면에서 볼 때 증가하게 된다. 이런 문제점의 해결책으로 기기들을 통신망(communication network)에 연결한다. 이런 개념이 그림 4-2에 설명되어 있다.

스테이션(station)이라 하는 것은 통신에 이용되는 기기들의 모임을 가리키는 것으로 컴퓨터, 터미널, 전화 그리고 다른 통신 장치 등으로 구성된다. 각각의 스테이션은 네트워크 노드(node)에 접속된다.

스테이션을 접속하는 노드의 집합은 스테이션 쌍에 데이터 전송이 가능한 통신망의 경계이다. 통신망은 스테이션 간에 교환되는 데이터의 내용에는 관여하지 않고, 단지 근원지에서 목적지로 데이터의 이동만을 목적으로 한다.

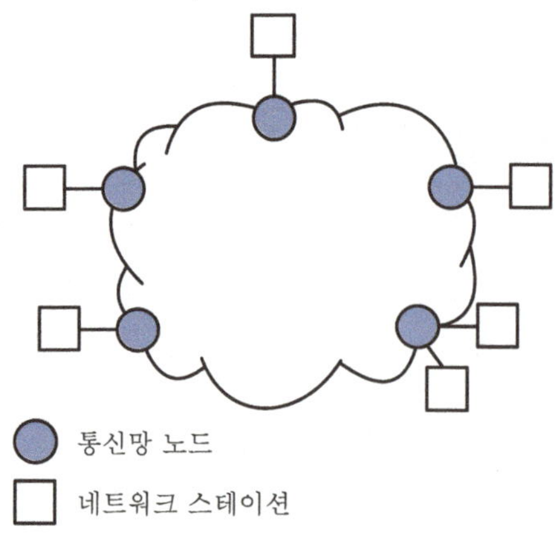

【그림 4-2】 통신망을 이용한 네트워크

1. 네트워크의 기본유형

네트워크는 컴퓨터와 터미널, 컴퓨터와 컴퓨터를 회선을 이용하여 공간적으로 구성하는 것으로 구성 형태는 다음과 같은 4가지로 구분한다.

▸ 망형(mesh) 또는 메쉬형

이 형태는 공중 통신 네트워크에 이용되며, 모든 단말이나 교환국 상호 간을 직통회선으로 연결시키고, 또한 터미널과 터미널을 통신 회선으로 연결시킨 형태로서 가장 많은 통신 회선을 필요로 한다.

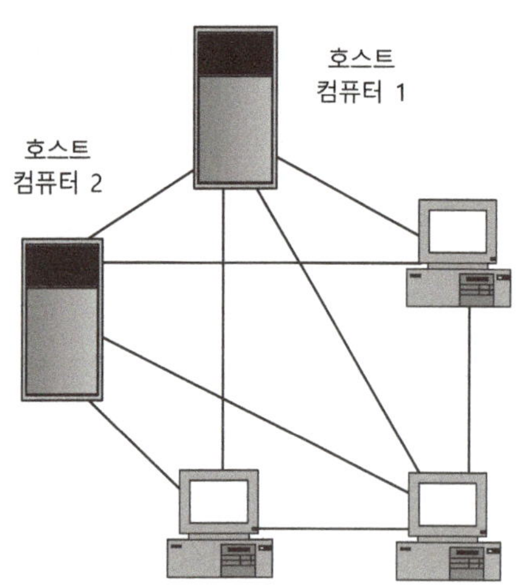

【그림 4-3】 망형(mesh)

이 형태의 장점은 다음과 같다.

- 통신 회선의 장애시에는 다른 경로를 통해서 데이터를 전송할 수 있다.
- 전송비용이 저렴하다.
- 근거리 통신망이나 트래픽이 많은 장거리에 사용되는 망이다.

▸ **링(ring)형 또는 루프(loop)형**

컴퓨터와 터미널의 연결은 서로 이웃하는 것끼리만 연결시킨 형태로서 양쪽 방향으로 데이터 전송이 가능하므로 통신 회선 장애시의 융통성을 가질 수 있으며, 전송매체나 단말장치의 고장발견이 용이하다.

또한 모든 통신 제어는 컴퓨터의 폴링에 대한 제어를 받는다. 이 형태는 근거리 통신망에 이용되고 각 단말장치는 평등한 통신망 서비스가 가능하고, 분산이나 집중 제어 등의 방식이 가능하다.

▸ **트리(tree)형**

중앙에 컴퓨터가 있고, 일정 지역 터미널까지는 하나의 통신 회선으로 연결시키며 그 이웃하는 터미널은 일정 지역에 설치된 터미널로부터 다시 연결되는 구성 형태이다.

이 방법은 성형보다 통신 회선을 많이 필요로 하지 않으며, 일정 지역에 설치된 터미널을 컴퓨터로 대치시켜 분산 처리 시스템으로 변경할 수 있다.

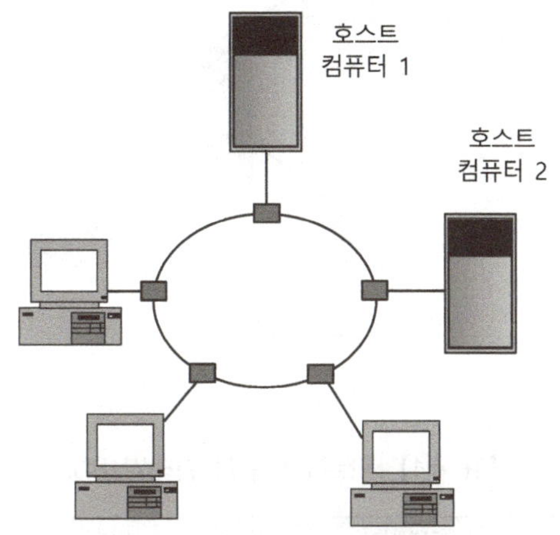

【그림 4-4】 링형

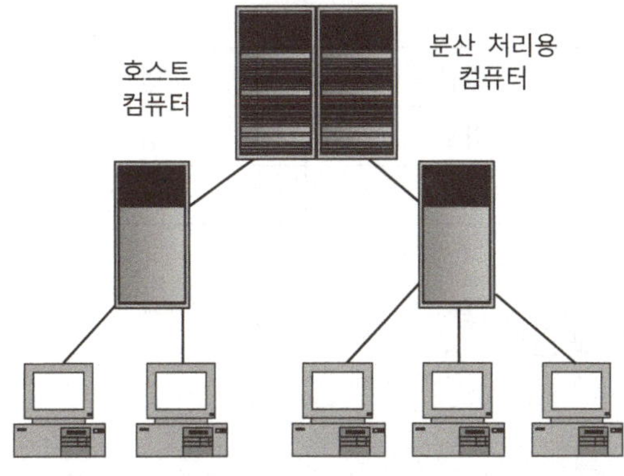

【그림 4-5】 트리형

▸ **성형**(star)

성형은 중앙에 컴퓨터나 교환기가 있고, 그 주위에 터미널을 분산시켜 연결시킨 형태이다. 중심이 되는 곳에 중계 교환기능을 부가하고 여기에 중계회선을 집선하여 대군화 효과에 의한 전송의 트래픽 처리 능률을 높이는 회선망이다.

컴퓨터와 터미널의 연결은 별개로 모든 통신 회선을 필요로 하므로 통신 회선을 대단히 많이 필요로 하며 모든 통신 제어는 컴퓨터에 의해 행해지고 있다. 이 형은 네트워크의 가장 기본적인 형태이며, 일반적인 온라인 시스템의 전형적인 방법이다. 이 망은 집중제어형으로 보수 및 관리가 용이하고, 고장 발생시 고장 지점의 발견이 쉽다. 또한 각 단말의 전송 기능을 간단히 할 수 있다.

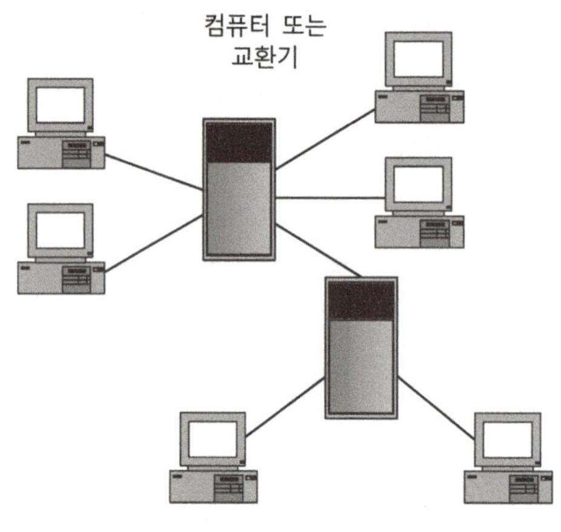

【그림 4-6】 성형

【표 4.1】 네트워크 구성 형태별 비교

구성형태	망형	링형	성형
중계회선 수	$\frac{n(n-1)}{2}$	n	$(n-1)$
링크 수	1	n/4	2
경제성	없음	양호	양호
신뢰성	양호	양호	없음
네트워크 제어	없음	보통	양호

2. 포인트-투-포인트와 멀티포인트

▸ **포인트-투-포인트**

포인트-투-포인트(point-to-point)방식은 중앙의 컴퓨터와 터미널이 일대 일로 독립적으로 연결되는 가장 단순한 방법으로 만약 여러 대의 터미널인 경우에도 각각을 일대 일로 연결하므로 컴퓨터나 터미널에 언제든지 전송을 할 수 있으며, 데이터 통신뿐만 아니라 일반 전화회선 및 텔레타이프나 전신에 의한 정보전송시에도 이용되는 방식이다.

사용되는 통신 회선은 그림 4-7과 같이 전용 회선을 사용하는 방법이 있고, 장점으로는 전송되는 정보량이 대단히 많을 때 유리하며 고장 발생 시의 유지 보수가 유리하다.

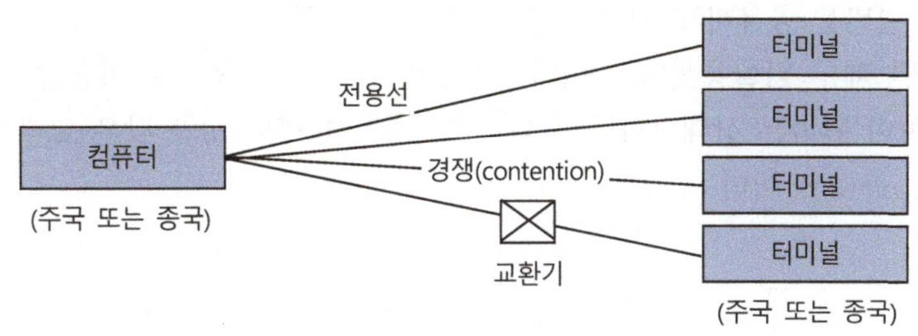

[그림 4-7] 포인트-투-포인트방식

▸ **멀티포인트**

두 개 이상 다수의 터미널이 하나의 통신 회선에 연결되어 정보의 송수신을 수행하는 방식이다. 멀티포인트 방식에 있어서 터미널의 선택은 제어 컴퓨터에 의한 폴링방법을 이용하며, 터미널은 폴 신호를 수신하여 자기 번호와 비교 후에 선택되어져 데이터 전송이 행해진다.

멀티포인트방식에서 사용되는 터미널은 주소 판단 기능과 데이터 블럭을 잠시 기억할 수 있는 메모리 확보와 같은 약간의 지능을 가져야 한다. 멀티포인트방식은 소량의 데이터가 분산되어 있을 때에는 효과적이고, 통신 회선의 사용료 경감은 좋으나 고장 시에는 유지 보수가 힘들다.

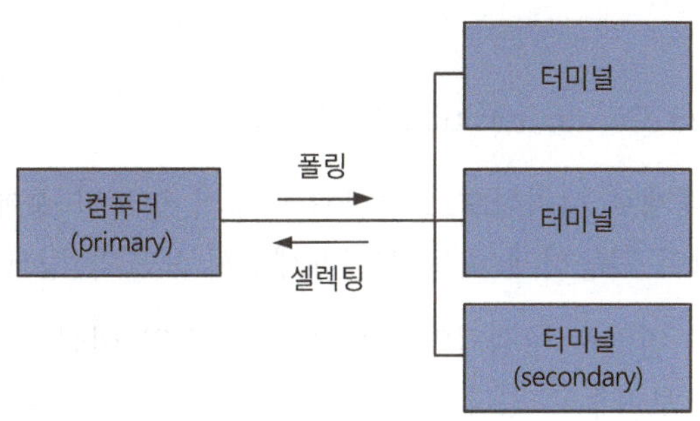

[그림 4-8] 멀티포인트방식

4.2 통신망의 종류와 특성

통신망은 스테이션 사이에 교환되는 정보의 이동을 목적으로 하고, 통신망을 사용하면 여러 스테이션 사이의 통신 설비를 공유하게 되어, 스테이션의 연결 시 드는 비용을 경감시킬 수 있다. 그림 4-9의 (a)와 같으면 매우 비실용적일 것이다. 따라서, 중앙에 공동으로 이용할 수 있는 교환 장치를 두고, 이를 통하여 원하는 상대방과 통신을 하는 그림 4-9의 (b)와 같은 교환 연결이 바로 통신망(communication network)이다.

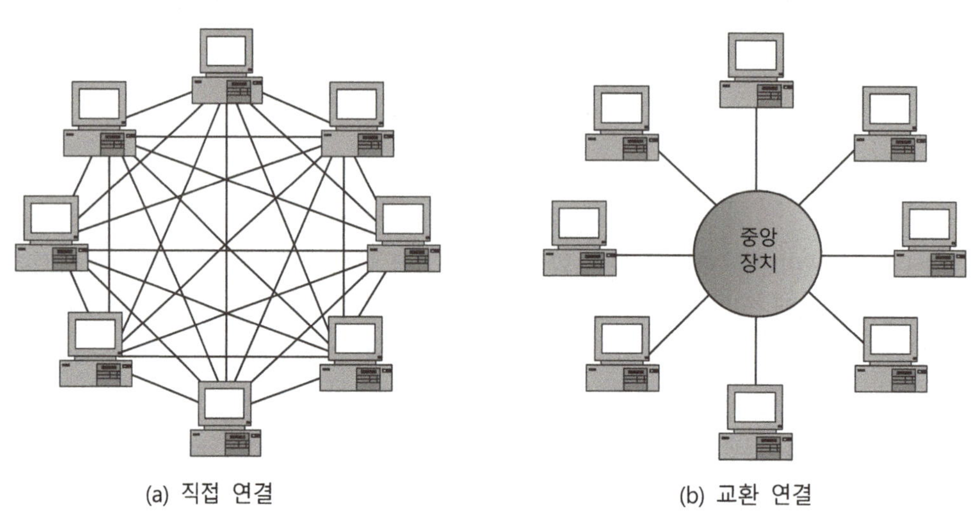

【그림 4-9】 통신망 연결방법

4.2.1 교환통신망(Switched Communication Network)

교환통신망은 정보의 전달체계로 지역적으로 분산된 다수의 정보원 중에서 둘 이상의 정보원간을 결합시켜 상호 간 정보교환이 가능하게 하는 전달매체로서 노드와 링크간의 집합이라 한다.

이 통신망은 노드들의 상호 연결로 구성되며, 정보는 통신망의 어떤 경로를 통해 전송된다. 그림 4-10은 일반적인 교환망을 보여주고 있다.

이 노드의 목적은 데이터가 최종 목적지로 전달될 때까지 노드에서 노드로 전달하는 교환기능을 제공한다.

즉, 교환망을 회선(circuit), 메시지(message), 패킷(package)으로 분류하는 기준은 정보를 송신측에서 수신측으로 보낼 때 한 노드에서 다른 노드로 정보를 교환하는 방법에 의한 것이다.

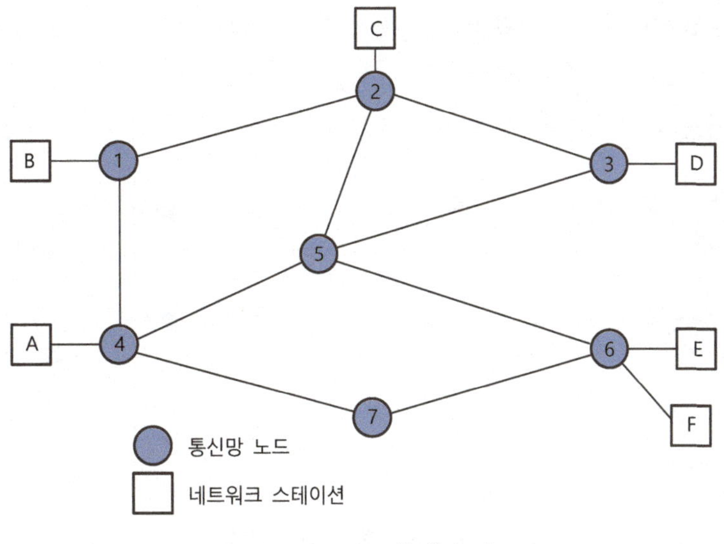

[그림 4-10] 교환망의 예

1. 회선교환망(circuit switching network)

통신을 원하는 두 스테이션 사이에 통신을 할 수 있는 경로가 미리 제공되는 경로를 회선교환이라 한다. 회선교환방식은 회선개설(circuit establishment), 데이터전송(data transfer), 회선해제(circuit disconnect)의 3단계 과정을 거친다.

▸ **통신망의 종류와 특성**

- 회선개설과정은 상대방의 주소정보를 이용하여 상대측과의 연결을 교환기에 요구하는 과정으로 교환기들은 경로배정 알고리즘에 따라 회선을 확보하여 경로를 완성한다. 회선개설이 끝나면 데이터를 송·수신한다. 어느 한쪽이 연결해제를 요청하면 경로를 따라 각 교환기에 해제신호를 전달하여 회선을 해제한다.
- 회선교환방식은 비교적 연속적인 흐름을 내포하는 데이터를 교환(data exchange)하고자 할 경우에 적절하게 사용되는 기법으로 전화교환망이 그 대표적인 예이다.

회선교환망의 중요한 특성은 다음과 같다.

- 데이터를 보내기 전에 경로를 찾아 연결하기 위한 준비 작업에 따른 시간적인 지연(delay)이 요구된다. 경로의 연결이 이루어지기 위해서는 경로상의 각 회선이 모두 비어 있어야 하므로 회선교환방식은 발신지와 수신지간의 연결을 확립하는데 시간을 많이 필요로 한다.
- 전송 시작 전에 전체 경로가 확보되어야 하고 전송이 없더라도 경로의 일부 혹은 전부가 할당되어야 하기 때문에 회선 교환은 네트워크 자원을 많이 사용하게 된다. 일단 회선이 형성되고 나면 망은 두 사용자에 투명하게(transparent) 연결되어 있으며, 정보전송이 생길 때마다 경로가 확보될 때까지 대기할 필요가 없다. 통신 제어를 위한 오버헤드(overhead)가 적다.

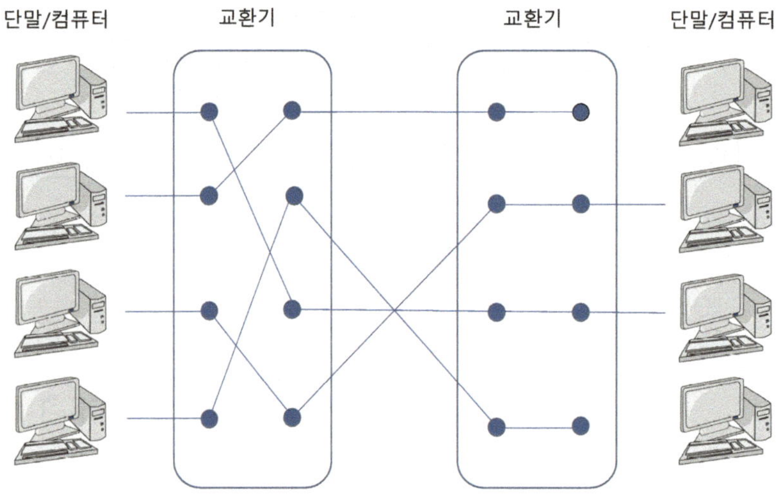

【그림 4-11】 회선 교환 방식

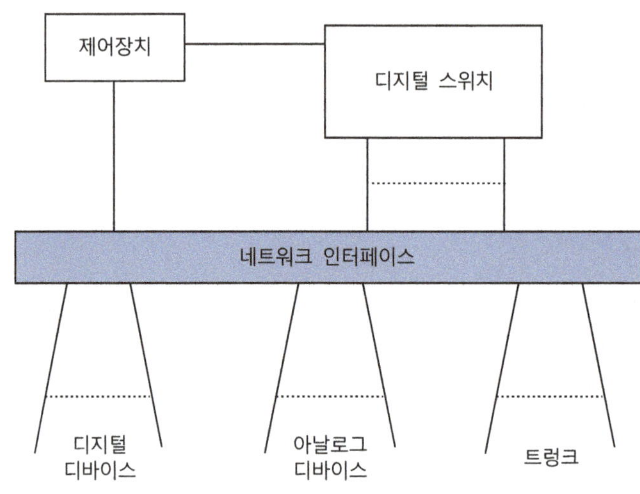

【그림 4-12】 회선교환의 구성요소

회선교환망은 회선이 고정적으로 할당되지만 만약 회선이 고정적으로 할당되지 않을 경우에는 대량의 데이터가 교환기에 밀려들면 회선의 용량이 초과되기 때문에 정보가 손실될 수 있다. 그러므로 연속적인 대량의 데이터를 전송할 경우에는 회선교환이 더 좋은 방식이 된다.

- 회선교환망은 전용의 통신로가 통신망의 노드를 통해 두 개의 스테이션 사이에 설정된다. 통신로는 각 링크 상에서 하나의 논리적 채널이 접속을 위해 할당되고, 각 노드는 데이터를 적절한 출력 채널로 경로배정하거나 교환한다.
- 정보의 형식 등에 제약이 적다. 즉시성 정보 교환에 적합한 방면에 회선의 사용 효율이 다른 통신망에 비해 떨어지나 디지털방식에 의해 고속의 정보통신이 가능하다.

2. 메시지교환망(message switching network)

메시지교환망에서는 두 스테이션간에 어떤 경로가 미리 제공될 필요가 없다. 한 스테이션에서 다른 스테이션으로 메시지를 보내려고 할 경우, 메시지에 목적지 주소를 첨부하여 보내면 된다. 각 노드에서는 전체 메시지를 모두 수신한 다음, 버퍼 속에 잠시 저장하고 있다가 다음의 노드로 전송한다.

이 방식은 교환기가 일단 호출자의 메시지를 받았다가 피호출자에게 보내주는 방식으로 전신교환 방식이 대표적인 예이다.

- 메시지 시작 부분에 주소를 만들어 넣고 송신하여 이 메시지를 교환국에 축적시킨다. 축적된 메시지는 가까운 스테이션이 사용 가능한 상태가 되면, 다음 스테이션에 전달되어 축적된다.
- 메시지는 각 노드에서 메시지의 모든 비트를 받는 데 필요한 시간만큼 지연되고, 다음 노드로 전송할 기회를 얻기 위하여 기다리는 대기지연(queueing delay)이 더해진다. 이 방식을 축적 후 전달(store and forward)이라 한다.

이 방식은 전송로를 효과적으로 이용할 수 있으며, 적은 비용으로 네트워크를 구축할 수 있다. 한 개의 메시지를 동시에 여러 곳의 단말장치로 보낼 수 있으며, 정보전송량이 갑자기 많아질 경우에는 축적 기능을 이용해서 혼란을 피할 수 있다. 이 방식은 속도와 코드 변환을 수행할 수 있기 때문에 코드와 속도가 다른 단말 장치끼리도 메시지 교환이 가능하며, 메시지에 우선순위를 줄 수 있다.

메시지교환방식의 단점

- 실시간처리(real time processing)에 적합하지 않다. 네트워크를 통한 지연이 상대적으로 길기 때문에 대화식 터미널 호스트간의 연결에 부적합하다.
- 메시지교환망은 전신 시스템에서처럼 일방적인 메시지의 전달이 주목적이기 때문에 빠른 응답시간(response time)이 요구되는 응용에는 적합하지 못하다.

메시지교환방식의 장점

- 메시지를 축적한 후 전송이 가능하기 때문에 전송로를 효과적으로 이용할 수 있다. 한 개의 메시지를 동시에 여러 곳의 단말 장치로 보낼 수 있다. 정보전송량이 갑자기 많아질 경우에는 축적기능을 이용해서 혼란을 피할 수 있다.
- 메시지 교환망은 속도와 코드 변환을 수행할 수 있기 때문에 코드와 속도가 다른 단말 장치끼리도 메시지 교환이 가능하다. 메시지에 우선순위를 줄 수 있다. 메시지 분실을 막기 위해서 메시지 번호, 전송 날짜, 시간 등을 메시지에 추가해서 전송할 수 있다.

3. 패킷교환망(packet switching network)

패킷교환방식은 축적교환방식(store and forward switching)의 하나로, 회선교환방식과 메시지교환방식의 단점을 최소화시키고 장점을 살려 접속시키는 방법으로 터미널-터미널 또는 컴퓨터-컴퓨터간의 통신에 사용된다.

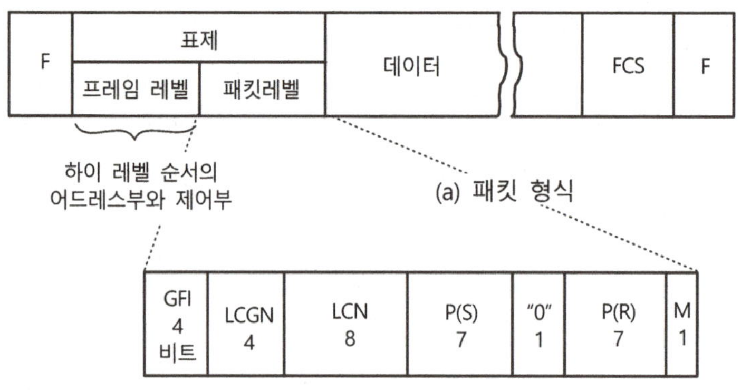

(b) 패킷 레벨의 표제 형식

F : 플래그 시퀀스 FCS : 프레임 검사 시퀀스 GFI : 형식 식별정보
LCGN : 논리채널 그룹 번호 LCN : 논리채널 번호 P(S) : 송신 시퀀스 번호
P(R) : 수신 시퀀스 번호 M : 모어 데이터 회로

【그림 4-13】 패킷 형식의 예

패킷교환방식은 송신 DTE에서 보낸 데이터를 교환기에서 축적한 다음 네트워크 상으로 고속 전송하여 수신 DTE에 도달하게 하는 방식으로, 이때 네트워크 상에서 전송되는 정보를 일정 크기의 블록으로 나누고, 각 블록의 앞부분에는 행선지 정보, 에러 제어정보, 순서 번호 등 전송에 필요한 정보를 포함하는 헤더를 붙이는데 이와 같이 헤더가 붙은 데이터 블록을 패킷(packet)이라고 한다.

패킷교환방식은 메시지교환방식과 비슷한데, 근본적인 차이는 네트워크를 지나는 데이터 단위의 길이가 패킷교환방식에서는 제한된다는 것이다.

즉, 메시지교환방식에서는 전문의 길이에 제한이 없고, 교환기는 긴 메시지를 저장하기 위해서 보조 기억 장치를 구비하여야 한다.

메시지의 길이가 길기 때문에 오랜 시간 동안 회선을 점유할 수 없고, 이런 이유로 해서 짧은 시간을 필요로하는 대화형 시스템에서는 메시지교환방식을 사용할 수 없다. 반면에 응답 패킷교환방식에서는 메시지 길이가 제한되어 있기 때문에 일정 길이를 초과하는 메시지는 몇 개의 형태로 분할된 후에 전송된다.

이러한 분할된 일정 길이의 형태를 프레임(frame), 블록(block), 또는 패킷(packet)이라 부른다. 패킷의 길이는 경우마다 다르고, 일정하게 정해진 길이보다 짧은 패킷으로 전송되는 경우도 있다.

패킷교환에서 스트림(stream)을 처리하는 데에는 데이터그램(datagram)과 가상회선(virtual circuit) 두 가지 방식이 있다.

▸ **패킷교환의 개념**

각 스테이션에서 송출된 데이터 메시지는 그 스테이션을 포함하는 중계 노드에서 버퍼에 축적된다. 패킷교환의 장점은 패킷 다중 통신방식을 교환기뿐만 아니라 교환기와 컴퓨터 등의 단말간의 패킷의 전송에도 적용된다는 것이다.

▸ **가상회선과 데이터그램**

패킷교환방식에는 가상회선(virtual circuit)방식과 데이터그램(datagram)방식의 두 가지 방식이 있다. 가상회선방식은 회선교환방식과 비슷하게 연결설정, 데이터전달, 연결해제를 통해 데이터를 전달한다. 설정된 연결을 통해 패킷이 전달되므로 패킷이 송신된 순서대로 수신지에 도달한다.

데이터그램방식은 연결설정 및 연결해제단계가 없이 각 패킷마다 헤더에 설치된 수신지주소를 기반으로 네트워크 내에서 라우팅된다. 교환기는 패킷별로 스위칭을 하므로 하나의 메시지에 속한 패킷들이 서로 다른 경로를 통해 수신지에 전달될 수 있다. 따라서, 송신된 순서대로 수신지에 도달하지 않는 경우가 발생될 수 있다. 이 경우에는 수신 호스트에 패킷의 순서를 재배치하는 기능이 필요하다. 연결 설정 과정 없이 데이터를 전달하므로 적은 양의 데이터를 빈번하게 전달하는 경우에 매우 효과적이다.

가상회선(virtual circuit)방식은 패킷이 전송되기 전에 발신 및 수신 DTE간에 논리적인 경로가 미리 성립되는 방식이다. 그래서 미리 확정된 경로상의 각 노드는 패킷이 전송되어질 방향을 알기 때문에 경로 설정이 필요 없다.

데이터그램(datagram)방식에서는 네트워크가 각 발신 DTE(Data Terminal Equipment)로부터 패킷을 인수받아 패킷을 각각 독립적으로 해당되는 수신 DTE로 전달하는 방식이다.

가상회선방식은 몇 가지 서비스 기능을 가지고 있는데 순서제어(sequencing), 에러제어(error control) 그리고 흐름제어(flow control) 등이 있다.

- 순서제어 : 원래의 보낸 순서대로 도착하게 하는 기능을 담당
- 에러제어 : 패킷이 적절한 순서로 도착하고, 또한 정확하게 도착하게 하는 기능을 담당
- 흐름제어 : 송신측이 수신측에게 데이터를 과도하게 보내지 않도록 하는 기능을 담당

데이터그램의 장점

- 경로를 만드는 데 필요한 시간을 줄일 수 있다.
- 전송할 패킷 수가 적은 경우에 유리하다.
- 융통성이 있다. 만약 네트워크의 한 부분에서 충돌이 일어나면 그 부분을 피해서 전송할 수 있다.
- 신빙성이 높다. 가상회선방식에서는 문제가 생기면 모든 패킷을 잃어버리게 되지만, 데이터그램방식은 손실되더라도 다른 경로로 전송할 수 있다.

가상회선의 예로 패킷 교환을 사용하는 공중 전화망(public telephone network)을 들 수 있다. 전화 거는 사람은 전화 다이얼을 돌려서 통화자간에 가상회선을 만들고 대화를 함으로써 데이터 패킷을 전달하고 전화를 끊음으로서 회선(circuit)을 없앤다.

데이터 그램의 예로 우편 시스템이 있다. 우편 시스템에서는 편지를 보낼 때 상대방 주소만 써 보낸다. 편지들은 제각기 다른 경로를 통해 보낸 순서에 관계없이 도착할 수 있다.

즉, 서울에서 부산으로 편지를 부칠 때 어떤 편지는 경부고속도로로 가고, 어떤 편지는 도로 상황을 보면서 경부고속도로에서 중부내륙고속도로 등을 거쳐 갈 수도 있다.

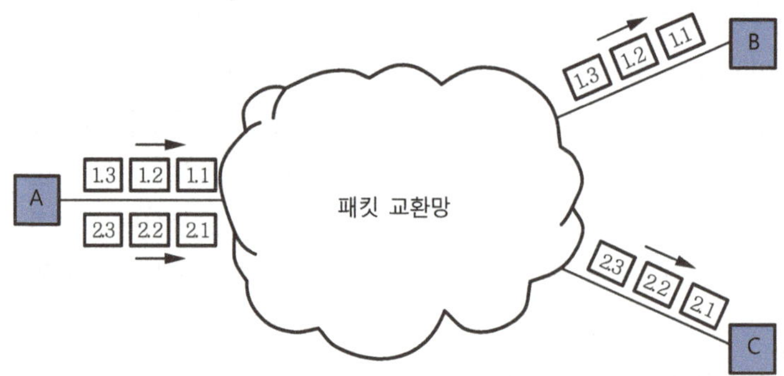

(a) 외부 가상회선 : 호스트 간에 논리적인 연결이 성립된다. 패킷들은 가상회선의 번호와 순서번호가 붙어 있고, 패킷들은 순서대로 도착된다.

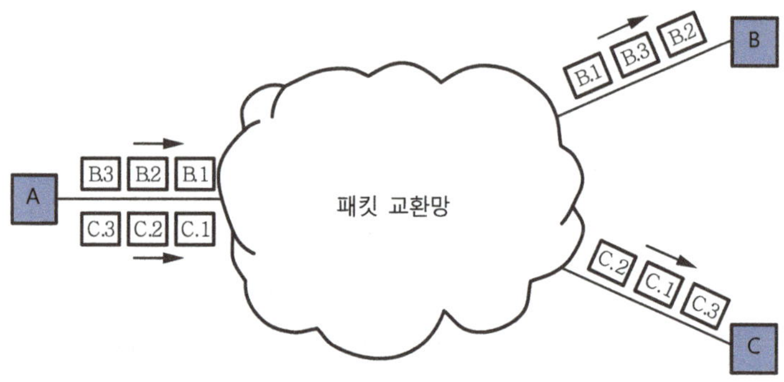

(b) 외부 데이터그램 : 각 패킷들은 독립적으로 취급되어 전송된다. 패킷들은 목적지 주소로 표시되어 있고, 순서가 맞지 않게 도착할 수 있다.

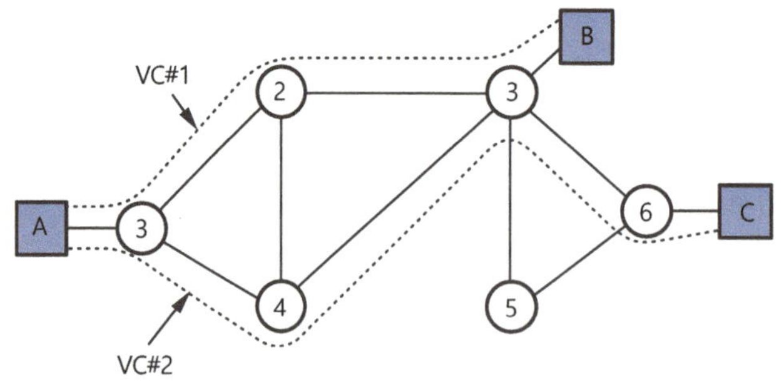

(c) 내부 가상회선 : 호스트들간에 패킷의 경로가 정의되고 표시된다. 모든 패킷들은 정해진 경로에 따라 순서대로 도착한다.

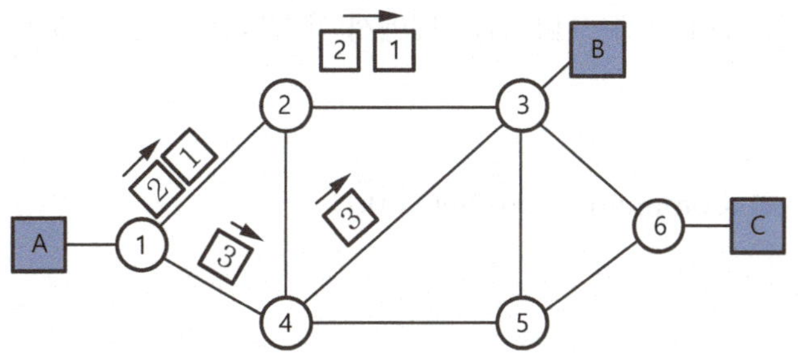

(d) 내부 데이터그램 : 네트워크에서 각 패킷들은 독립적으로 취급된다. 패킷에는 목적지 주소로 표시되어 있고, 순서가 맞지 않게 목적지에 도착할 수도 있다.

[그림 4-14] 가상회선과 데이터그램방식의 예

호스트와 서브네트간의 인터페이스를 '외부'라 하고, 서브네트 내의 정보전송을 '내부'라고 한다.

내부와 외부 그리고 가상회선과 데이터그램이 조합된 아래의 네 가지 상황이 있을 수 있다.

- 외부 가상회선, 내부 가상회선 : 사용자가 가상회선을 요청하면 고정경로가 구축된다. 모든 패킷들은 동일한 경로를 따른다.
- 외부 가상회선, 내부 데이터그램 : 외부 가상회선에서 패킷들은 순서 번호를 붙여 순서대로 보내지나 네트워크에서는 각 패킷들이 독립적으로 취급된다. 네트워크는 목적지에다 패킷들을 순서대로 전달하려고 노력한다.
- 외부 데이터그램, 내부 데이터그램 : 각 패킷들은 독립적으로 취급해 목적지까지 순서에 관계없이 각자의 경로대로 전달된다.
- 외부 데이터그램, 내부 가상회선 : 의미가 없는 방법이다. 네트워크에서 순서를 잘 전달하여도 외부에서 바뀔 수 있기 때문에 가상회선을 이루기 위한 노력이 허사가 되기 때문이다.

▸ 경로제어

특정의 행선지에 정보를 전송하기 위한 최적 경로를 선택하는 제어를 말한다. 여기서 최적 경로란 최단 경로로 전송 지연시간이 최소가 되는 경로든지 전송 비용이 최소가 되는 경로를 의미한다.

또한 경로제어는 발신지와 수신지가 직접 연결되지 않으므로 각 패킷을 네트워크를 통해서 노드에서 노드 사이로 정보를 전송하는 기능이다.

▸ 트래픽제어

트래픽제어는 네트워크내로 전송되거나 네트워크를 사용하는 패킷의 수를 통제한다. 그래서 네트워크가 병목 현상이 되는 것을 막고, 네트워크를 효율적으로 이용하는 것을 가능하게 한다.

▸ 에러제어

네트워크 내에서 패킷은 교통량 제어에 의해 링크의 실패, 코드의 실패, 목적지 스테이션의 실패에

의해서 손실될 수 있다. 에러제어는 네트워크 내에서 유실되는 패킷에 대해 제어하는 기능을 말한다.

4.2.2 방송망(Broadcast Communication Network)

1. 방송망의 형태

방송망은 교환통신망을 대신할 수 있는 좋은 방법으로 다음의 특성을 갖는다.

- 기본적인 구조로서 방송망에는 교환장치가 없다.
- 한 스테이션에서 전송되는 데이터는 네트워크의 다른 모든 스테이션에서 수신이 가능하다.
- 각 스테이션은 전송 매개체를 공유하기 때문에 호출제어기술이 필요하다.

방송망에는 구조적으로 교환장치가 없으며, 한 스테이션에서 전송된 데이터는 네트워크상의 다른 모든 스테이션에 의해 수신된다.

패킷 라디오 네트워크와 위성네트워크는 안테나를 통하여 정보전송이 이루어지며, 모든 스테이션은 같은 채널과 무선주파수를 공유한다.

그림 4-15 (a)에서 표현된 패킷 라디오 네트워크는 같은 통신 범위에 위치하며, 한 스테이션에서 다른 스테이션으로 직접 전송한다.

그림 4-15 (b)의 위성네트워크는 인공위성을 통해서 전송되며, 각 스테이션은 인공위성에 데이터를 전송하면, 인공위성은 그 정보를 여러 스테이션으로 재전송한다.

그림 4-15 (c)에서 표현된 버스형식 로컬 네트워크는 모든 스테이션이 공통의 도선이나 케이블로 연결되어 있어서 어떤 한 스테이션에서 데이터 전송이 있으면 이 데이터는 양 방향으로 전송되어 다른 모든 스테이션에서 받아 볼 수 있다.

그림 4-15 (d)에서 표현된 링(ring) 로컬 네트워크는 각 스테이션이 폐루프로 연결되어 있으며, 어떤 스테이션으로부터 데이터 전송이 있으면 그 스테이션에서는 정보를 받았다가 원하는 정보가 아니면 다음 스테이션으로 보내게 된다.

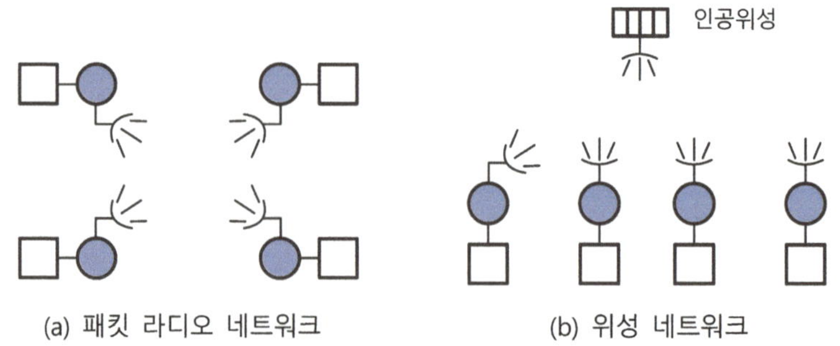

(a) 패킷 라디오 네트워크　　(b) 위성 네트워크

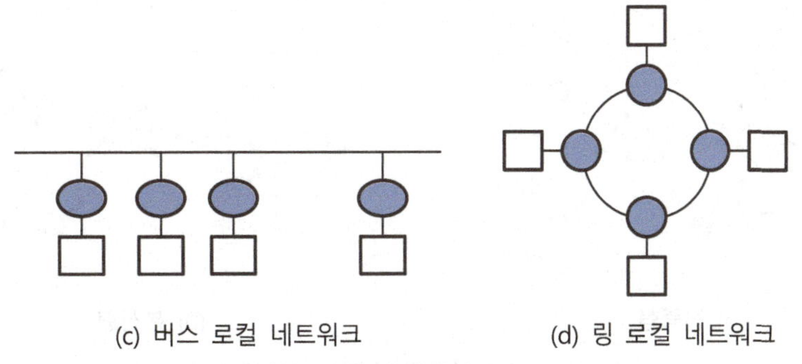

【그림 4-15】 방송통신망

2. 방송통신망(broadcast communication network)의 구성

▸ **패킷 라디오 네트워크**(packet radio network)

패킷 라디오 네트워크의 구조는 집중형(centralized)과 분산형(distributed)으로 분류된다. 집중형에서는 중앙 자원(central resources)에 연결된 한 개의 송수신기가 있고, 다른 모드 노드들은 중앙 노드만 통신한다. 그러므로 노드와 노드간의 통신은 중앙 노드에 의해 중재되는 간접 통신이다.스테이션은 안테나를 통해 송수신이 가능하고, 모든 스테이션은 같은 채널이나 라디오 주파수를 공유한다. 각 스테이션이 상대의 전송 범위 내에 위치하여, 직접 교신할 수 있다. 집중형 네트워크에서는 노드들이 개별적으로 한 채널로 패킷을 보내면, 중앙 노드는 다른 채널로 패킷들을 전송한다. 라디오 전송은 전방향적이기 때문에, 중앙 노드에서 전송되는 패킷들은 다른 노드에서 모두 수신 가능하다.

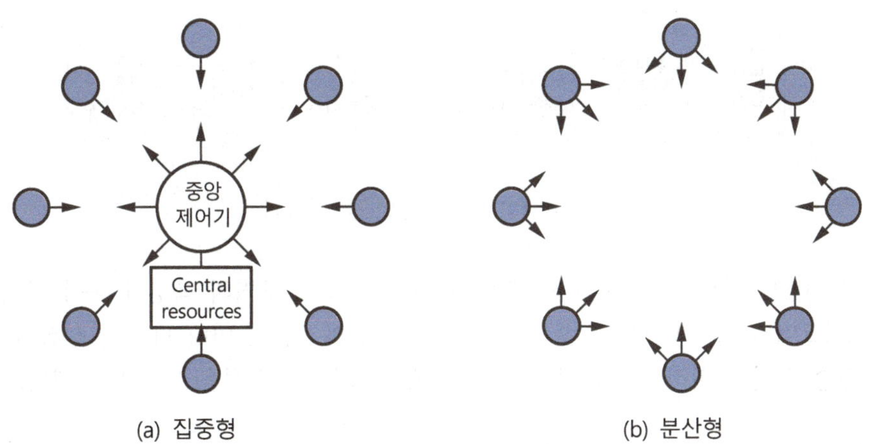

【그림 4-16】 패킷 라디오 네트워크의 구조

분산형 네트워크에서는 거리의 제한을 갖는데 이런 지역적인 제한을 극복하기 위해서 축적 후 전달 리피터가 쓰인다. 집중형 네트워크에서 리피터의 역할은 중앙 노드에서 패킷들을 받아서 먼 거리의 노드에 재전송하는 것이다. 또한 먼 거리의 노드로부터 패킷을 받아서 중앙 노드로 보내기도 한다.

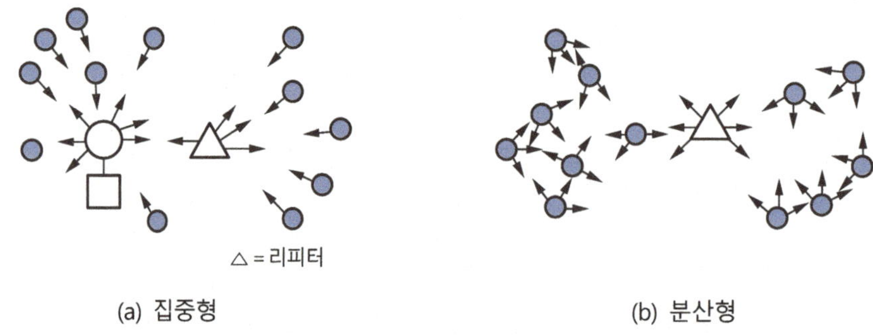

【그림 4-17】 리피터가 있는 패킷무선망

▸ **위성네트워크**(satellite network)

위성네트워크에서는 데이터가 직접적으로 송신기에서 수신기로 전달하지 않고 위성의 중계를 거쳐야 한다. 각 스테이션은 위성으로 전송하고, 위성으로부터 수신하는 형태이다. 위성통신계는 통신위성과 지구국으로 구성되고, 지상통신계는 제어 프로세서와 네트워크 관리 센터와 터미널/호스트, 지구국에서는 터미널/호스트와의 거리에 의한 접선 장치로 구성된다. 여기서 지구국(earth station)은 위성으로의 직접 통신링크를 가지는 스테이션을 말한다.

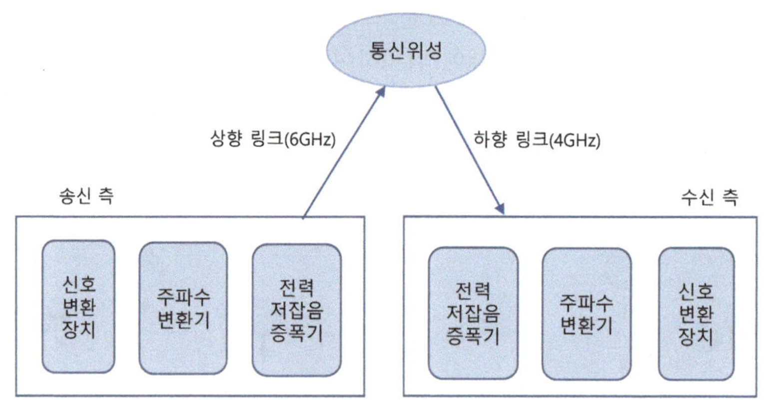

【그림 4-18】 위성통신의 중계 과정

네트워크 관리 센터는 제어프로세서에서 송출되는 네트워크 트래픽의 특성과 동작 상태를 감시한다. 위성네트워크에서 위성회선은 전송 지연이 크기 때문에 재전송이나 데이터 전송이 매우 느리다. 그래서 전송 채널을 미리 확보해야 하기 때문에 가능한 한 재전송을 줄여야 한다.

위성통신의 장점

- 안정한 대용량의 통신이 가능하다.
- 광범한 지역 및 해역에 있어서 고정업무 및 이동업무를 할 수 있다.
- 창설비, 운용비 및 보수비가 통신거리와 무관하다.
- 다원 접속이 가능하다.

위성통신의 단점

- 전파시간이 길기 때문에 지연시간이 문제가 된다.
- 방해에 약하다.

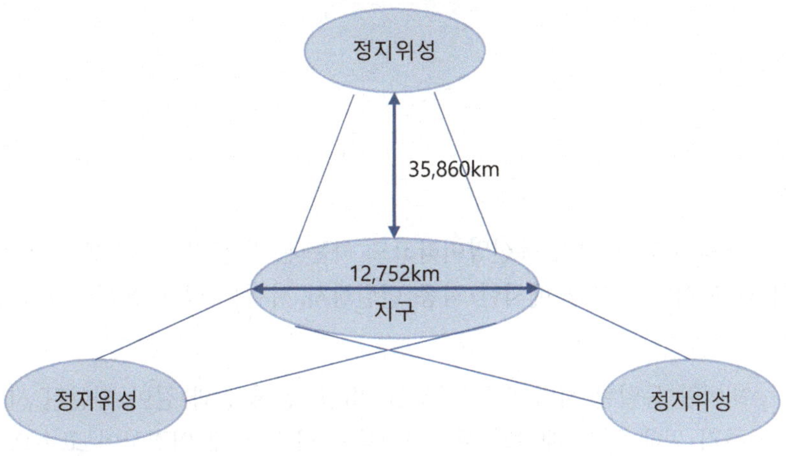

【그림 4-19】 정지궤도 위성통신의 예

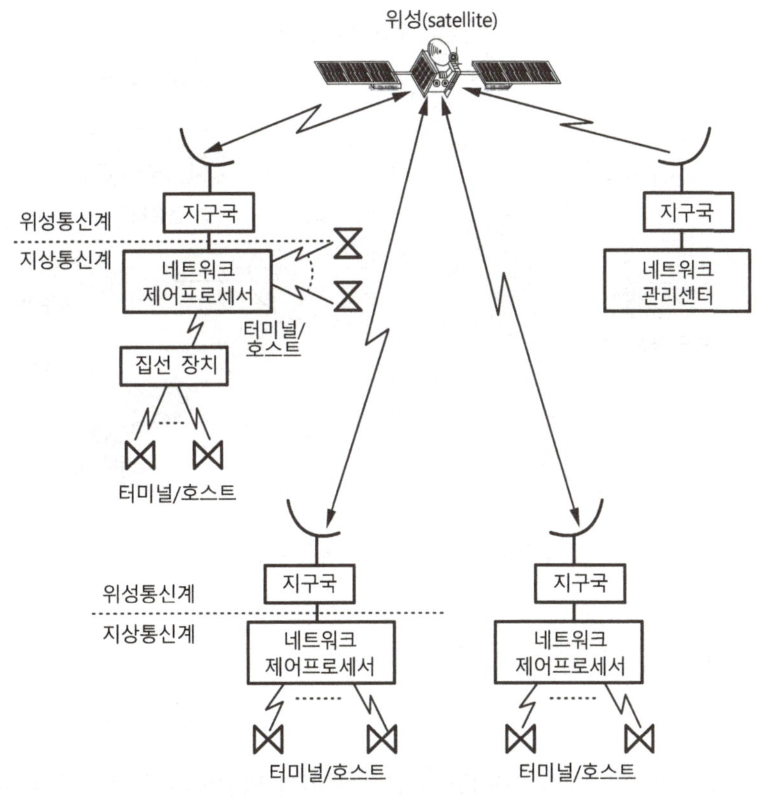

【그림 4-20】 위성통신 네트워크의 구성

4.3 근거리통신망(LAN)

4.3.1 개요

1. LAN의 출현

LAN(Local Area Network)은 근거리 통신망이라고도 하는데, 동일 빌딩 내 또는 동일한 구내 등 기업 내의 비교적 좁은 지역에 분산 배치한 각종 단말장치 사이를 상호 통신하기 위한 구내통신 네트워크이다.

근거리 통신망(LAN)이란 동일한 지역 또는 사무실, 빌딩, 공장 등과 같이 제한된 지역 내에서 발생하는 정보를 처리하기 위해 분산 배치된 통신기기들을 상호 간에 연결하여 고속으로 각종 정보를 교환하게 하는 일종의 구내 통신 서비스이다.

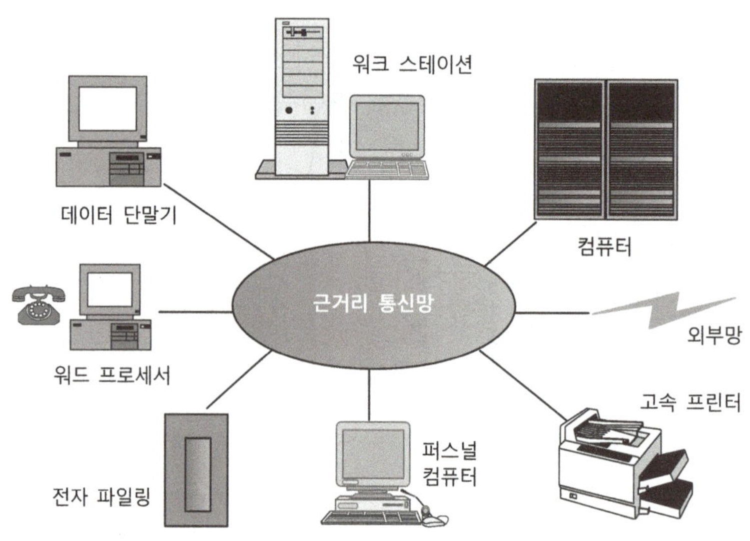

【그림 4-21】 근거리 통신망(LAN)

2. LAN의 정의와 효과

▸ **LAN의 정의**

근거리통신망(LAN; Local Area Network)이란 인접한 지리적 범위에서의 데이터 통신망을 말하는데, 통상 패킷(packet) 통신망이다. 또한 값싼 전송매체를 이용하여 광대역통신을 수행하고, 사무실이나 공장 내의 통신이 효과적이면서도 경제적으로 행해질 수 있도록 한다.

IEEE 컴퓨터 표준위원회에서는 LAN을 "다수의 독립된 컴퓨터 기기들이 비교적 한정된 지역 내에서 에러율이 낮고, 상당히 빠른 속도의 물리적 통신채널을 통하여 상호 간에 통신이 가능하도록 해주는 데이터 통신 시스템"이라고 정의하였고, William Stalling은 "LAN은 가까운 지역 내에서 다양한 데이터 통신기기의 상호연결을 제공하는 고속의 통신네트워크이다" 라고 정의하였다. 이 정의에 대한 부연설명은 다음과 같다.

▸ LAN의 효과

- 정보자원의 공유(resource sharing), 정보의 실시간처리, 정보 자원의 일관성
- 정보 처리 시스템의 비용 절감, 통합된 사무 자동화의 구축
- 다른 기종간의 통신(heterogeneous computer communication), N : N 접속 기능의 지원

3. LAN의 특징

- 단일 기관의 소유이고, 연결 경로가 짧고(0.1km ~ 25km), 경로제어(routing control)가 필요 없다. 네트워크내의 어떤 기기와도 통신이 가능하고, 에러율(10 - 8 ~ 10 - 11)이 매우 낮다.
- 광대역 전송 매체의 사용으로 고속 통신(0.1Mbps ~ 100Mbps)이 가능하고, 확장성과 재배치성이 좋다. 종합적인 정보 처리 능력(데이터, 영상, 음성)을 갖는다.

4. LAN의 구성요소

▸ CIU(Communication Interface Unit)

CIU는 통신망에 접속하기 위한 LAN의 구성요소이다. CIU로부터 매체까지의 실질적인 접속은 매체 엑세스 유니트(MAU)에 의하여 다양하게 이루어진다.

▸ BIU(Bus Interface Unit)

BIU는 노드의 내부 버스 또는 이에 해당하는 전기회로와 CIU 사이의 인터페이스이다.

▸ 네트워크 노드

LAN에서는 서로 다른 기능을 수행하는 여러 유형의 노드가 있는데, 이와같이 네트워크에 특정의 서비스를 제공하는 이런 노드들은 서버(Server)라고 한다.

- 경로설정 서버(Routing Server) : 유사한 구조의 노드와 통신망을 연결하는 시스템으로, 경로설정(Routing) 메시지를 확보하는 역할을 한다.
- 게이트웨이 서버(Gateway Server) : 서로 다른 LAN 사이, 동일 LAN상의 서로 다른 프로토콜을 가지는 기기들 사이, 또는 LAN과 다른 구조를 가지는 장거리 통신망 사이의 연결을 위해 사용된다.
- 터미널 서버, 프린트 서버(Terminal Server, Printer Server) : LAN상에서 호환성 있는 주변 기기들 사

이의 인터페이스를 제공하는 시스템으로 LAN상에서 EIA-호환 터미널과 라인 프린터 등의 프린터를 위한 연결을 할 수 있다.

- 파일 서버(File Server) : 파일 서버는 네트워크 노드들이 디스크와 같은 대용량 기억 장치를 공유할 수 있도록 해주며 또한 파일 저장, 재생, 전송 유지 기능을 쉽게 해준다.

5. LAN의 구성 장비

▸ 허브

허브는 LAN에서 제어장치를 중심으로 DTE가 있는 지점 간에 트리구조로 연결하는 장비이고, LAN끼리 연결하는데도 사용된다.

지능형 허브(Hub)는 브리지와 라우팅(Routing) 기능도 있으며 동일한 지역 내에서 다른 LAN을 구성할 수도 있다.

(a) 더미 허브 (b) 스위칭 허브

【그림 4-22】 허브의 예

▸ 리피터

리피터는 단말사이에 거리가 멀어질수록 감쇄되는 신호를 재생시키는 장비로, OSI 7계층 중 1계층인 물리계층에 해당하는 것으로 통신망 구조가 동일한 LAN을 연결할 때 사용한다.

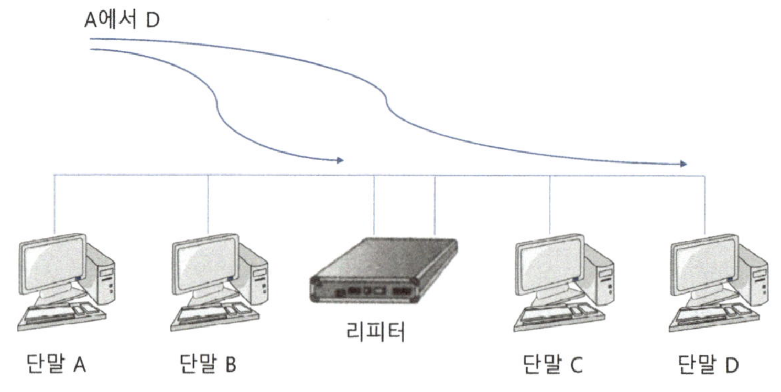

【그림 4-23】 리피터의 예

▸ 브리지

브리지는 LAN과 LAN을 연결하는 장비로, OSI 7계층 중 2계층인 데이터 링크계층에 해당한다. 브리지(Bridge)는 동일한 유형의 LAN을 연결할 수 있지만 서로 다른 LAN 세그먼트끼리도 연결할 수 있다. 브리지는 로컬(Local) 브리지와 리모트(Remote) 브리지로 구분된다.

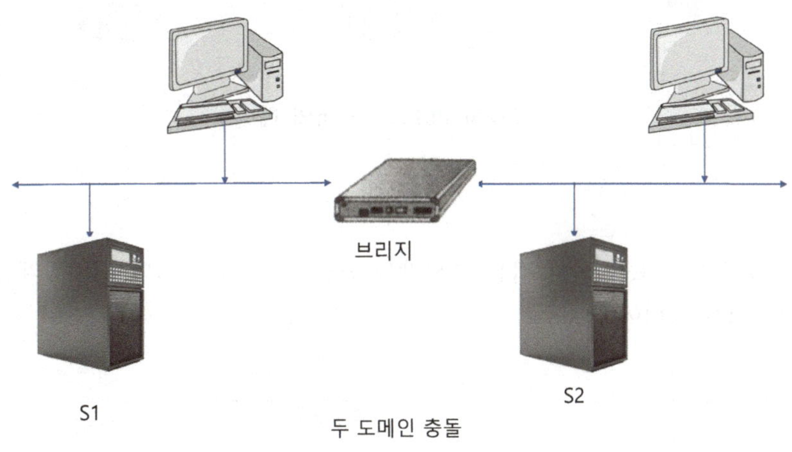

[그림 4-24] 브리지의 예

▸ 라우터

라우터는 구조가 다른 망끼리도 연결할 수 있으며, 전용회선을 이용해 LAN에 연결된 컴퓨터가 동시에 인터넷을 사용할 수 있게 하는 장비이다. 라우터는 OSI 7계층 중 3계층인 네트워크 계층에 해당되며, 근거리 통신망(LAN)과 광역 통신망(WAN)을 연결하는데 사용한다.

라우터는 정적(Static) 라우터와 동적(Dynamic) 라우터가 있다.

[그림 4-25] 라우터의 예

▸ 트랜시버

트랜시버는 동축케이블을 백본 네트워크로 사용하는 네트워크에서 서브 네트워크를 구성하려고 AUI 포트에 접속하는 네트워크 장비이다. 트랜시버는 실제 네트워크에 있는 회선에서 신호를 사용하고 근거리통신망 장비로 사용한다.

【그림 4-26】 트랜시버의 예

▸ **게이트웨이**

게이트웨이는 프로토콜 구조가 전혀 다른 통신망을 연결하는데 사용되며, OSI 7계층의 모든 계층을 포함하는 인터네킹 장비이다.

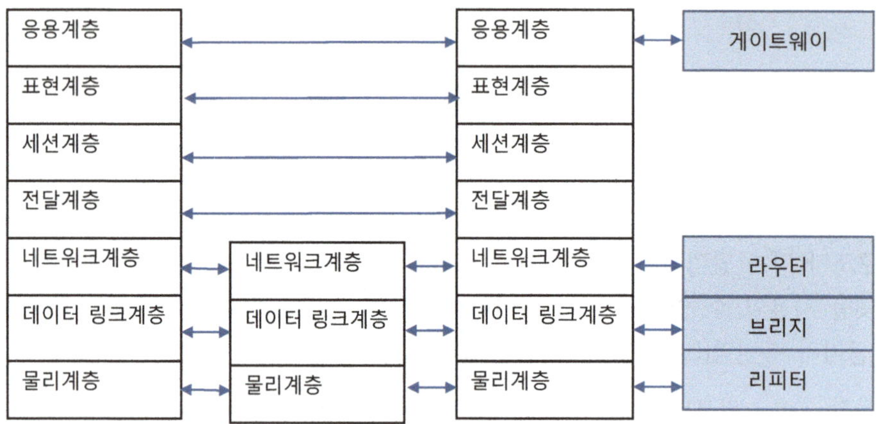

【그림 4-27】 네트워크 접속 장치와 OSI 7계층의 관계

6. LAN의 분류

▸ **토폴로지에 의한 분류**

- 스타(star)형 토폴로지 : 트래픽이 모두 중앙노드를 거쳐 중앙에서 부터 노드가 point-to-point로 연결되어 있으므로 여기에 과다한 부하가 걸리게 되며, 중앙 제어기 고장시는 전체시스템 운영이 불가능하고, 최초 설치 시 노력과 비용이 많다. 고장발견 및 수리가 용이하고, 고장의 파급효과가 적다.
- 링(ring)형 토폴로지 : 모든 노드들은 원형(closed loop)으로 연결되어 있고, 각 노드는 인접한 두 노드와 직접(point to point) 연결된다. 보내진 패킷들은 원을 따라 한 방향으로 흐르며, 목적지가 아닌 각 노드를 거칠 때마다 매번 재생되는 과정을 거친다. 잡음에 강하고 분산제어와 우선순위 부여 등의 제어기능이 있으며, 노드의 추가 및 변경이 어렵다. 또한, 한 노드의 고장 시 복구의 어려움이 있다.

- 버스(bus)형 토폴로지 : 다수의 노드들이 버스에서 T자형으로 point-to-point로 연결되며, 버스와 각 노드의 연결은 Adapter를 거쳐 버스의 양 끝단에 Terminator를 둔다. 모든 노드들이 탭(tap)을 거쳐 버스로 불리는 구조를 갖으며, 어떤 노드에서 송신하고자 하는 패킷이 있으면, 이는 연결된 모든 노드로 전달된다. 각 노드에서는 패킷에 포함된 수신측 주소를 확인하며, 이 주소에 해당되는 노드만 자신으로 보내지는 패킷임을 인지하고 이를 받아들인다. 설치비용이 적고 한 기기의 고장 파급 효과가 적다.
- 트리(tree)형 토폴로지 : 버스가 확장된 형태로 CATV망에서 이용되는 방식이다. 헤드앤드(headend)라는 원점에서 한 개 이상의 케이블 가닥이 뻗어 나오고, 이들 하나 하나가 다시 한 개 이상의 가닥으로 갈라지는 형태이다.

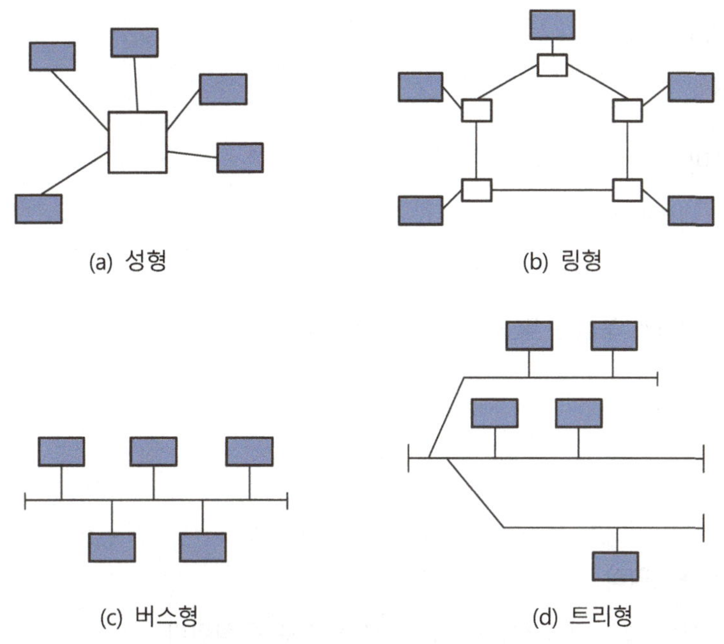

【그림 4-28】 LAN의 기본적인 토폴로지

▸ **전송매체에 의한 분류**

- 트위스티드 페어 와이어(twisted pair wire) LAN : 비교적 저속도의 전송에 사용되고, 수 Mbps까지의 데이터 전송률이 수행된다.
- 기저대역 동축 케이블(baseband coaxial cable) LAN : 디지털 신호를 변조하지 않고 전송하며, 하나의 건물 안에서 1 ~ 10Mbps의 속도를 얻을 수 있다. 거리를 좁히고 네트워크에 부착되어 있는 장치의 갯수를 줄여주면 50Mbps까지의 데이터 전송률을 얻을 수 있다.
- 광대역 동축 케이블(broadband coaxial cable) LAN : 모뎀(modem)을 이용하여 아날로그 신호를 전송하며, 하나의 데이터통로를 사용할 때 1 ~ 10Mbps의 속도를 얻을 수 있고, 최고 20Mbps까지의 전송률을 낼 수 있다.

- 광섬유 LAN : 가늘고 유연성이 있는 전송매체로 빛이 전반사하도록 하여 투과시킬 수 있다.

▸ **전송방식에 의한 분류**

- 기저대역(baseband) LAN : 변조를 하지 않고 디지털 정보를 직접 전송하는 LAN으로 통신이 용이하고, 경제적인 것이 특징이다.
- 광대역(broadband) LAN : 통신로를 여러 개의 주파수 대역으로 나누어 쓰는 방식으로 데이터 이외에 영상, 음성 등도 함께 전송이 가능하다.

▸ **엑세스방법에 의한 분류**

- CSMA/CD(Carrier Sense Multiple Access/Collision Detection) LAN
- 토큰패싱버스 LAN
- 토큰패싱링 LAN

7. LAN의 응용분야

- 개인용 컴퓨터의 네트워크
- 사무 자동화(office automation) 및 공장 자동화(factory automation)
- 일반적인 데이터 처리용 통신망 및 음성과 데이터 통합 LAN

4.3.2 CSMA/CD방식

1. 이더넷(Ethernet)

▸ **CSMA/CD방식의 동작원리**

여기서 취급하는 네트워크는 기능적으로 두 가지 요소로 구성된다.

- 채널 : 네트워크 상의 각 노드가 자유롭게 엑세스될 수 있는 일제 동보의 전송매체(multiple access, broadcast channel)
- 콘트롤러 : 각 노드에 있어서 전송매체의 상태를 관측하여 송수신을 제어하는 기구(distributed controller)

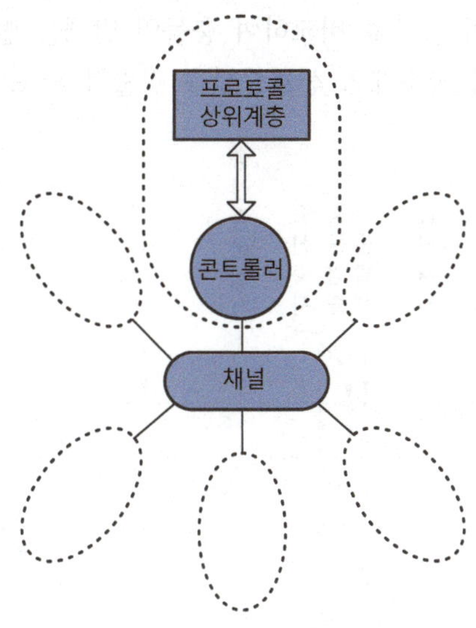

【그림 4-29】 네트워크의 기능적 구성요소

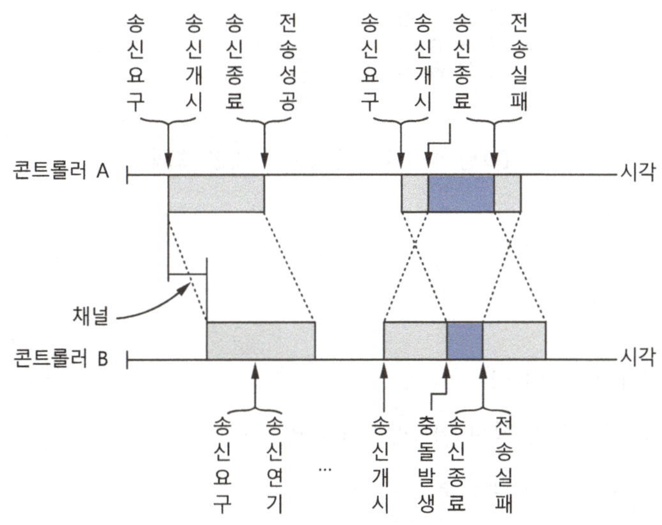

【그림 4-30】 CSMA방식에 의한 억세스 제어

채널의 성격상 복수개의 콘트롤러로부터 송출된 신호(패킷)가 조금이라도 중복되면 서로 파괴되어 전송 시 실패하게 되는 현상을 충돌(collision)이라 한다. 이와 같이 충돌을 감소시키기 위하여 패킷의 송출을 개시하기 전에 채널 사용 유무를 조사하여 만약 사용 중이면 송신의 개시를 연기하는 방식을 CSMA방식이라 한다. CSMA방식에서는 신호 존재 여부를 송신개시 전에 조사하기 때문에 충돌로 인한 전송 실패는 송신완료 후에야 알 수 있고, 그로 인한 채널은 이미 실패한 전송을 계속하므로 낭비되게 된다.

충돌검출(collision detection)은 채널의 낭비를 없애기 위하여 도입된 것으로, 송신하는 콘트롤러는 동시에 수신도 가능하고, 각각의 내용을 비교하여 충돌의 발생을 빨리 검출할 수 있으며, 다른 방법으로 신호의 레벨을 관측하여 복수개의 신호간섭을 검출할 수도 있다.

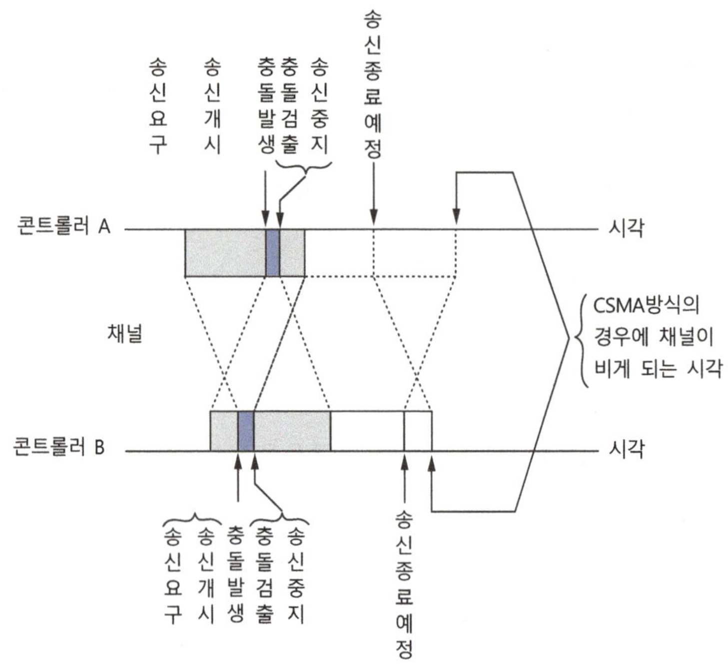

【그림 4-31】 충돌검출에 의한 효과

▸ Ethernet의 엑세스방식

데이터의 캡슐화

- 프레밍(framing) : 프레임 경계설정
- 어드레싱(addressing) : 발신 및 착신 어드레스의 처리
- 에러검출 : 물리적 채널의 전송에러검출

링크 관리

- 채널할당
- 경쟁(contention)처리

데이터의 부호화

① 프리앰블(preamble)의 생성 및 제거

② 비트의 부호화 및 복호화

채널엑세스

① 비트 송신 및 수신

② 캐리어(carrier)검지 : 채널상의 트래픽 표시

③ 충돌검출 : 채널상의 경쟁(contention) 표시

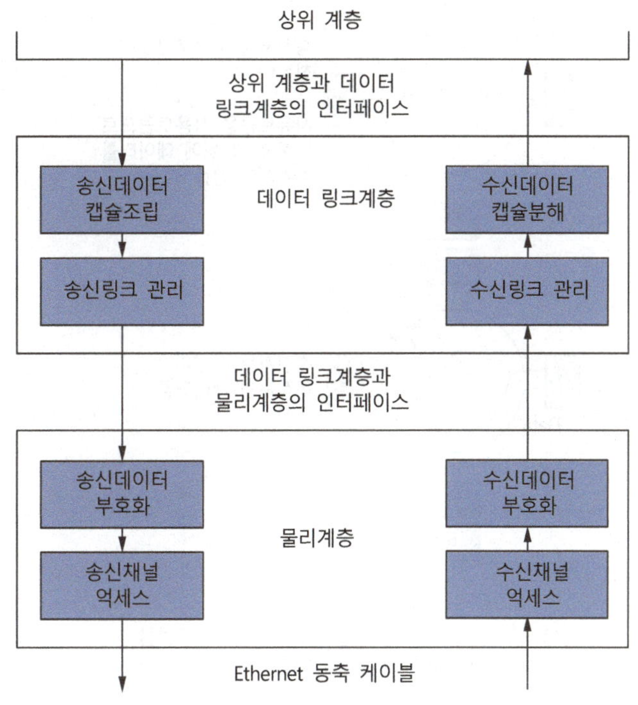

【그림 4-32】 Ethernet의 기능부분

2. CSMA/CD(CSMA)방식의 특징

CSMA/CD(CSMA)방식의 특징은 다음과 같다.

① 채널로 송출된 패킷은 모든 콘트롤러에서 수신 가능하다.

② 각 콘트롤러는 캐리어검지 및 충돌검출 이외의 정보를 필요로 하지 않는다.

③ 콘트롤러가 상위 계층으로부터 패킷을 받고 나서 전송을 완료할 때까지의 시간은 확률적으로 변화한다.

④ ③의 분포는 네트워크 전체의 혼잡도에 따라 변화한다.

⑤ 모든 콘트롤러는 대등한 엑세스 권리를 갖는다.

4.3.3 토큰패싱방식

토큰패싱(token passing)방식은 공유하고 있는 통신 회선에 대한 제어신호를 각 노드간에 순차적으로 옮겨가면서 수행하는 방식이다. 이 방식을 루프형에 적용하면 토큰링(token ring)이라 하고, 분기형에 적용하면 토큰 버스(token bus)라 한다. 여기서 토큰은 특정의 비트 패턴으로 된 프레임(frame)이며, 루프형에서는 링크상의 각 스테이션을 순차적으로 통과하지만, 분기형은 논리적으로 형성된 루프상에서 통과된다.

1. 토큰링방식

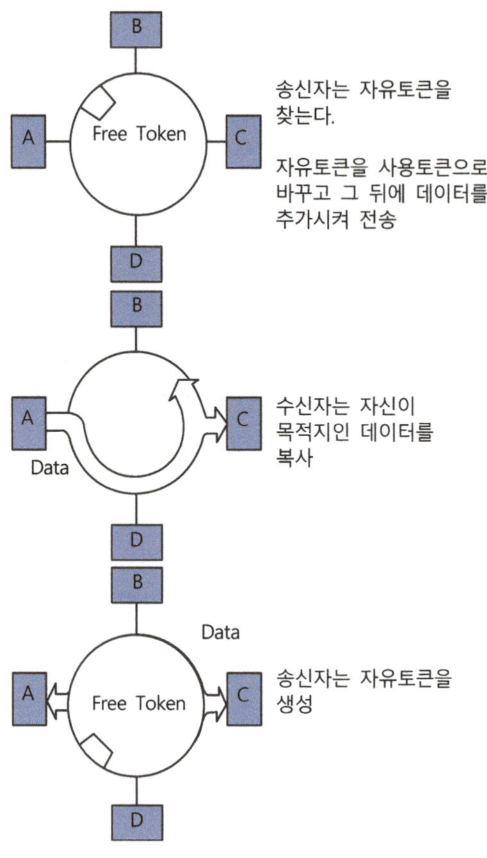

【그림 4-33】 토큰링의 동작도

통신회선의 사용권을 통신회선에 흐르는 제어신호에 의해 부여되고, 토큰링(token ring)이 토큰을 통과하는 순서는 링상의 노드 위치와 일치하기 때문에 토큰에는 주소에 대한 정보가 불필요하다. 각 노드는 토큰의 수신을 조사하여 송신 데이터가 없으면 다음 노드에 해당 토큰을 통과시킨다. 또 데이터를 수신하면 그대로 다음 노드로 보내고, 자기 노드에 해당되는지 조사해 본 후 자기 노드면 데이터를 수신한다.

송신 데이터가 있는 경우 토큰을 수신하면 노드는 토큰표시 비트를 변경하여 이것을 통과하고, 토큰 표시를 변경한 결과는 송신 데이터의 개시를 표시하는 헤더(header)가 되기 때문에 노드는 즉시 데이터를 송출할 수 있다.

이 방식은 아래와 같은 제어기능이 필요하다.

- 루프를 초기화하여 토큰패스를 개시하기 위한 제어
- 토큰의 분실 또는 중복의 검출/회복에 관한 제어

2. 토큰 버스방식

토큰 버스방식은 발신/수신 주소가 부여되고, 원리는 토큰링과 같지만 버스가 갖는 특징에서 방식이 약간 다르다. 즉, 토큰은 논리적 링의 위치와 관계없이 모든 노드에서 가질 수 있으며, 전송 중 토큰 표시의 변경은 되지 않고, 중계기의 기능이나 송신 데이터의 삭제 기능이 불필요하다는 것 등이 다른 점이다.

토큰 버스(token bus)기법을 사용하면 버스/트리구조의 스테이션들이 논리적인 링 토폴로지를 구성하게 되며, 따라서 논리적인 순서가 정해지게 된다. 각 스테이션은 자기 바로 앞뒤의 스테이션을 알고 그 순서를 따른다.

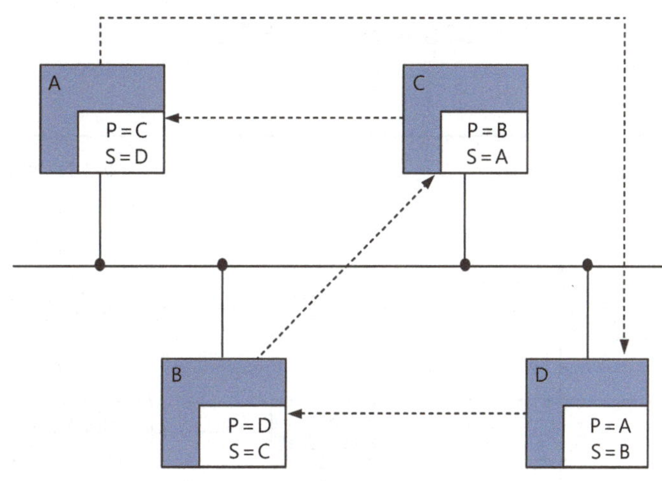

[그림 4-34] 토큰 버스의 동작도

토큰패싱방식의 특징

- 일부의 노드/통신 회선의 장애가 전체적인 장애에 연결된다.
- CSMA/CD방식에 비해 토큰패스방식이 더 복잡하고 장치의 가격이 비싸다.
- 엑세스 시간이 보장된다.
- 높은 부하에 대하여도 안정되게 동작한다.
- 방식상에서 최대거리의 제약이 없다.

3. FDDI(Fiber Distributed Data Interface)

대표적인 고속 LAN으로 FDDI(fiber distributed data interface)와 DQDB(Distributed Queue, Dual Bus)를 들 수 있다. FDDI는 대학 캠퍼스와 같은 단일 기관을 연결하는 데 주로 사용되고, DQDB는 도시의 여러 부분에 위치한 LAN을 상호 연결하거나 이와 비슷한 환경에 사용된다. FDDI는 매우 높은 처리율을 요구하는 기본적인 LAN으로 사용될 수 있다. 예로서 LAN은 기간망으로서의 역할 이외에, 고성능 개인컴퓨터 또는 중형컴퓨터 사이의 멀티미디어 정보교환을 위해 필요한 대용량의 단일 LAN으로도 이용된다. FDDI는 1968년 미국국립표준기구(American National Standard Institute, ANSI)에서 제안하였고, 1987년에 첫 제품이 소개되었다. 이어서 압축된 영상을 보다 잘 전송하기 위한 FDDI Ⅱ가 발표되었다.

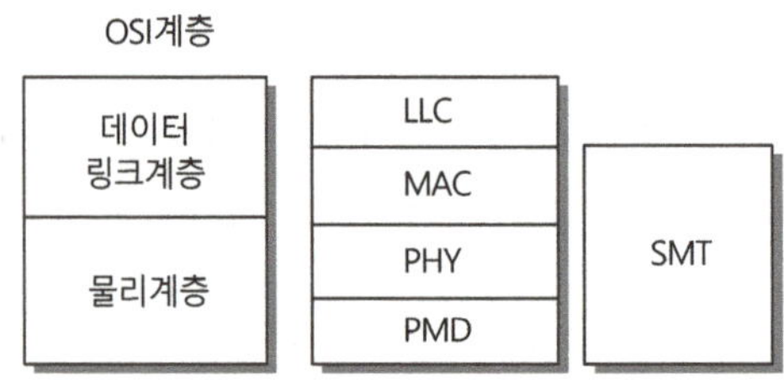

[그림 4-35] FDDI 표준안

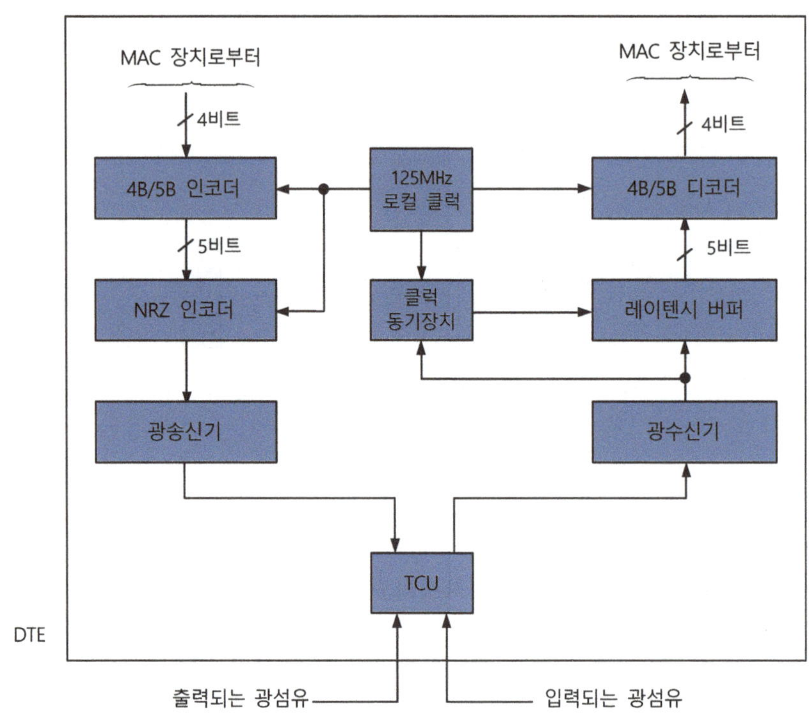

[그림 4-36] FDDI 물리 인터페이스 블록도

FDDI네트워크는 100Mbps의 비트율로 동작하고 다중모드 혹은 단일모드 광섬유를 전송매체로 하는 두 개의 링으로 구성되어 있다. 하나는 1차 링이라 부르고, 다른 하나는 2차 링이라 불리운다. 2차 링은 추가적인 전송통로로 사용될 수 있거나, 혹은 순수하게 1차 링이라 일어나는 사고의 백업으로 사용될 수 있다. FDDI링은 총 500개의 노드를 연결할 수 있고, 노드간의 거리는 2km 이내로 제한되어 있다.

FDDI 표준안은 OSI모형의 하위 두 계층에 대응된다. 가장 아래의 PMD(Physical Medium Dependent) 계층에서는 광섬유의 종류, 각종 전송장비의 내역을 명시한다.

PHY(Physical Sublayer)계층은 부호화 및 고장난 노드의 처리방식을 제시한다. 전송하기 전에 모든 데이터는 네 개의 비트를, 이른바 4B/5B 부호화방식을 사용하여 부호화한다. 데이터의 4비트를 5비트 워드 혹은 심벌로 인코더에 의해 부호화하는 것을 의미한다.

즉, 0의 값이 세 개 이상의 인접한 비트에서 나타나지 않게 하면서 다섯 개의 비트 묶음으로 변환하는 것을 말한다. 16개의 가능한 4비트 데이터 그룹에 해당하는 5비트 심벌이 그림 4-37 (b)에 나와 있다.

각 심벌에서 연속되는 0의 수는 최대 2이다. 이런 심벌은 NRZI(Nonreturn to Zero Inversion)방식으로 디지털 부호화하여, 1의 값을 갖는 비트 시간 중간에서만 신호전이(signal transition)가 일어나도록 한다. 이렇게 4B/5B와 NRZI를 통해서 만들어진 신호에서는 세 개의 비트 시간 내에 최소한 한 번은 이러한 전이가 일어난다.

물리적 인터페이스에서 사용되는 로컬 클럭은 125MHz이고, 4B/5B 부호화방식을 사용하기 때문에 데이터 전송률은 100Mbps이다.

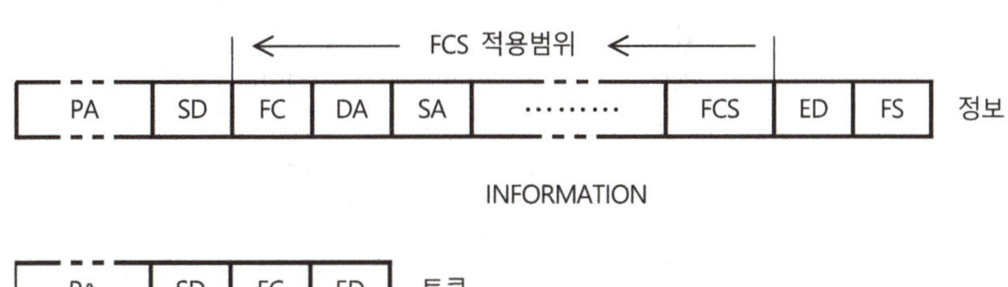

PA = Preamble(16 or more symbols)
SD = Start delimiter(2 symbols)
FC = Frame control(2 symbols)
DA = Destination address(4 or 12 symbols)
SA = Source address(4 or 12 symbols)
FCS = Frame check sequence(8 symbols)
ED = End delimiter(1 or 2 symbols)
FS = Frame status(3 symbols)

(a) 프레임 형식

데이터 심벌

	4비트 데이터 그룹		5비트 심벌
1	0000	- - - - - - - - - - - -	11110
2	0001	- - - - - - - - - - - -	01001
3	0010	- - - - - - - - - - - -	10100
4	0011	- - - - - - - - - - - -	10101
5	0100	- - - - - - - - - - - -	01010
6	0101	- - - - - - - - - - - -	01011
7	0110	- - - - - - - - - - - -	01110
8	0111	- - - - - - - - - - - -	01111
9	1000	- - - - - - - - - - - -	10010
10	1001	- - - - - - - - - - - -	10011
11	1010	- - - - - - - - - - - -	10110
12	1011	- - - - - - - - - - - -	10111
13	1100	- - - - - - - - - - - -	11010
14	1101	- - - - - - - - - - - -	11011
15	1110	- - - - - - - - - - - -	11100
16	1111		11101

제어 심벌

IDLE	- - - - - - - - - - - -	11111
J	- - - - - - - - - - - -	11000
K	- - - - - - - - - - - -	10001
T	- - - - - - - - - - - -	01101
R	- - - - - - - - - - - -	00111
S	- - - - - - - - - - - -	11001
QUIET	- - - - - - - - - - - -	00000
HALT	- - - - - - - - - - - -	00100

(b) 4B/5B 코드

【그림 4-37】 FDDI에 사용되는 인코더와 프레임 형식

SMT(Station Management) 프로토콜은 고장을 탐지하며, 발견되는 즉시 링을 재구성한다. 그림 4-38 (a)와 같이 평상시에는 두 개의 링이 모두 작동되고, 노드는 미리 정해진 방침에 따라 이 중 하나를 택하여 전송한다.

만약 한 노드나 링크에 장애가 발생하면 인접한 노드가 이를 감지해서 고장난 노드 또는 링크를 고립시키고, 그림 4-38 (b)에서와 같이 하나의 링으로 전체를 재구성한다. 이렇게 고장에 대해 스스로 전송기능을 회복하는 높은 신뢰도를 가진 시스템이므로 많이 이용되고 있다.

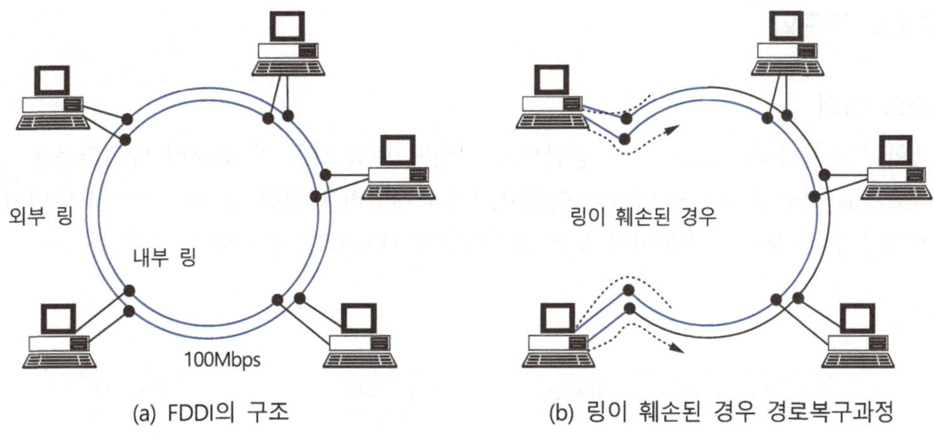

【그림 4-38】 FDDI

4. DQDB(Distributed Queue Dual Bus)

DQDB는 고속방송망이며, 대도시와 같은 공중영역(public area)에서, 혹은 한 기관 내에서 LAN을 상호연결하기 위해 개발된 것이다. 도시에서와 같은 영역에서 사용될 때는 LAN이라 하지 않고 MAN(Metropolitan Area Network)이라 부른다.

DQDB는 FDDI와 같이 한 장소에 모여 있는 LAN들의 기간망으로도 쓰이지만 대도시 같이 넓은 지역에 LAN들이 퍼져있는 경우에도 이용된다. DQDB는 서로 방향이 다르고 한 쪽으로만 신호가 흐르는 두 개의(논리적) 버스로 구성되어 있다.

점 대 점 연결은 FDDI에서와 같이 광섬유로 LAN을 구축하기 위한 것이다. FDDI가 데이터 및 음성서비스도 제공하지만 초기에는 주로 고속의 데이터전송을 위해 이용되었고, DQDB는 영상서비스를 위한 MAN용으로 개발되었다.

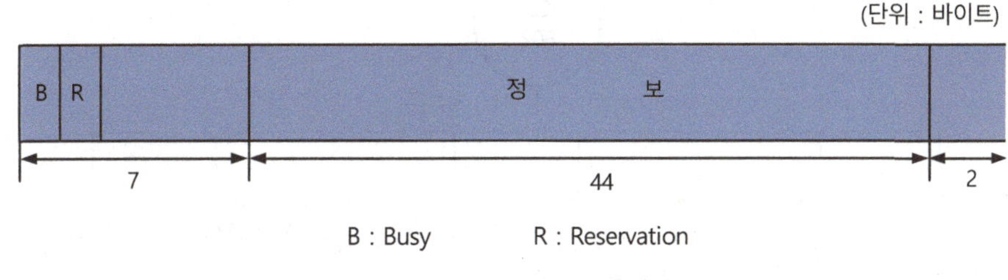

【그림 4-39】 DQDB 프레임구조

DQDB망에서 사용되는 셀의 구조는 멀티미디어 서비스를 지원하는 공중 WAN(Public Wide Area Network)으로서의 B-ISDN과 호환될 수 있도록, 모든 정보를 셀(cell)로 불리는 53바이트 크기의 기본프레임으로 쪼개어 B-ISDN의 ATM(Asynchronous Transfer Mode) 셀 규격에 맞춘다. 각 셀은 53바이트로 되며, 5바이트의 고정된 헤더, 48바이트의 payload(or information field)로 구성되어 있다.

4.3.4 LAN의 표준화

1. 표준화의 의의

현재 표준화 작업은 ISO, IEEE 등을 중심으로 진행되고 있으며, 각 컴퓨터 메이커들은 네트워크 구조가 다르므로 서로 프로토콜 변환이 어렵고, LAN 개발비용 절감 및 유지보수의 낭비가 심하므로 OSI 모델과 같은 모델을 가정하여 모든 컴퓨터들의 네트워크 구조 등을 변환 통신하기 위한 것이다.

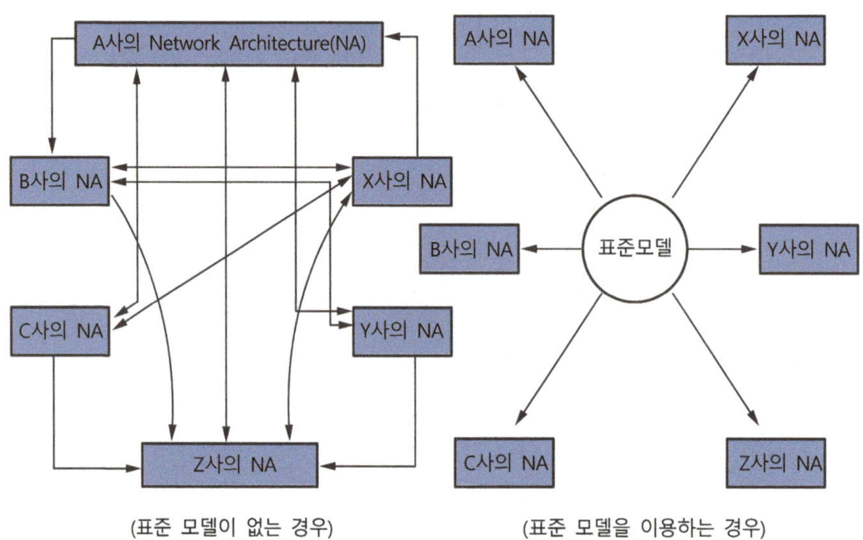

【그림 4-40】 표준 모델의 참조

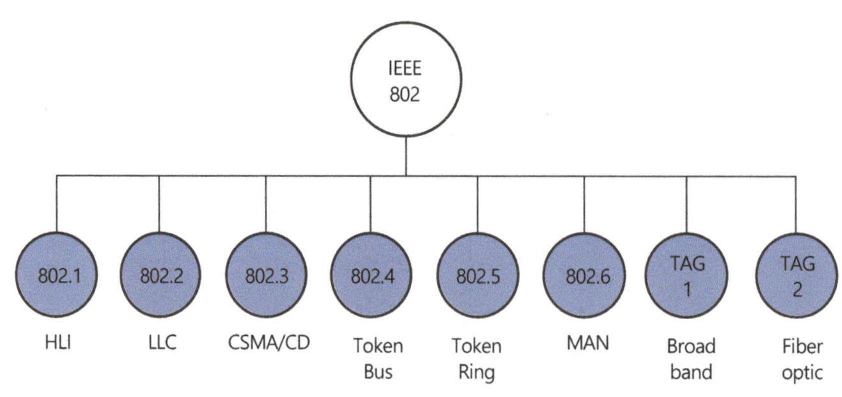

【그림 4-41】 IEEE 802 위원회 표준화

2. 표준화 내용

▸ IEEE의 표준화

IEEE LAN 표준의 주요 목적은 서로 다른 메이커간의 호환성을 추진하고, 이용자측 기기를 포함하는 시스템 작성자 측의 작업을 최소로 해서 서로 다른 기기 사이의 데이터 통신을 가능하도록 하게 하기 위함이다.

▸ ISO의 표준화

ISO에서는 LAN 자체의 표준보다는 OSI 참조 모델이 여러 로컬 네트워크의 조건을 만족하는 것에 집중하고 있다. ISO의 LAN의 표준화는 1980년 9월의 SC6 제 17회 총회에서 국제 표준화의 필요성이 확인되어 규격 작성을 TC97에 제안하기로 결의된 때부터 시작된다.

4.4 부가가치통신망

4.4.1 VAN의 개요

VAN은 회선을 직접 보유하거나 공중통신사업자로부터 대용량 회선을 임차 또는 이용하여 단순한 전송 이상의 정보의 축적이나 가공, 변환 처리 등의 부가가치를 부여한 음성 또는 데이터 정보를 제공해 주는 매우 광범위하고 복합적인 서비스 집합으로 정의될 수 있다. 즉, 임대한 회선을 다수의 저속 회선으로 분할한 후, 전화교환, 패킷교환, 회선교환 및 전용회선의 각 서비스망을 구성하여 회선의 재판매를 수행하는 것이 목적으로 회선임대업이라고도 한다.

EDI는 Electronics Data Interchange의 약자로서, 기업 간 또는 기업과 공공 기관 사이에 교환되는 문서로 작성된 거래 정보를 컴퓨터와 컴퓨터간의 전자적 수단으로 표준화된 포맷과 코드 체계를 이용하여 교환하는 것을 나타내는 용어이다. EDI의 관점에서 보면 VAN은 EDI를 수행하기 위한 가장 효과적인 수단이다. VAN의 관점에서 보면 EDI는 성장 가능성이 무한하기 때문에 VAN의 새로운 서비스 분야이다.VAN 사업은 컴퓨터 특성과 통신 특성이 유기적으로 결합된 사업이다. 통신은 국가의 기간이 되는 기반 구조(infrastructure)로서, 자신의 목적으로 이용하는 것이 아닌, 타인의 통신을 매개하거나 전달하는 것을 주된 사업으로 하는 것을 통신사업이라 한다.

4.4.2 VAN의 계층 분류

VAN을 기능의 구성에 따라 분류하면 하위부분의 기본적인 통신 계층으로부터 정보 처리 계층까지 크게 네 가지의 계층으로 분류할 수 있다. 데이터통신의 사용자는 네트워크층부터 상위 3계층과 관계를 갖으며, 네트워크층은 패킷교환 인터페이스이며 단순한 데이터통신의 매개가 된다. 통신처리 층은 단말에 대한 데이터통신의 매개, 각종 부가가치를 이용한 데이터통신의 매개가 있다. 정보처리층은 정보제공 서비스나 RCS(Remote Computing Service) 등이다.

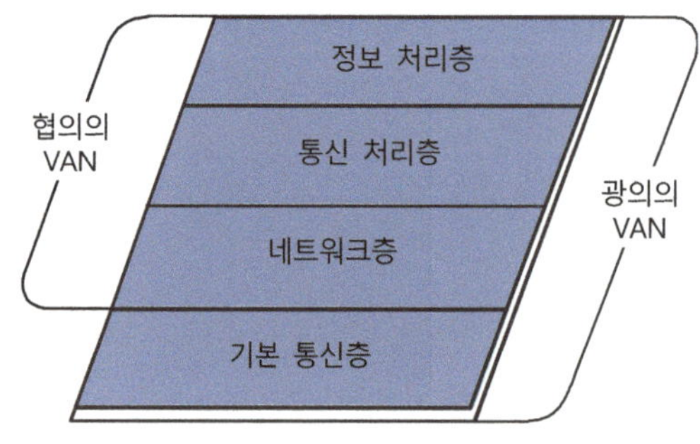

【그림 4-42】 VAN의 계층 구조

4.4.3 VAN 계층의 제공 기술

VAN이 제공하는 기능은 4가지로 분류될 수 있다.

1. 전송기능

기본적인 기능으로 물리적인 회선을 의미하며, 단순히 전송만을 하는 기능이다. 기본 통신 사업자의 고유 기능이라는 의미 때문에 VAN의 기능에서 제외되기도 한다.

▸ **기본통신계층**

신호 전달의 수단과 그것을 실현해 주는 설비와 장치로 구성된다. 신호를 전달해 주는 수단은 크게 아날로그 통신과 디지털 통신으로 구분된다.

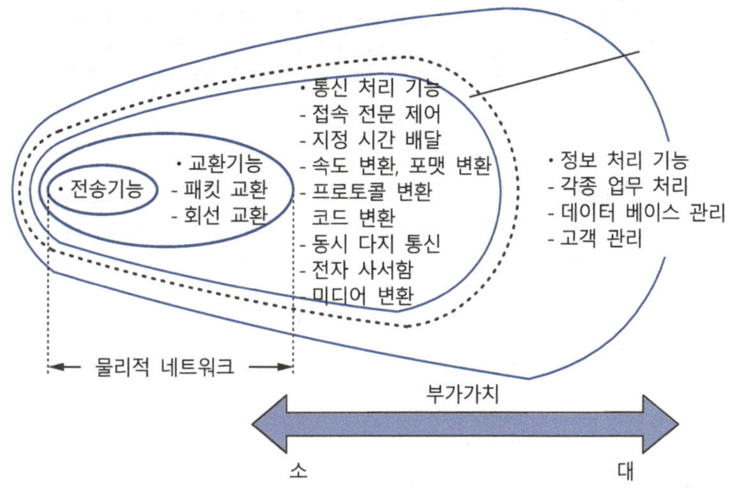

[그림 4-43] VAN의 제공 기능

2. 교환기능

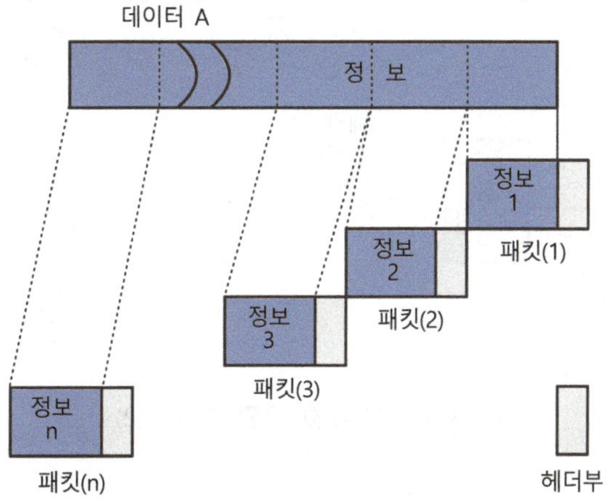

[그림 4-44] 패킷의 구성

원래 VAN은 패킷교환방식만을 나타냈는데, 요즘은 회선교환방식이나 IBM의 SNA방식 등도 많이 사용되고 있다. 단순 전화교환망을 이용한 VAN 서비스나 여러 교환방식을 함께 사용하는 VAN 서비스가 늘어나는 실정이다.

▸ 네트워크계층

VAN에서 이용되는 네트워크 시스템은 패킷 교환기능, 고속 디지털 통신기능, 네트워크 관리 기능 등이 네트워크 서비스 기능이다. 네트워크계층에서 실현되는 기능은 교환기능으로 크게 두 가지로 구성되는데, 통신하는 양자간에 논리적인 루트를 설정하는 기능과 송신 측으로부터 오는 데이터를 수신자에게 전달해 주기 위한 루트를 선택하여 전송하는 기능이다.

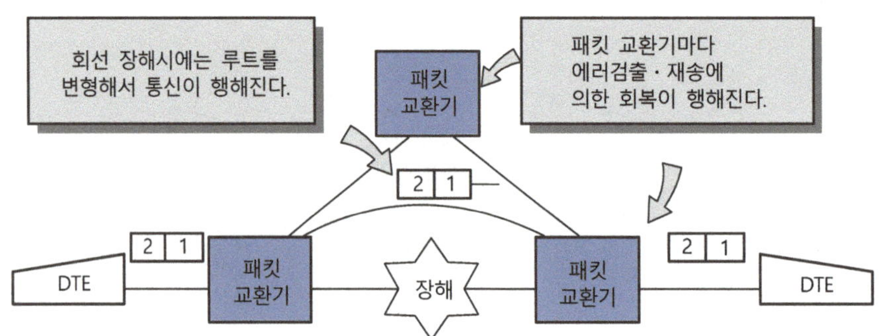

DTE : Data Terminal Equipment(데이터 단말)

【그림 4-45】 패킷 교환의 특징(1)

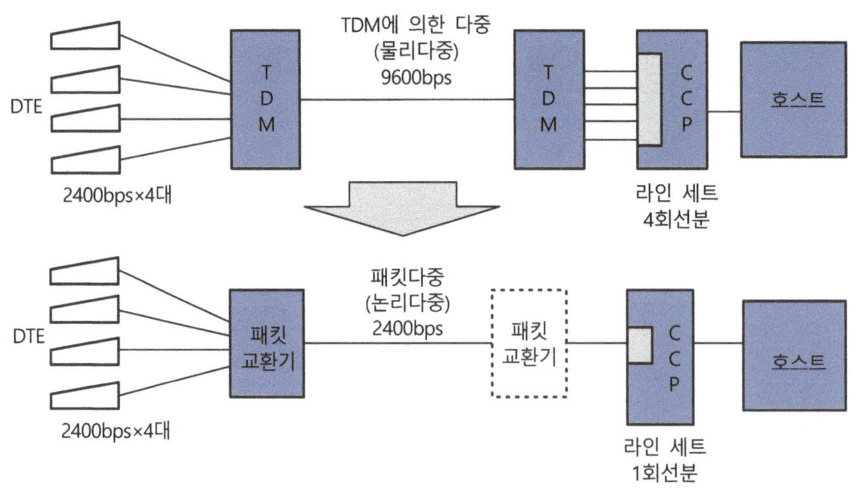

【그림 4-46】 패킷 교환의 특징(2)

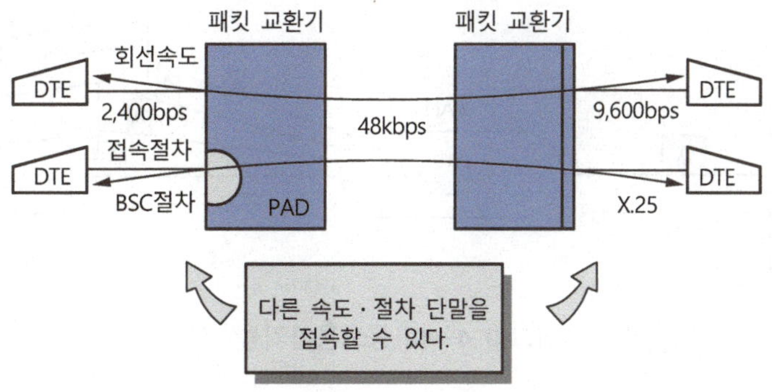

PAD : Packet Assembly adn Disassembly(패킷 조립 및 분해 기능)

【그림 4-47】 패킷 교환의 특징(3)

이 방식은 패킷마다 헤더를 사용하기 때문에 오버헤드가 있고, 네트워크 내부에서 전송 지연이 생긴다는 단점이 있다.

패킷교환방식은 대량의 데이터를 일시에 보내기에는 부적합하지만, 짧은 전문을 일괄적으로 전송하거나, 비교적 빈 시간이 많은 저밀도의 데이터 전송에 적합하다.

3. 통신처리기능

▸ 전자사서함기능

컴퓨터를 매개로 하여 사용자가 만든 메시지의 전송, 축적, 검색 서비스를 제공해 주는 것으로 종래의 발신자가 주체이었던 것에 반하여 수신자가 주도권을 갖는 새로운 정보 전달 수단으로, 상대방이 부재중일 때 몇 개의 메시지를 일시적으로 네트워크에 축적하였다가, 뒤에 송출하는 기능이다.

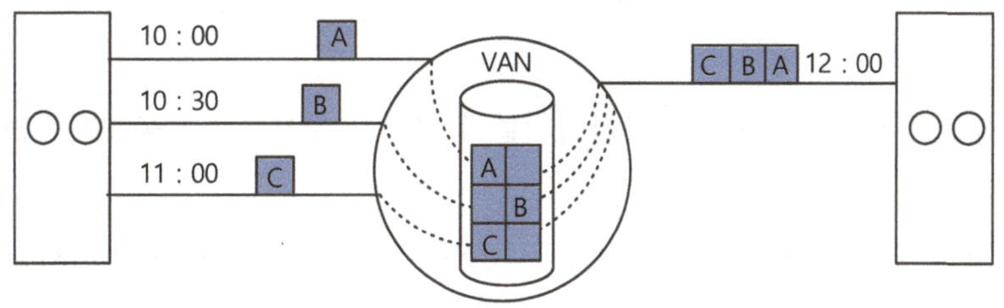

【그림 4-48】 데이터축적기능

▸ 데이터교환기능

데이터의 축적기능을 이용하여 송수신자 사이의 데이터 교환을 수행한다.

▸ 동보통신기능

축적기능을 활용하여 복수 개의 단말기 또는 모든 단말기에게 동시에 메시지를 송출하는 기능이다.

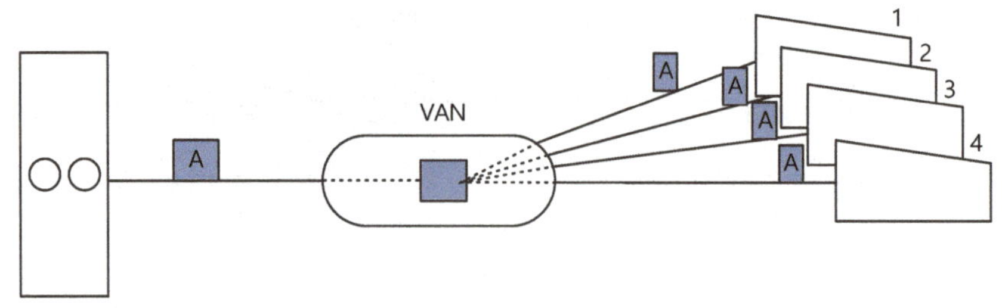

【그림 4-49】 동보통신기능

▸ **정시집신 및 배신 기능**

정해진 시간에 VAN이 정보의 송신국에서 정보를 꺼내는 것이 정시집신이고, VAN 내에 축적되어 있는 정보를 수신국에 송신하는 것이 정시배신이다.

▸ **프로토콜 변환**

서로 다른 정보 네트워크간이나, 다른 기종의 호스트 컴퓨터간의 통신을 가능하도록 해주는 것이다.

▸ **코드변환 및 포맷 변환**

전송하는 데이터의 코드 변환 및 여기에 수반되는 포맷 변환 등이 필요하게 된다.

▸ **미디어 변환**

보다 인간에게 친숙한 음성이나 영상 코드를 이용하는 사례가 증가하면서 미디어 변환 기능은 이 요구에 부응하여 네트워크에서 코드, 음성, 영상으로의 상호 변환을 행하는 기능이다.

▸ **통신처리 계층**

통신처리란 VAN의 이름에서 유래하는 부가가치를 실현하는 것으로, 이 통신처리는 축적기능과 변환기능으로 구분된다.

축적기능은 송신자가 보낸 데이터를 컴퓨터에 축적하여, 그 컴퓨터로부터 수신자에게 데이터를 보내는 기능이다.

여기서 수신자로의 데이터 송신은 수신자가 필요한 경우에 스스로 받아보는 방식과 축적 처리를 하는 컴퓨터로부터 자동적으로 송신하는 방식이 있다. 변환 기능에는 속도 변환, 코드 및 포맷 변환, 미디어 변환, 프로토콜 변환기능이 있다.

통신처리 서비스는 네트워크의 서비스 기능에 부가 가치를 첨가하여 제공하는 서비스를 말하며, 유연성을 지원하기 위해 호스트 컴퓨터와 분리된 전용 통신 처리용 컴퓨터를 이용하여 다양한 서비스 기능을 제공한다.

4. 정보처리 기능

▸ 데이터 처리

- 온라인 실시간(on line real time system) 처리 : 같은 목적을 갖는 업무이면 기본적으로 하나의 프로그램이 다수의 단말장치를 사용하여 데이터를 동시에 병행적으로 처리한다.
- RJE(Remote Job Entry) : 입출력 장치를 컴퓨터로부터 떨어진 사용자의 가까이에 설치하고 그 사이를 통신회선으로 연결하여 데이터의 입력, 처리 결과의 검색을 통신회선을 경유하여 행하는 방식
- TSS(Time Sharing System) : 한 대의 컴퓨터가 동시에 복수의 프로그램을 병행하여 처리하고, 단말장치를 통하여 사용자가 마치 그 컴퓨터를 혼자서 점유하여 사용하고 있는 것처럼 하는 것을 말한다.

▸ 전문서비스(Professional service)

주문형 소프트웨어를 개발하고, 컴퓨터 시스템의 선정 및 관리 등에 대한 조언을 하며, 컴퓨터 시스템과 소프트웨어의 이용 교육과 전문적 훈련 용역을 제공하는 서비스를 말한다.

▸ Turnkey 시스템 서비스(Integrated system service)

CAD/CAM 시스템과 대부분의 소규모 사업 시스템을 포함하고 있으며, 용역을 받은 사업자 측에서 네트워크는 물론 응용의 개발과 처리, 판매회사나 특약점에 대한 교육까지의 일체를 납품하고, 인수 회사는 단지 소정의 운용 매뉴얼(operational manual)에 따라 시스템을 사용하는 형태를 말한다.

▸ 정보처리 계층

정보처리 서비스에 해당하는 재고 관리, 급여 계산 등과 데이터베이스 서비스 등의 정보 제공 서비스가 있다. 이러한 서비스의 중심은 호스트 컴퓨터에서 관리되고 운영된다.

호스트 컴퓨터의 기능으로는 집중 감시와 제어, 무인 자동 운전, 호스트들의 상호 접속 및 기밀 보호와 안전에 대한 대책이 필요하게 된다.

VAN의 응용 분야로 정보가 증가함에 따라 필요한 정보를 선택하여 즉시 접수해야할 필요가 증가하고 있다.

기술의 발전에 따라 정보 제공 서비스의 전송로로 VAN이 이용된다. 아울러 VAN의 미디어 변환 기술을 이용하여 정보 출력 단말로 전화나 팩시밀리를 이용할 수도 있다.

4.5 종합정보통신망

다양한 형태의 서비스를 효과적으로 처리하기 위해 등장한 개념이 ISDN(Integrated Services Digital Network)이다. 초기에는 주로 음성, 정지화상과 관련된 정보의 처리를 목표로 하는 협대역 ISDN (Narrowband ISDN, N-ISDN)이 제안되었으나 사용자의 광범위한 서비스 욕구(동화상 및 멀티미디어 등)를 수용할 수 있는 광대역 ISDN(Broadband ISDN, B-ISDN)이 출현하게 되었다. 이하 협대역 ISDN (N-ISDN)을 ISDN이라 칭하고, 광대역 ISDN을 B-ISDN으로 표기한다.

4.5.1 종합정보통신망의 개요

전화, 데이터, 통신 정보를 가공하는 각종 통신처리 서비스 등의 다양한 서비스를 하나의 디지털 통신망으로 종합하여 제공하는 망을 종합정보통신망(Integrated Services Digital Network : 이하 ISDN)이라 한다. 즉, 기존의 전화망을 디지털화함으로써 하나의 통신망으로 전기통신 서비스를 제공하게 하며, 한편으로 네트워크에 다양한 기능을 부가시켜 보다 고도의 서비스를 제공하게 하는 것이 ISDN의 기본구상이다.

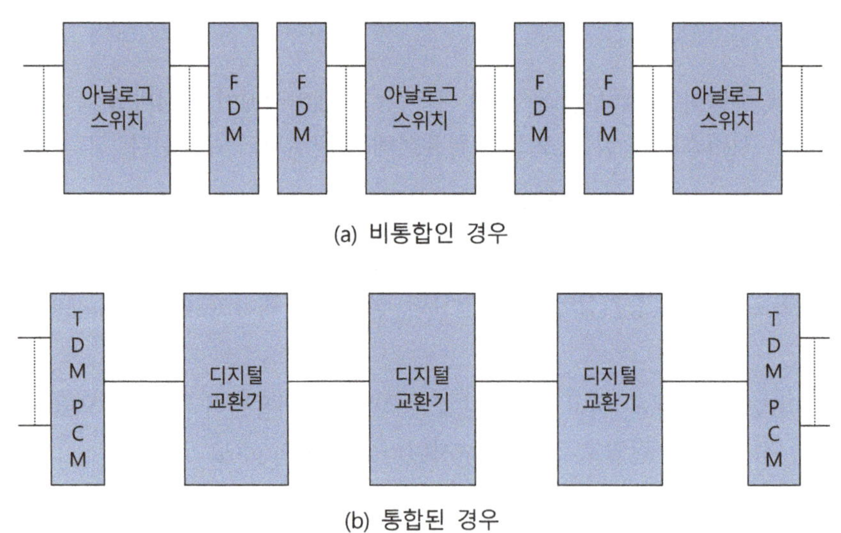

【그림 4-50】 전송과 교환의 통합

디지털 교환기와 전송로에 의해 통신 정보를 디지털 신호 그대로 교환 및 전송하는 통신망인 IDN (Integrated Digital Network)은 디지털 통신망의 구축을 주목적으로 한다면, ISDN은 다양한 서비스를 하나의 디지털 통신망으로 제공하는 것을 주목적으로 한다.

즉, 전화, 데이터 등이 각각의 망으로 디지털 통신을 구축하였다면 이들 각각의 망은 IDN이고, 이들 서비스가 하나의 디지털 통신망으로 제공된다면 이 망은 ISDN이다.

ISDN은 디지털화에 의한 교환기나 전송로의 저가격화, 디지털기술에 의한 망의 경제화, 전송에러의 감소, 통신품질의 향상이 가능한 망의 디지털화 목적 외에도, 다양한 서비스를 제공하여 이용자의 편리성을 향상시킨다.

4.5.2 표준화 과정

ISDN 표준안을 제정하는 기구는 CCITT로 이곳에서 ISDN을 아래와 같이 정의하였다. ISDN은 전화 IDN으로부터 발전된 망이다. ISDN에 도입되는 새로운 서비스를 64Kbps교환 디지털 접속과 호환성을 갖도록 한다. 서비스 제공, 망의 유지 보수, 시스템 제어, 망의 관리 등에 지능(intelligence)을 부여하도록 한다. ISDN은 집약된 계층구조를 가진 프로토콜을 사용한다.

CCITT의 ISDN 표준화작업에 대한 주된 기구는 디지털망 연구위원회이다. 이 위원회는 ISDN의 권고안에 대하여 간행물을 발행하고 있으며, 다른 위원회와도 유기적인 관계를 가지고 있으며, 이들 관련 이들과 관련된 위원회는 다음과 같다.

- 연구위원회 Ⅱ : 전화의 작동 및 서비스의 질
- 연구위원회 Ⅳ : 전송의 유지
- 연구위원회 Ⅶ : 데이터 통신망
- 연구위원회 XI : 전화교환과 신호방식
- 연구위원회 XⅦ : 전화망을 통한 데이터통신

4.5.3 N-ISDN의 서비스

N-ISDN(이하 ISDN)은 다양한 서비스를 제공하게 된다. 즉, 현재의 음성과 데이터의 응용 등에 대해서도 서비스할 수 있다.

1. 팩시밀리

단말 및 통신비용을 포함한 종합적인 경제화 및 다양한 서비스의 제공을 위하여 디지털 규격 제정을(CCITT group 3) 진행하고 있으며, 64Kbps로 5초에 1페이지의 데이터 전송이 가능하다.

2. 텔리텍스(teletex)

불특정 이용자 간의 문서통신을 가능하게 하는 새로운 서비스이다. 문서의 편집 기능을 가진 댁내 장치로 작성한 문서를 망을 매개로 하여 상대방에게 보내게 하는 것으로 대개 9.6Kbps로 2초에 1페이지의 비율로 전송한다.

3. 비디오텍스(videotex)

전화회선을 이용하여 TV수상기를 정보센터의 컴퓨터와 연결하여 이용자의 요구에 응한 문자 및 도형 등의 화상 정보를 제공하는 센터로 단말 간 쌍방향, 대화형 통신서비스를 일반적으로 비디오텍스라 한다.

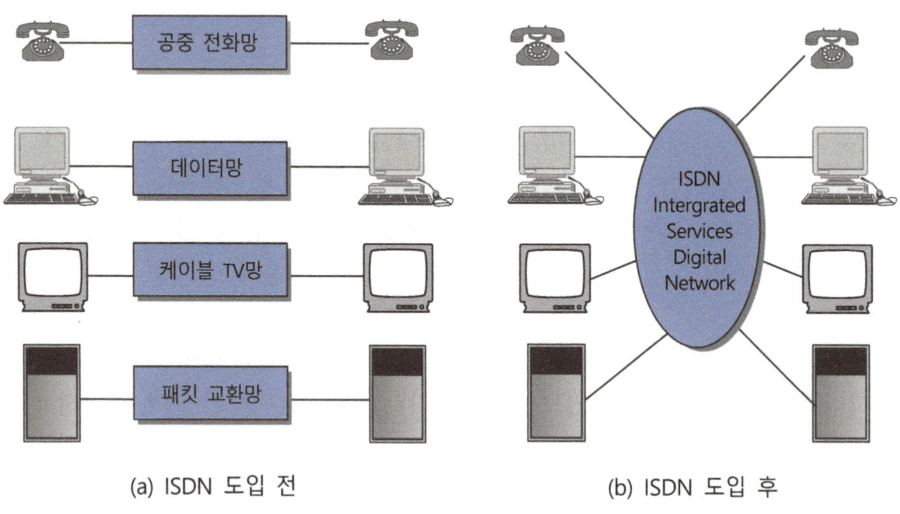

【그림 4-51】 ISDN 서비스

표 4.2는 ISDN에 의하여 제공될 수 있는 서비스형태로, 음성, 디지털 데이터, 텍스트(text), 화상 등으로 이들 서비스 중에서 가장 중요한 것은 64Kbps 전후의 전송용량으로 제공될 수 있는 것이다. ISDN에서 중요한 사항으로는 융통성이 있는 신호, 프로토콜의 사용으로 각 서비스에 대한 다양한 망 서비스를 제공할 수 있는 지능망(intelligent network)이다.

【표 4.2】 ISDN에 의하여 제공될 수 있는 서비스형태

대역폭서비스	전화	데이터	텍스트	화상
디지털 음성 (64Kbps)	전　화 리스회선 정보검색	패킷교환데이터, 회선교환데이터, 리스회선텔리미터, 정보검색, 사서함, 전자우편, 정보	텔렉스, 텔리텍스, 리스회선, 비디오텍스, 정보검색, 사서함, 전자우편	팩시밀리, 정보검색
광대역 (74Kbps)	음　약	고속컴퓨터통신		TV회의, 텔리텍스, 비디오 전화, 케이블 TV

ISDN에서 제공되는 서비스를 요약하면 베어러(bearer)서비스와 텔레서비스로 구분된다.

▸ **베어러서비스(bearer service) : 망입장의 서비스**

통신망이 제공할 수 있는 서비스로 다양한 비트율의 회선 교환 서비스나 여러 종류의 패킷 교환 서비스를 의미한다.

가입자의 정보를 변경하지 않고 단지 전송만 하는 서비스로서, OSI 하위 3개 계층(물리계층, 데이터링크계층, 네트워크계층)까지만 지원하는 서비스이다. 즉, 나머지 상위 계층의 구현은 가입자에게 맡겨둔다.

▸ **텔레서비스(Teleservice) : 사용자입장의 서비스**

OSI 상위 4개 계층(전달계층, 세션계층, 표현계층, 응용계층)까지 지원하는 서비스로 ISDN을 통한 가입자의 응용서비스 개발에 역점을 두고 있다.

즉, 정보의 가공(information processing)과 가공된 정보의 전달(transportation) 기능을 제공하는 서비스이다.

▸ **부가서비스(supplementary service)**

텔레서비스에 부가되는 서비스이고, OSI의 7계층을 모두 지원하지만 부가 서비스 자체로는 독립적인 서비스로 존재할 수 없다.

번호식별의 경우를 예를 들면, 텔레서비스를 통하여 통화가 연결되면, 수신자는 부가서비스를 통해 송신자의 번호를 확인한다.

4.5.4 N-ISDN 가입자 인터페이스

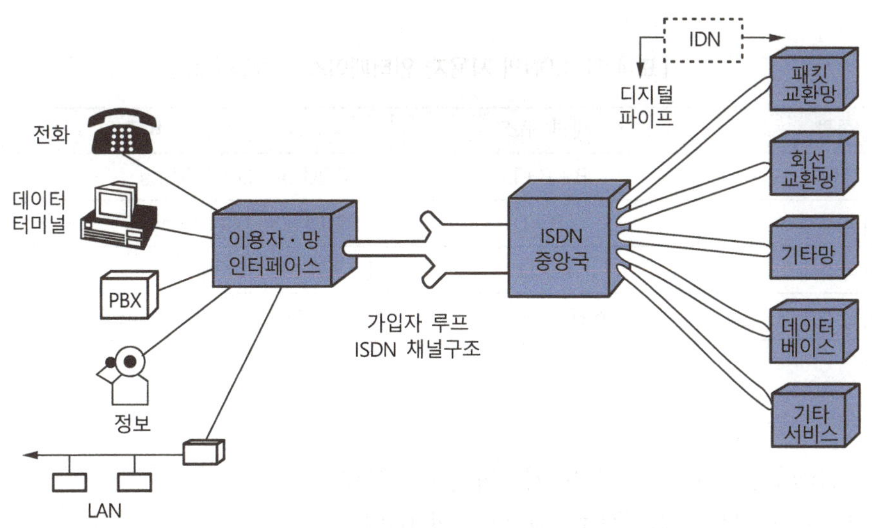

【그림 4-52】 ISDN의 개념도

2. 채널 타입과 구조

ISDN이 제공하는 중요한 채널 형태(channel type)는 표 4.3과 같다. 이들 채널을 조합하여 채널 구조(channel structure)라고 부르는데 목적별의 인터페이스 종류가 표 4.4와 같다.

【표 4.3】 ISDN의 채널 타입

채널 타입	신호 속도	용도 및 특징
B	64Kbps	• 정보 채널 • 회선교환, 패킷교환 • 전용선 • 부호화된 음성 • 8Kbps계열(8, 16, 32Kbps), 2.4Kbps계열(2.4, 4.8, 9.6, 48Kbps)로 사용가능
D	16 또는 64Kbps	• 기본 억세스(1차 다중억세스) • 신호채널 • 신호만이 아니고 패킷도 전송가능
E	64Kbps	• 1차 다중억세스의 No. 7 신호
H0 H11 H12 H2 H3 H4	384Kbps 1,536Kbps 1,920Kbps 7,680Kbps 3,070Kbps 122,880Kbps	• 영상회의, 고속 팩시밀리 • 고속 데이터 전송 • 고속 데이터 전송 • 고속 데이터 전송(연구중) • 고속 데이터 전송(연구중) • 고속 데이터 전송(연구중)
A	4KHz	• 아날로그
C	8Kbps	• 신호

【표 4.4】 ISDN의 사용자 인터페이스의 채널구조

종류	채널 구조	비고
기본억세스	B+B+D	B : 64Kbps, D : 16Kbps
다중억세스	nB+D	n : 최대 23, D : 64Kbps
고속억세스	H+D	H : 384, 1,536Kbps
복합억세스	mH+nB+D	D : 16 또는 64Kbps, D : 64Kbps

▸ **B채널**

B채널은 64Kbps의 전송용량을 가지는 기본적인 사용자채널(user channel)이다. 즉, 디지털 데이터, PCM으로 부호화된 디지털 음성정보, 전송용량이 64Kbps가 되게 부호화된 디지털 음성, 디지털 데이터를 저속으로 혼합하여 전송하는 경우 및 낮은 용량을 가지는 여러 개의 트래픽의 혼합전송 등에 이용될 수 있다.

▸ **D채널**

D채널은 사용자와 망 사이의 제어정보를 서로 교환하는데 사용되고, 또한 저속의 디지털 데이터를 요구할 때 사용된다. 전송용량은 16Kbps와 64Kbps의 두 가지로 정의되어 있다.

▸ **H채널**

대용량의 가입자 정보(고속 팩스, 대용량 데이터, 고음질의 음성과 같이 64Kbps를 초과하는 정보)를 회선방식으로 전송하기 위해 사용되는 채널이다. 다양한 전송단위를 수용하기 위해 H0(384Kbps), H11 (1,536Kbps), H12(1,920Kbps)의 세 가지가 정의되어 있다.

▸ **기본접속**(basic access)

64Kbps B채널 두 개와 16Kbps D채널 한 개(2B+D)로 구성되며, 가입자가 이용할 수 있는 용량은 144Kbps(2×64Kbps+16Kbps)가 되고, 프레임화와 동기 등의 부가 비트가 추가되어 실제 전송 속도는 192Kbps가 된다.

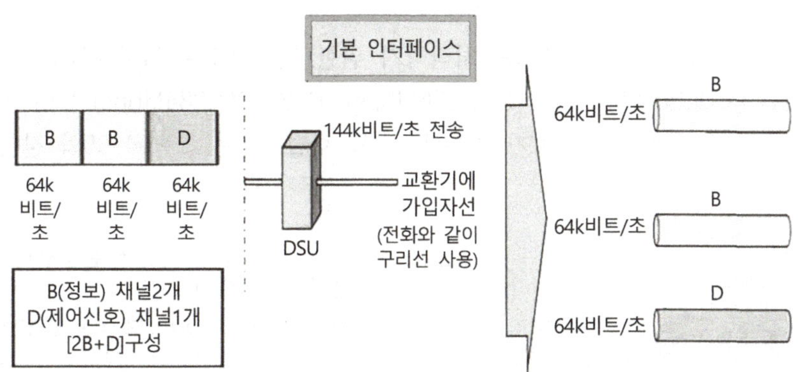

【그림 4-53】 기본 인터페이스(2B+D)구조

표 4.5는 B채널과 D채널을 보여주고 있다.

【표 4.5】 ISDN의 B와 D채널기능

B채널(64Kbps)	D채널(16Kbps)
디지털음성 : 64Kbps PCM, 저속비트율(32Kbps) 고속 데이터 : 회선교환, 패킷교환 기타 : 팩시밀리, 저속주사 비디오	신호, 기본, 향상된 것 저속데이터 : 비디오텍스, 텔렉스, 터미널 텔리미터 : 긴급서비스, 에너지관리

A채널은 아날로그 음성 신호를 전송하는데 이용된다. 채널구조에서 기본엑세스는 B+B+D로 두 개의 64Kbps B채널과 하나의 16Kbps D채널로 구성된다. 전체 비트율은 144Kbps이나 프레임, 동기화, 기타 비트를 합하여 기본 엑세스 링크의 총 비트률은 192Kbps이다.

1차군 B채널 다중 억세스

- 23B + D/E(1.544Mbps) : 한국, 미국, 일본, 캐나다 등 T1을 전송매체로 하는 국가를 위한 표준
- 30B + D(2.048Mbps계) : E1을 전송매체로 하는 국가를 위한 표준

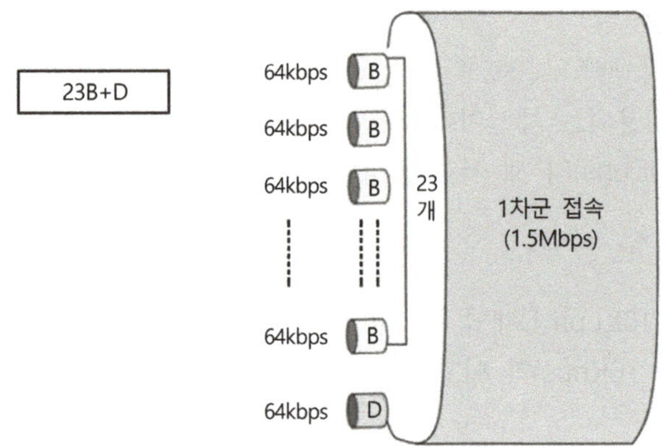

【그림 4-54】 ISDN 1차군 접속 구조

그 외에 높은 용량을 요구하는 서비스를 처리하기 위한 전송구조로 3HO + D(1.544Mbps), 4HO (1.544Mbps), 5HO + D(2.048Mbps), H11(1.536Mbps), H12 + D(1.984Mbps) 등이 있다. 아날로그와 디지털 하이브리드 억세스는 A + C가 있는데, 이들 채널구조는 그림 4-55와 같다.

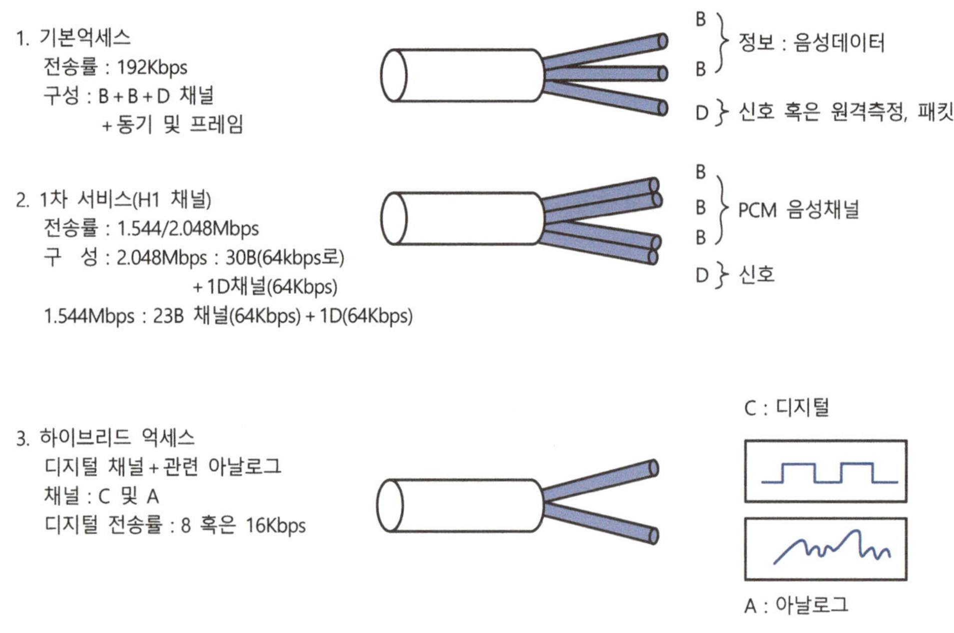

【그림 4-55】 ISDN의 채널구조

▸ **망간인터페이스**

ISDN의 가입자와 망간 인터페이스(UNI; User-Network Interface)의 기본 구성을 그림 4-56과 같이 보여 주고 있다.

ISDN에서는 가입자와 망간 접속을 개념적으로 설명하기 위하여 가입자 접속 장비의 기능을 그룹으로 묶고, 이 기능그룹(functional grouping)을 기준점(reference point)에 의해 분리하여 표시한다.

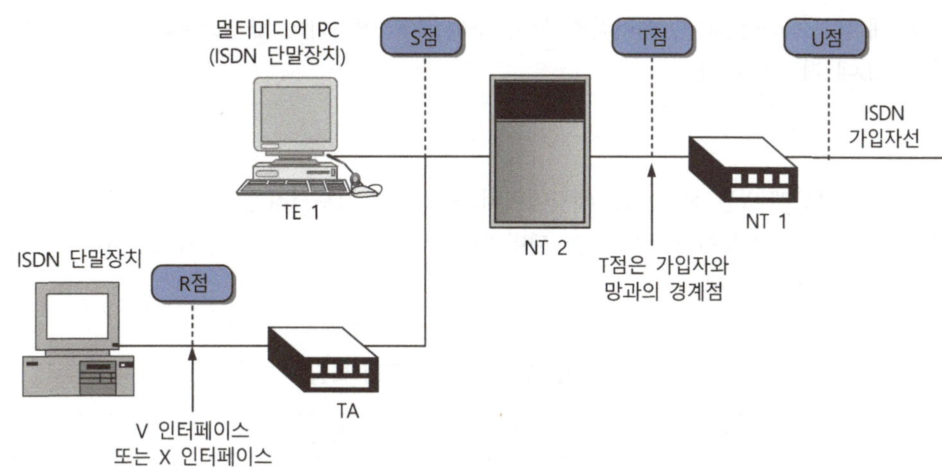

【그림 4-56】 ISDN에서 가입자와 망간 인터페이스

【표 4.6】 ISDN 기준점의 특징

기준점	특징
U(user)	가입자 회선상의 전이중 전송 인터페이스 지점
T(terminal)	사설망과 공중망을 분리하는 지점
S(system)	ISDN용 단말기와 사설망을 분리하는 지점
R(rate)	비 ISDN용 단말기와 TA를 분리하는 지점

4.5.5 ISDN 프로토콜

ISDN의 다양한 서비스를 표준 인터페이스에 의하여 통합, 실현하기 위해서는 계층화 프로토콜이 필요하다.

디지털 가입자 루프상에서 유지되는 프로토콜은 베어러(bearer) 서비스를 위한 층 1, 2, 3으로 CCITT권고 I.431에 층 1, I.440 및 I.441에 층 2, 그리고 I.450 및 I.451에 층 3의 규격을 제시하고 있다.

▸ **층 1**

- TE(Terminal Equipment)와 ET(Exchange Terminal) 또는 NT(Network Termination)간의 물리적 링크를 설정한다. 유지 · 해제하기 위한 층으로 CCITT에서 기본 억세스 및 1차 다중 억세스가 권고되고 있다.

▸ **층 2**

- LAPD(Link Access Protocol on D channel) 프로토콜에 의한 데이터 링크의 설정, 유지 · 해제기능을 수행한다. 데이터 프레임 배열, 에러검출 등이 수행된다. 에러회복 및 흐름제어 과정은 CCITT권고 X.25의 LAPB에 기초를 둔다.

▸ **층 3**

- D채널상의 정보필드에 있는 신호정보, 패킷데이터, 텔리미터 정보처리를 수행한다. CCITT권고 I .451에는 B채널 관련 신호정보 처리를 위한 호 제어과정이 권고되고 있다. 호 진행, 호 위치, 호 전달 등과 같은 기능을 처리할 수 있다.

【표 4.7】 ISDN 기능 그룹의 특징

기능 그룹	특징
NT1	• 망 종단 장치(network terminal equipment) • OSI 물리계층 지원(물리적 및 전기적 신호의 처리)
NT2	• OSI 1~3 계층을 지원 • 전송을 위한 교환과 집중 • PABX가 이에 해당
TE1	• 표준 ISDN을 지원하는 가입자 장비 • 디지털 전화기, 디지털 팩시밀리 등이 이에 해당
TE2	• 비 ISDN 장비 • 단말 정합기(TA)가 필요 • 일반 전화기, PC 등이 이에 해당
TA	• 비 ISDN 장비를 접속하기 위한 장치

그림 4-57은 회선 교환에 대한 프로토콜 구조이다. B채널은 층 1의 기능을 이용한 NT 2 혹은 NT 1에 의하여 서비스된다.

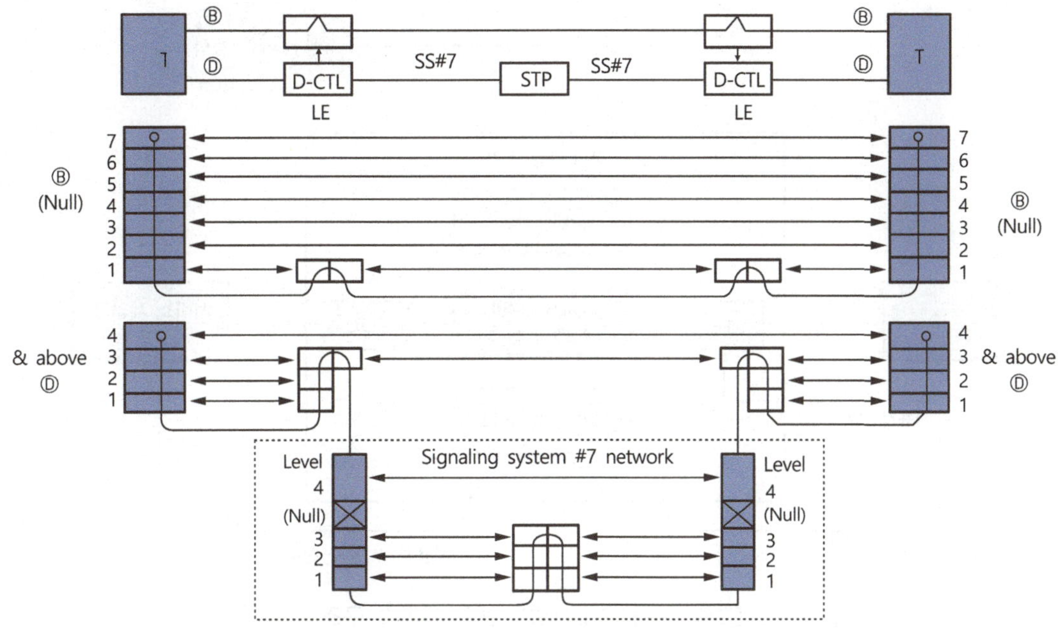

【그림 4-57】 회선교환에 대한 프로토콜

4.5.6 B-ISDN의 개요

지금까지의 ISDN은 협대역 ISDN(N-ISDN)으로 전화망의 디지털화를 계기로 하여 실현된 것으로서 64Kbps를 기본속도로 1.5Mbps의 전송속도를 제공하였다. 하지만 2Mbps 이상의 전송속도를 요구하는 서비스를 필요로 하였고 B-ISDN에서는 150Mbps가 620Mbps라는 고속 통신능력을 제공한다.

1. 교환기술

유연성(즉, 망운영의 효율성)과 단순성(즉, 고속적합성)을 기준으로 회선모드의 회선교환, 패킷모드의 패킷교환, ATM의 셀 교환을 비교할 수 있다.

회선교환에서는 전화교환과 같이 통화중에는 채널이 발·착신 단말에 할당되어 있으나 이 채널은 통신망에서는 시분할 프레임 내의 타임슬롯의 위치로 판별할 수 있다.

프레임은 일반적으로 125μs의 주기를 가지고 있으므로 정보는 주기적으로 전송할 수 있으나 다수의 채널이 프레임을 공용하고 있으므로 비트적으로 고속 전송하기에는 적합하지 못하다.

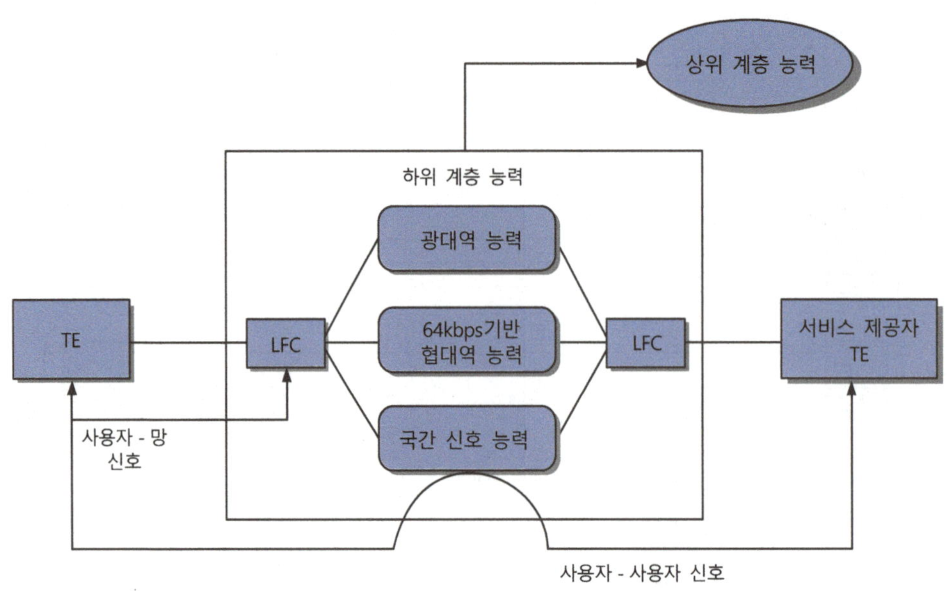

【그림 4-58】 B-ISDN의 전송 서비스 구조

2. 멀티미디어 통신서비스의 실현

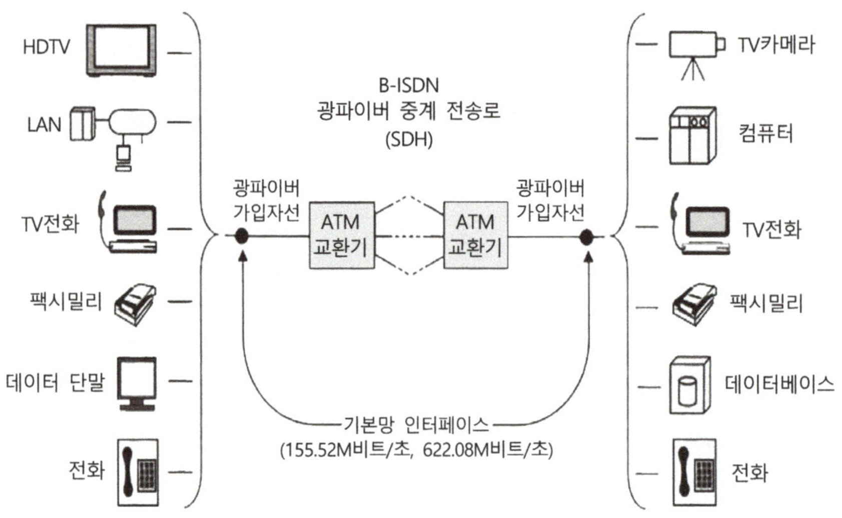

SDH; Synchronous Digital Hierarchy

【그림 4-59】 B-ISDN 실현기술

3. B-ISDN의 ATM(Asynchronous Transfer Mode)

B-ISDN을 가변적인 정보의 고속처리가 가능한 새로운 전송모드로 실현한 새로운 교환기술이 비동기 전송모드(ATM; Asynchronous Transfer Mode)이다.

ATM은 정보를 고정 단위인 셀(cell)로 통일하여 송출하는데, 정보가 발생할 때마다 셀을 할당함으로서 효율적인 운영이 가능하며, 셀의 구조를 단순화하고 크기를 작은 단위로 고정시켜, 하드웨어적인 고속처리를 가능하게 한 방식이다.

4.5.7 SDH/SONET

SDH(Synchronous digital hierarchy)에서는 고속의 신호 상에서 저속의 신호가 추적가능하고(즉 동기화되고), 점 대 점 환경뿐 아니라 망 환경에서도 효과적으로 운용가능하다.

종래 일본의 디지털 하이어라키는 64Kbps를 24개 다중화한 1차군(1.544Mbps)을 기준으로 하여 6.3M - 32M - 97.78M - 397.2M라는 식으로 다중화되고 있다.

이 중에서 1차군(1.5Mbps)과 2차군(6.3Mbps)은 프레임이 일정관계를 가지고 있는 동기 다중화지만 3차군 이상은 일본(1.5M계), 미국(1.5M계), 나아가 유럽(2M계)의 3종의 계열로 나뉘어져 있다.

ATM교환에서는 가입자선의 속도는 150Mbps(155.52Mbps)나 620Mbps(622.08 Mbps)가 표준속도로 사용된다. SONET(Synchronous optical network)은 북미 통신표준기구인 T1위원회에 의해서 승인된 광전송표준이다.

그러나 SONET은 9×90byte 구조로 유럽식 디지털 신호를 수용하는데 한계가 있었기 때문에 프레임의 구조를 3배 확대시킨 9×270byte 구조의 155.520Mbps가 ITU-T의 권고안으로 채택되었다.

- 1.5Mbps계, 2Mbps계의 하이어라키를 상호 접속할 수 있다.
- B 채널(64Kbps)부터 H4(135Mbps)까지의 다양한 속도를 취급할 수 있다.
- 각차군의 속도가 완전히 동기관계로 배열되고 다중 · 분리 · 교환을 고속으로서 할 수 있다.

SDH는 STM-1신호를 기본 단위로 하여, 이의 4배수가 되는 STM-4, STM-16 등으로 다중화되며, SONET은 STS-1(Synchronous transport signal level-1)을 기본으로 하여, 3배수가 되는 STS-3, STS-9, STS-12 등으로 다중화된다.

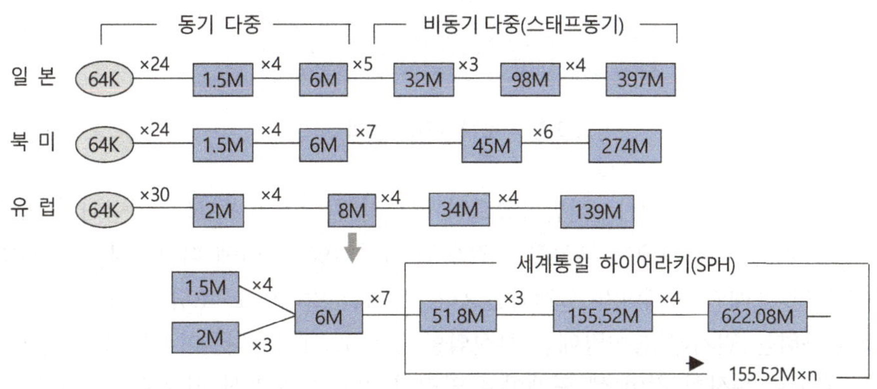

【그림 4-60】 SDH 디지털 하이어라키

【표 4.8】 SDH, SONET의 신호계층

전송 단위	전송율(Mbps)	SONET	SDH
OC-1	51.84	STS-1	-
OC-3	155.52	STS-3	STM-1
OC-9	466.56	STS-9	-
OC-12	622.08	STS-12	STM-4
OC-18	933.12	STS-18	-
OC-24	1244.16	STS-24	-
OC-36	1866.24	STS-36	-
OC-48	2488.32	STS-48	STM-16

4.5.8 ATM

1. ATM의 개념

B-ISDN에서는 다양한 속도를 갖는 다양한 매체를, 다양한 연결형태로 전달할 수 있는 망 능력이 요구되며, 이러한 요구사항을 충족시키는 것이 ATM이다. 즉, 멀티미디어정보를 전송하는 기본이 되는 네트워크인 B-ISDN의 구축이 진행되고 있으며, B-ISDN을 실현하는 기술이 ATM(Asynchronous Transfer Mode)이다.

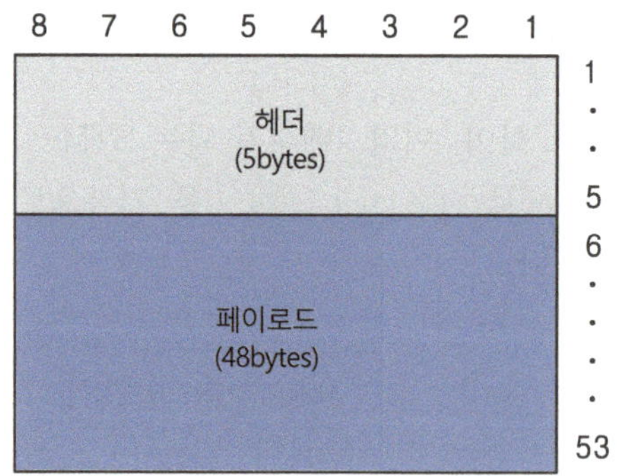

【그림 4-61】 ATM 셀의 구조

X.25는 64Kbps정도의 속도에서는 적합하였으나 근거리 환경에서 LAN이 담당하는 역할이 커지면서 원거리 통신망에 사용하기에는 부적합한 것으로 인식되었다. 이에 따라 2Mbps까지의 전송속도에 지원이 가능한 프레임 릴레이가 설계되었으나, 프레임 릴레이도 초당 수십 혹은 수백 Mbps의 전송속도를 요구하는 원거리 통신망에는 부적합할 것으로 예상된다. 이러한 요구사항을 수용하기 위한 새로운 기술로 등장한 것이 셀 릴레이로 알려져 있는 비동기식 전송모드(ATM; Asynchronous Transfer Mode)이다.

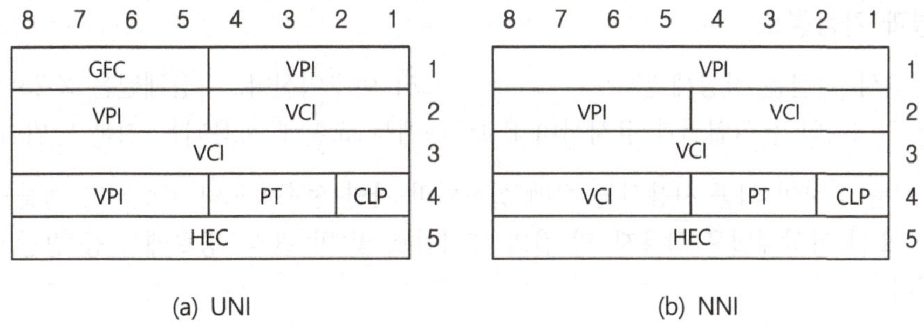

【그림 4-62】 ATM 셀의 헤더 구조

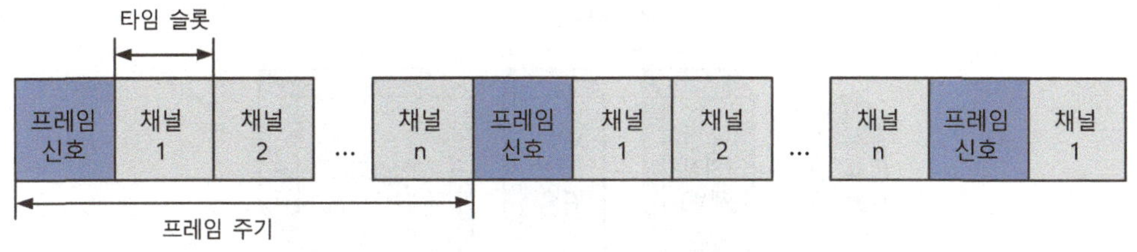

(a) STM(Synchronous Transfer Mode)

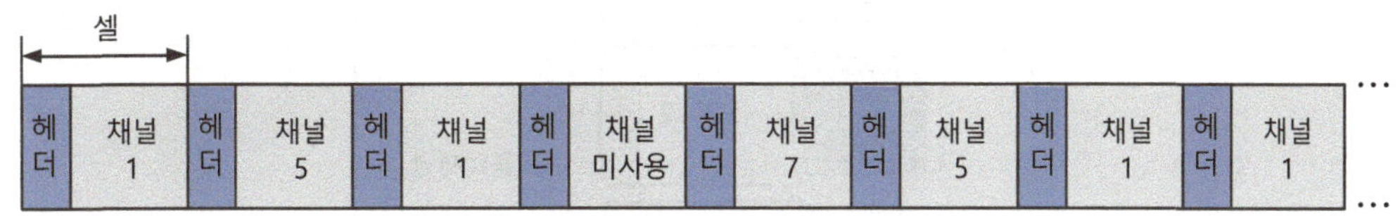

(b) ATM(Asynchronous Transfer Mode)

【그림 4-63】 STM과 ATM의 정보 전달 형태

ATM은 패킷형태의 전달모드로 프레임 릴레이나 X.25와 같이 하나의 물리 인터페이스 상에 여러 개의 논리연결이 다중화될 수 있다. 셀은 수신처를 나타내는 식별자가 든 5byte 길이의 헤더(Header)와 정보가 실제로 실리는 48byte 길이의 payload로 나누어진다.

ATM교환기(ATM노드)는 이 셀(cell)의 헤더(레이블이라 함)를 기초로 루트를 결정하고 전항에서 기술한 SDH가 제공하는 고속의 파이프(중계선)에 송신한다. 이것을 레이블다중이라 부르고 있다. 이와 같이 정보를 셀로 하여 망에 전송하고 망으로부터 셀을 수신하여 미디어의 종별에 맞춘 정보를 복원하는 셀의 조립과 분해를 CLAD(Cell Assembly Disassembly)라고 한다.

ATM노드에서는 다수의 단말로부터 도착하는 셀의 헤더를 보고 셀프 루팅 스위치라 부르는 하드웨어가 고속으로 교환한다.

ATM에서는 셀이 동시에 도착하며 전달망 속에서 폭주가 발생하면 망 내에서 셀의 전송지연(셀 지연)이 크게 되어 주관적일 때는 망 내에서 셀이 버려지는 셀 손실이 발생한다. 이 때문에 ATM에서는 호설정단계로 커넥션 접수제어나 정보전송단계로 폴링이라고 부르는 독특한 제어를 한다.

2. 가상채널과 가상경로

ATM에서 논리적 연결은 가상채널(virtual channel)로써 이루어진다. 가상채널은 X.25의 가상회선이나 프레임 릴레이의 논리연결과 유사하며 B-ISDN에서 교환에 사용되는 기본 단위이다.

가상채널은 망을 통하여 최종 사용자들 간에 설정되며 가변 전송속도의 고정길이 셀들을 쌍방향으로 전달한다. 또한 가상채널은 사용자-망 간의 제어신호 및 망 관리, 경로배정 등 망간의 정보교환에서 사용된다.

ATM계층의 두 번째 부 계층(sublayer)인 가상경로(virtual channel)는 동일한 종단점을 가지는 가상채널의 묶음으로, 하나의 가상경로에 속한 모든 가상채널에 흐르는 모든 셀들은 함께 교환된다.

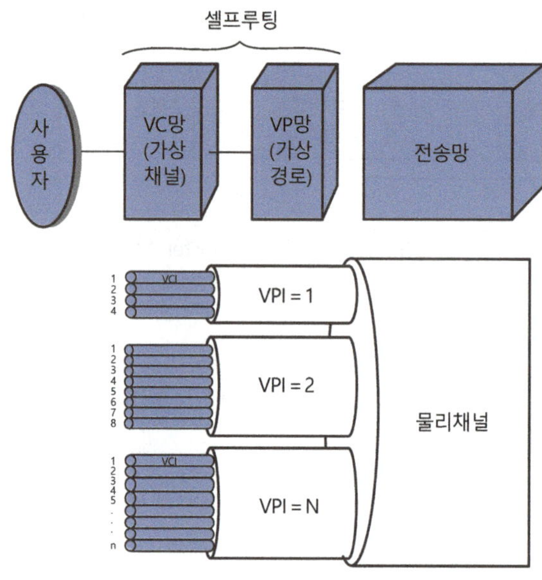

【그림 4-64】 ATM망의 계층구조(가상채널, 가상경로)

가상경로의 장점

- 망구조의 단순화 : 망의 전달기능이 개별적인 논리연결(가상채널)과 논리연결 그룹(가상경로)으로 분리 가능하다.
- 망성능 및 신뢰도 향상
- 연결 설정시간 단축 및 처리량 감소 : 가상경로 설정 시에 많은 작업이 수행되므로 기존 가상경로에 새로운 가상채널을 추가하는 것은 최소의 처리로 가능하다.
- 망 서비스 향상 : 가상채널은 망 내부에서 사용되나 사용자도 식별 가능하므로 사용자는 폐쇄 사용자그룹이나 가상채널의 묶음으로 폐쇄망 정의가 가능하다.

4.5.9 BcN

광대역 통합 네트워크(BcN, Broadband convergence Network)은 다양한 응용 서비스를 쉽게 개발할 수 있는 개방형 플랫폼(Open API)에 기반을 둔 차세대 통합 네트워크이다.

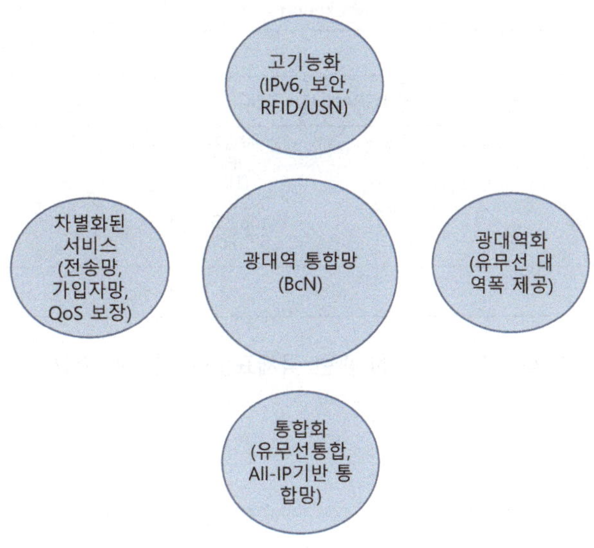

【그림 4-65】 BcN의 특성

BcN 관련 국제 표준화 기구의 영역과 역할은 아래의 그림과 같다.

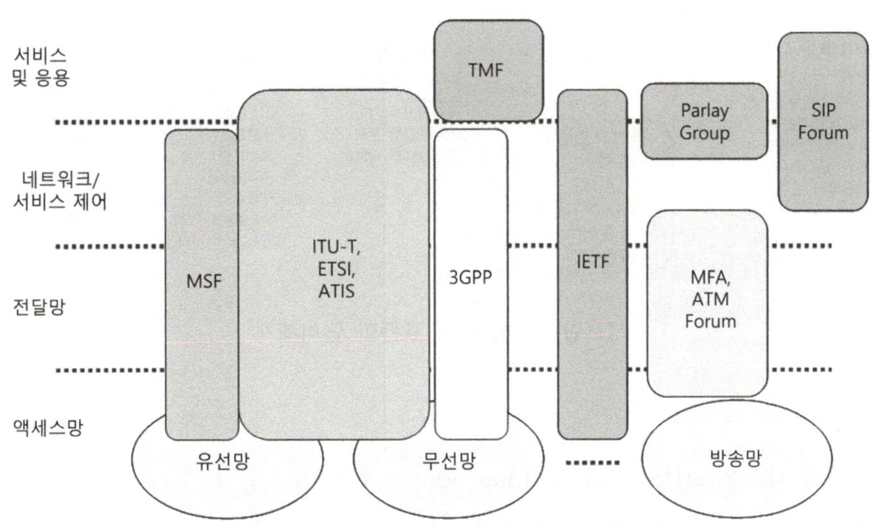

【그림 4-66】 NGN/BcN 관련 국제표준화 기구의 영역

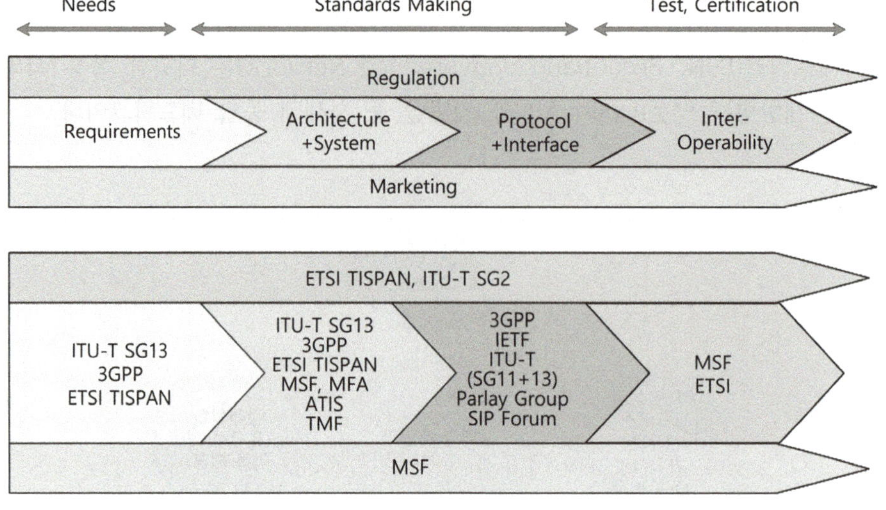

【그림 4-67】 NGN/BcN 관련 국제표준화 기구의 주요 역할

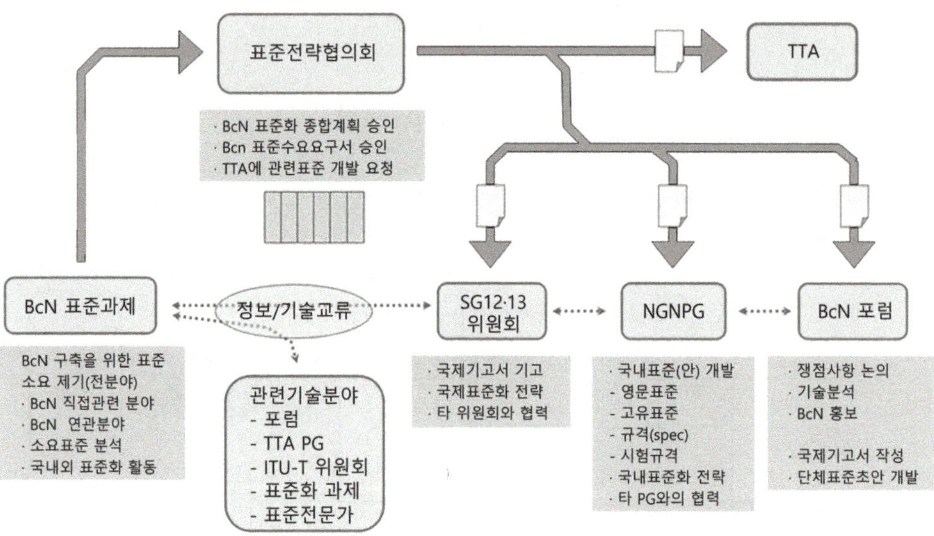

【그림 4-68】 국내 표준화 협력체계

4.5.10 USN

유비쿼터스 센서 네트워크(USN, Ubiquitous Sensor Network)는 RFID와 무선통신 장치를 통해 사물과 온도, 습도 등 환경 정보를 실시간으로 획득, 처리하는 네트워크 시스템이다. USN 미들웨어는 센서를 통해 수집된 정보 및 메타정보를 관리하고, 센서의 위치인식 및 보안 등의 다양한 기능을 제공한다.

응용서비스 질의 관리 구성요소		상황인식 관리 구성요소	서버측 미들웨어
센서정보 통합 관리 구성요소		메타정보 관리 구성요소	

USN 게이트웨이 관리 구성요소

네트워크 내 질의 처리 기능		센서노드 모니터링 기능	네트워크 내 미들웨어
센서노드 토폴로지 정보 관리 기능		센서/구동기 관리 기능	

USN 미들웨어 플랫폼

[그림 4-69] USN 미들웨어의 개념적 특성

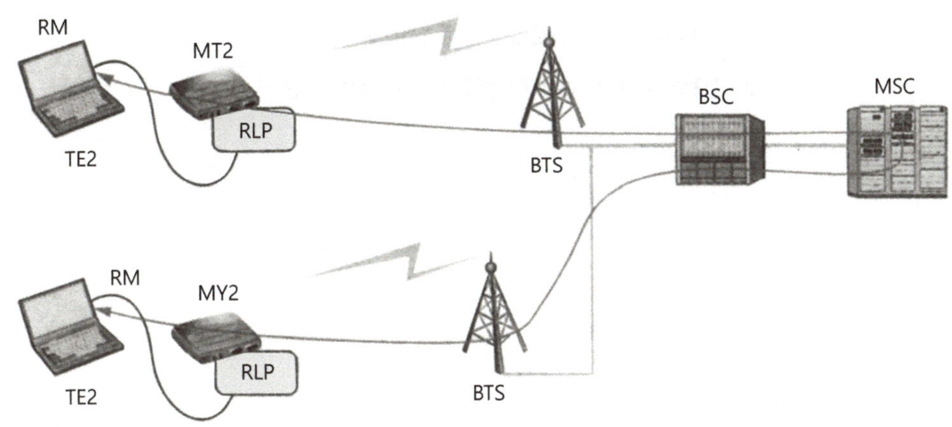

- TE : Terminal Equipment
- BTS : Base station Transceiver System
- MT : Mobile Terminal
- BSC : Base station Controller
- RM : MT-to-TE Serial Data Link
- MSC : Mobile Message Switching Center
- RLP : Radio Link Protocol

센서 노드와 게이트웨이, 서버 간의 데이터 통신(출처 : 한국정보통신기술협회)

[그림 4-70] USN 미들웨어의 개념적 특성

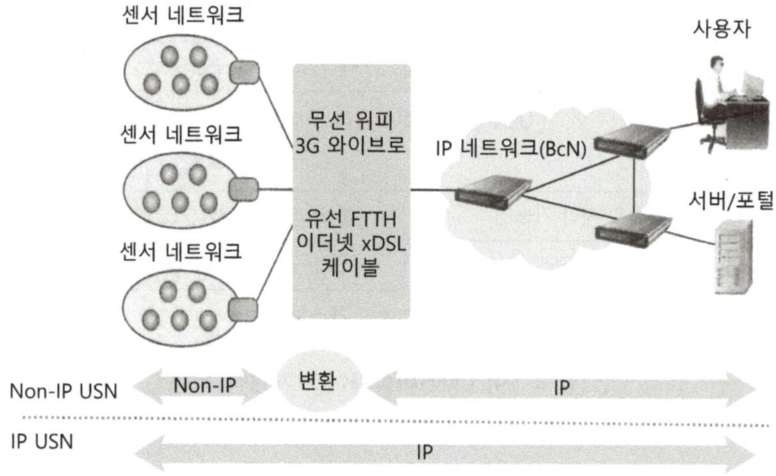

IP-USN망의 개념도(출처 : 한국정보화진흥원)

【그림 4-71】 USN 미들웨어의 개념적 특성

연습문제

01. 통신망을 정의하고, 네트워크의 기본유형에 대해 설명하시오.

02. 교환통신망에서 회선교환망에 대해 설명하시오.

03. 교환통신망에서 메시지교환망에 대해 설명하시오.

04. 패킷교환망에 대해 정의하고, 패킷교환에 사용되는 데이터그램과 가상회선방식에 대해 설명하시오.

05. 패킷교환망의 각종 제어요소에 대해 설명하시오.

06. 근거리통신망(LAN)에 대해 정의하고, 그 특징에 대해 설명하시오.

07. 근거리통신망(LAN)을 망 형태로 분류하고, 각각에 대해 설명하시오.

08. 근거리통신망(LAN)에서 CSMA/CD방식의 동작원리에 대해 설명하고, 그 특징에 대해 설명하시오.

09. 근거리통신망(LAN)에서 토큰패싱방식에 대해 설명하시오.

10. 부가가치통신망(VAN)을 정의하고, 그 계층구조에 대해 설명하시오.

11. 부가가치통신망(VAN)의 제공기술에 대해 설명하시오.

12. 종합정보통신망(ISDN)을 정의하고, 기본엑세스에 대해 설명하시오.

13. 종합정보통신망(ISDN)에서 B와 D채널에 대해 정의하고, 1차군 접속구조에 대해 설명하시오.

14. 종합정보통신망(ISDN)에서 가입자와 망간 인터페이스에 대해 설명하시오.

15. ISDN에서 제공되는 가입자 서비스 중 베어러서비스(bear-service)와 텔레서비스(tele-service)에 대해 설명하시오.

16. ATM에 대해 정의하고, 가상채널과 가상경로에 대해 설명하시오.

[제 5 장]

뉴미디어

5.1 뉴미디어 개요

현재 진행되고 있는 정보화 사회에서는 기존의 미디어만 가지고는 처리할 수 있는 정보의 양, 정보의 질, 정보의 신속성, 편의성 등 모든 측면에서 부족한 면이 많다. 이에 대응하기 위해 새로운 미디어의 필요성이 요구되었으며, 이러한 요구의 수용과 아울러 정보와 통신 기술의 전반을 뉴미디어(new media) 기술이다.

5.1.1 정의

뉴미디어는 전기, 전자, 통신, 정보 관련업계를 비롯한 유통, 교통 등 각 사회 모든 분야의 미래산업이며, 정보를 전달하는 매체 혹은 수단으로서 현재 사용되고 있는 기존의 미디어에 새로운 기술의 이식을 통해 개발된 미디어를 말한다.

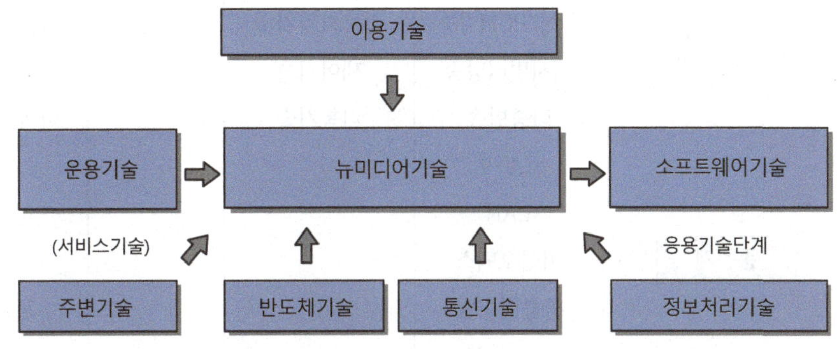

【그림 5-1】 뉴미디어기술과 관계기술

▸ **반도체기술**

CCD(Charge Coupled Device)에 의한 기술과 디지털 회로 기술을 포함한다.

▸ **통신기술**

유선계 뉴미디어, 방송계 뉴미디어의 근간을 이루며, 전송기술과 교환기술을 토대로 한다. 전송기술 중에서도 광전송기술은 종합정보통신망 구축의 기본을 이룬다. 교환기술은 정보처리기술에 의해서 디지털 교환기 시스템을 형성하면서 종합정보망 시스템의 정보교환의 핵을 이룬다.

▸ **주변기술**

LCD, 키보드, 프린터 등의 기술로 실제로 인간이 조작하여 정보를 입출력하는 장치이다.

▸ **소프트웨어기술**

비디오텍스의 각 방식에 따라 데이터베이스가 구축되어 정보 제공의 역할을 수행한다.

▸ **이용기술**

시스템 전체, 단말기에서의 사람-기계 인터페이스, 데이터베이스 구축방법, 데이터 작성방법, 표시 방법 등의 전반적인 기술이 포함된다.

5.1.2 뉴미디어의 구분

【표 5.1】 뉴미디어의 분류와 방식

	분류	방식	기본기술	신호	디바이스
	통신계	TV 위성방송	신호처리기술	아날로그	고주파용 반도체
		HDTV	통신전송기술	디지털	로직 IC
	고도의 다양한 정보의 서비스	음성 PCM방송	정보처리기술		반도체 메모리
		팩시밀리방송	제어기술		A-D, D-A 변환기
		다중방송	기록기술		마이크로 컴퓨터
		CATV			CCD
		LAN			하이브리드
뉴미디어	통신계	비디오텍스			다이오드
		공중전화망			광소자/LED
	새로운 가치를 생산하는 정보 네트워크	위성통신			센서
		정보은행			레이저
		VAN			Hall 소자
		VRS			영상센서
	패키지계	VTR			
		비디오디스크			
		콤팩트디스크			
	정보의 패키지화	DAT			
		erasable디스크			

뉴미디어는 방송계, 통신계, 패키지계 뉴미디어로 구분할 수 있다.

① 방송계 뉴미디어 : HDTV, CATV, 위성방송, 다중방송 등

② 통신계 뉴미디어 : 화상회의, 화상응답시스템, 비디오텍스, 팩시밀리 등

③ 패키지계 뉴미디어 : 비디오디스크, VTR, CD-ROM, CD-I 등

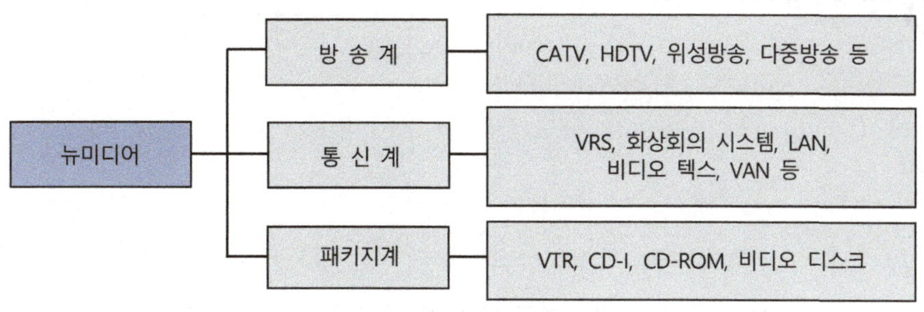

【그림 5-2】 뉴미디어의 분류

5.2 방송계 뉴미디어

5.2.1 HDTV

1. 개요

고선명 TV(HDTV; High Definition TV)는 기존의 TV방식에서 사용하고 있는 주사선 수와 대역폭을 증가시켜 사진이나 35mm 영화에 버금가는 정도의 고품질 화면을 제공하고, 음질은 CD(Compact Disc)와 비슷한 수준인 TV방송을 의미한다.

기존의 아날로그 TV는 우리 나라를 포함한 일본, 미국 등이 주사선 수가 525선인 NTSC(National Television Systems Committee)방식을 이용하며, 유럽에서는 주사선 수가 625선인 SECAM(Sequential Color A Memoire)방식을 사용한다.

【표 5.2】 HDTV와 현행 TV방식의 비교

항목	HDTV	현행 방식	
		NTSC	PAL/SECAM
주사선 수	1,125	525	
화면 종횡비	9 : 16	3 : 4	
주사방식	2 : 1 (순차주사)	2 : 1 (비월주사)	2 : 1 (비월주사)
필드 주파수(Hz)	60.00	59.94	50
전송영상신호대역(MHz) • 휘도신호 • 색차신호(광대역) • 색차신호(협대역)	 20 7 5.5	 4.2 1.5 0.5	 6 1.3 1.3
음성신호 변조방식	PCM	FM	FM

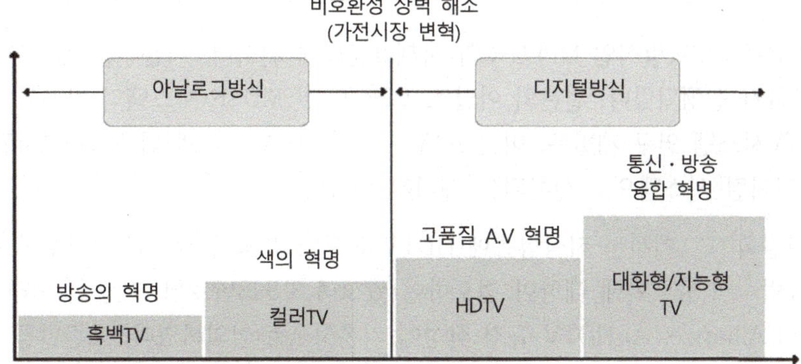

※ 자료 : 한국전자통신연구원 「IT산업전망 컨퍼런스」, 디지털방송서비스 중

【그림 5-3】 디지털방송의 발전경로

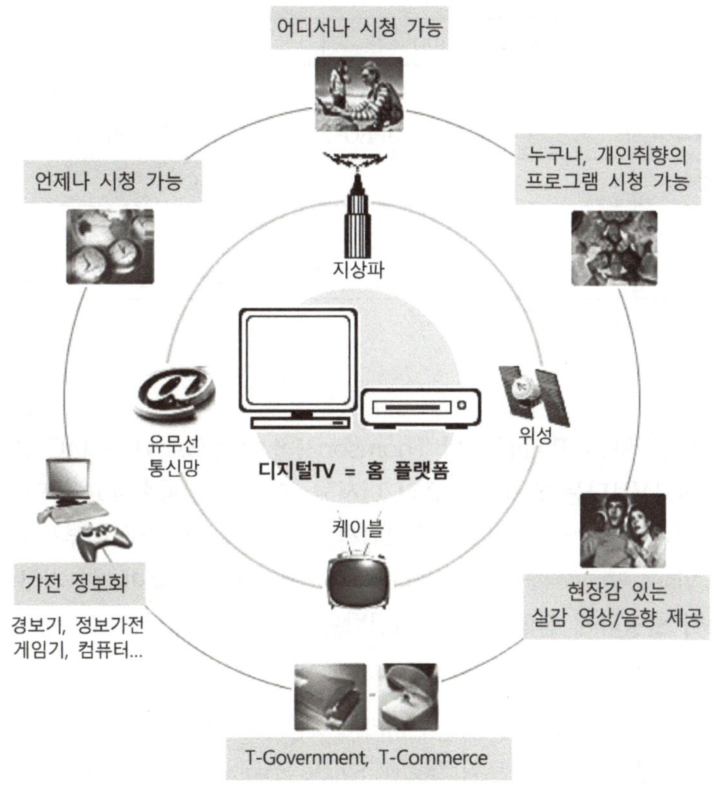

※ 자료 : 한국전자통신연구원 「IT산업전망 컨퍼런스」, 디지털방송서비스 중

【그림 5-4】 디지털TV/방송의 개념도

2. HDTV의 규격

디지털 동영상 압축부호화방식인 MPEG-2의 국제표준화에 뒤이어, 이를 이용한 디지털방송방식의 표준화 및 실용화가 진행되었다. 일본의 아날로그 HDTV인 MUSE 시스템의 발표와 더불어 활발해진 각국의 HDTV시스템 연구 개발은, 미국 ATV(Advanced TV) 시스템의 완전 디지털화 발표로 인해 그 방향이 디지털 시스템으로 전환되는 계기가 되었다.

미국연방통신위원회(FCC)에서는 지상방송에 HDTV를 도입할 목적으로 1987년부터 차세대 텔레비전 방송인 ATV방식의 규격화에 대하여 검토하여 왔으며, 1993년 2월, 제출된 여러 방식들 중 최종적으로 Grand Alliance(GA) HDTV 규격 작성에 기본적으로 합의하였다. 표준안을 바탕으로 FCC는 1995년 후반부터 일반인의 청취과정을 통해 ATV의 표준규격을 확정하였다. HDTV 시스템은 지상파 방송을 전제로 기존의 NTSC방식과의 동시방송(simulcast) 형태로 제공되는 것을 기본으로 한다. HDTV방식의 기본 규격은 표 5.3에 정리되어 있다.

【표 5.3】 미국 HDTV방식의 기본 규격

스튜디오 신호 포맷	Aspect ratio	16 : 9
	주사방식	순차주사
영상신호 압축방식	MPEG-2 Main Profile@High Level	
음성신호 압축방식	Dolby AC-3	
신호 다중방식	MPEG-2 System	
변조방식	지상방송용 : 8-VSB, 케이블 전송용 : 16-VSB	

3. 유럽의 동향

유럽은 1995년 방송을 목표로 Philips사와 Thomson사를 주축으로 HD-MAC 방식의 개발에 전력을 기울였다. 하지만 HDTV보다는 SDTV 수준의 디지털 TV를 시험방송하고 있었다. 유럽에서는 디지털 TV 방송 규격안을 검토하여 유럽의 방송사업자, 가전업체 및 각국 정부들로 EP-DVB(European Project for Digital Video Broadcasting)가 1993년 12월에 설립되었으며, 이 기구를 중심으로 디지털 방송 표준화 작업이 활발하게 진행되었다. 위성방송, CATV에 관한 규격안은 ETS에 제안되어 표준화 작업을 진행하였다.

이 규격안은 영상 및 음성의 압축방식으로 MPEG-2방식을 채용하고 있으며, 디지털변조방식에는 지상파 중계에 관한 단일 주파수 네트워크(SFN; Single Frequency Network)의 실현과 이동체 서비스의 고품질화를 고려하여 여러 개의 반송파(carrier) 주파수를 사용하는 COFDM(Coded Orthogonal Frequency Division Multiplexing)방식을 채용하기로 결정되었다.

4. 일본의 동향

일본은 우정성 통신종합연구소, NHK, 민간방송사업자, 통신사업자들에 의해 요소기술 연구개발이

진행되었다. 또한, 방송기술개발협의회(BTA)에서는 신방송시스템 특별 소위원회를 설치하여 차세대 디지털방송에 관한 조사 및 연구를 하였으며, NHK는 유럽에서 개발 중인 COFDM방식을 이용한 전송을 채용하여 사용되고 있다. 그리고 2,000개 이상의 주사선을 가지며 기존 방식보다 한발 앞선 새로운 개념의 디지털방식 초고선명 TV인 UDTV(Ultra Definition)를 개발을 위해 우정성에서 노력을 경주하였으며, 일본 각 회사는 디지털 HDTV 개발을 위해 미국, 유럽과 공동개발 및 현지 개발체제를 갖추고 있다.

5. 우리나라의 동향

고선명의 영상과 고품질의 음향을 제공하면서 언제 어디서나 시청자가 원하는 프로그램을 자유롭게 선택하고 개인용 컴퓨터처럼 다양한 서비스를 체험할 수 있는 지능형 TV를 제작하기 위해 2005년 양방향 DMB 데이터서비스 기술, 2006년 정보 맞춤형 DTV 단말, 2007년 기가급 케이블 송수신 시스템개발을 하였다.

5.2.2 CATV

1. 개요

Community Antenna Television 또는 케이블 텔레비전(cable television)의 약칭이다. 가입자에게 케이블을 통해 프로그램을 전송하는 통신시스템이다. 산간벽지나 고층빌딩이 밀집한 대도시에서 난시청 해소를 위해 공동 안테나를 설치, 수신한 방송파를 동축 케이블을 통해 각 가정에 분배하는 시스템이다.

2. CATV의 종류

▸ 공동수신 CATV

공영 TV방송을 보다 선명하게 시청

1) 벽지 난시청대책용 CATV

산간벽지의 난시청을 해소하기 위해 양호한 방송 전파를 수신할 수 있는 근처의 산정에 공동 안테나를 설치하여 수신하는 시스템

2) 도시 난시청대책용 CATV

고층건물 등에 의해 TV전파가 차단되는 지역의 수신 장애를 해소하기 위하여 근처 고층건물의 옥상에 공동 안테나를 설치해 수신하는 시스템

3) 빌딩 공동수신용 CATV

공동안테나를 설치하여 연립주택, 아파트, 빌딩 등의 건물 내의 가입자들이 공동으로 수신하는 시스템

▸ **자체방송 CATV**

VHF대역 내에 있는 TV방송으로 자체적으로 제작한 프로그램을 제공하거나 멀리 떨어진 타 지역의 TV방송을 수신해서 자기 지역에 재송신하는 시스템

▸ **폐쇄회로 TV**(CCTV; Closed Circuit Television)

특정 다수의 공동 목적을 위해 사용되는 시스템으로 호텔, 병원 등 특정 대상이나 은행, 백화점 등 감시기능을 갖는 시스템을 이용하여 자동감시 및 자동검침 시스템으로 변환이 가능한 시스템을 말한다.

▸ **쌍방향 CATV**

시청자와 CATV사업자와의 간에 데이터 혹은 영상회선을 설정하여 이것을 사용해 여러 종류의 서비스를 실행하는 것으로, 분배기능만을 가진 단방향 CATV에 수집기능을 첨가한 시스템이다.

1) 제1단계

가입자 요구에 따라 프로그램을 신청한 가입자에게 해당 프로그램에 대한 요금을 부과하는 시스템

2) 제2단계

가입자가 방송센터의 컴퓨터와 대화할 수 있는 시설을 구비, 상호 간에 질문 응답이 가능한 방식

3) 제3단계

원격검침 및 보안장비 등을 방송센터의 컴퓨터가 원격 감시할 수 있다.

4) 제4단계

각종 정보서비스를 받을 수 있고 또 원하는 정보를 센터에 통보할 수 있는 시스템

▸ **헤드엔드**(Head End)**계**

Cable Head와 Antenna End의 합성어로 CATV의 중추적인 역할을 수행하는 정보의 공급원으로서 수신이 양호한 지점에 설치된 공용 안테나로부터 수신된 방송신호, 자체 제작된 서비스 신호를 서비스 분산 전송로에 송출하기 위한 제반 설치를 통칭한다.

▸ **전송로계**

헤드엔드에서 송출된 신호를 각 가입자의 단말기까지 전송해 주기 위한 통로에 해당되는 것이다. 전송로의 구성 형태는 CATV국에 가입한 사용자 수, 가입자의 분포 형태, 가입자가 위치한 지형 형태, 시스템의 규모 및 적용대상 등의 조건에 따라서 달라진다.

▸ **가입자 단말계**

수신 단말계를 구성하는 기기 외부에서 유입되는 surge 등으로부터 단말기를 보호하는 보안기 및 복수 단말기를 연결하기 위한 직렬 유니트(outlet), TV수신기나 FM라디오 등은 대표적인 단말기이다.

3. CATV의 구성

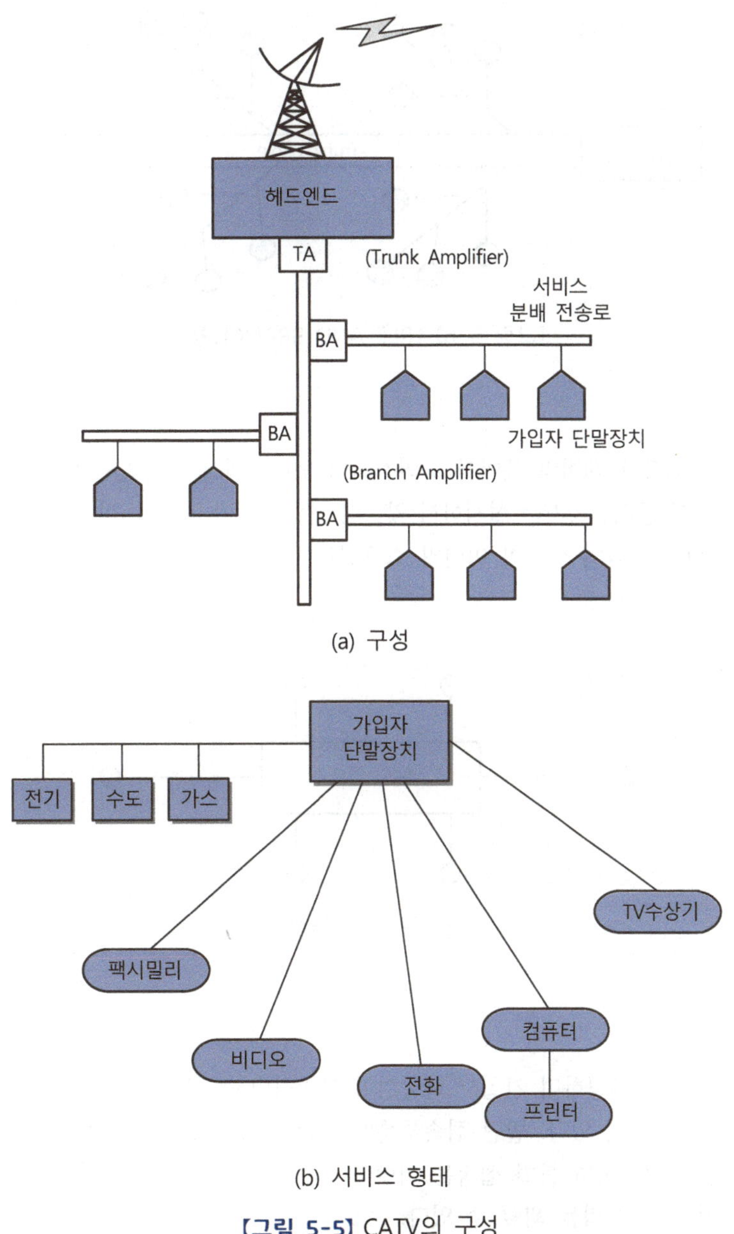

[그림 5-5] CATV의 구성

4. CATV의 망 구성

▸ **Tree and Branch형**

- 다수의 가입자에게 같은 신호를 분배하여 연결하는 경우, 효율적인 방식이다. 채널 선택은 가입자 단말에서 별도 실시하며 사용주파수 대역에 따라 수용채널이 유동적이다. 특정 채널의 접속을 위해 디코더나 스크램블을 위한 별도의 장치가 필요하다.

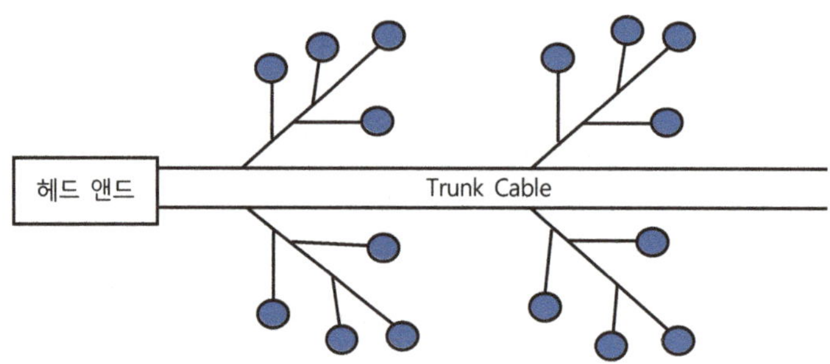

[그림 5-6] TREE AND BRANCH형

▸ **성형(STAR)**

- 센터(헤드앤드)와 가입자가 개별의 케이블로 연결되어 있다. 센터와 가입자간의 케이블은 "가입자 선로"라고 부른다. 통상 중계증폭기는 설치하지 않는다. Tree and Branch형 보다 비용이 많이 드나 광케이블 사용으로 신호의 불법 접속이 어려워 스크램블 등이 필요 없다. 교환형 STAR 구조로 변환이 가능하다.

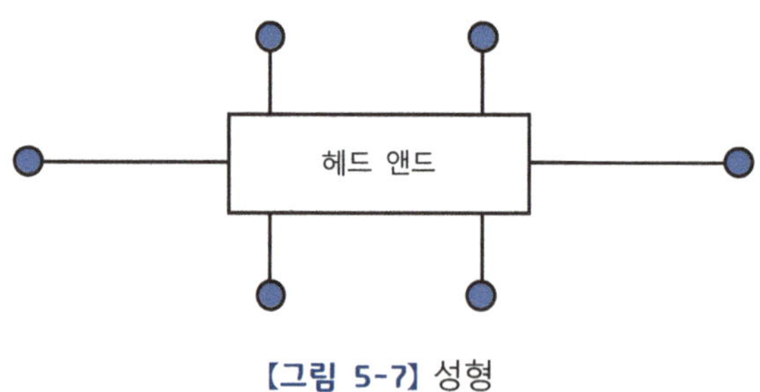

[그림 5-7] 성형

▸ **SWITCH STAR형**

- CATV와 관련 서비스를 제공하며 가입자 확장성이 용이하다. STAR형보다 비용이 절감되나 기술 및 유지 보수에 다소 어려움이 있다. 말단 접속부분에는 각 가입자가 동시에 필요한 채널이 확보되어야 한다. 광섬유 사용이 가능하며 불법 접속은 어렵다. 인텔리전트 기능은 교환지점에 설치하여 가입자 단말을 간소화시켜 다 기능화를 꾀할 수 있다.

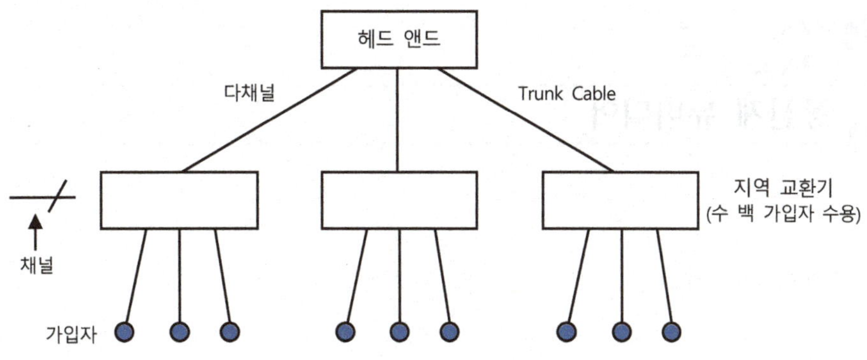

【그림 5-8】 SWITCH STAR형

5.3 통신계 뉴미디어

5.3.1 비디오텍스(Videotex)

1. 개요

컴퓨터를 사용하여 글자와 그림으로 구성된 화상정보와 축적되어 있는 데이터베이스로부터 공중 데이터 통신망 또는 전화회선을 이용, 사용자가 원하는 각종 정보검색은 물론 예약 업무, 홈쇼핑(home shopping), 홈뱅킹(home banking) 등 다양한 서비스를 대화 형식으로 제공하는 쌍방향 화상 정보시스템이다.

2. 기본구성

▸ 운영상 구성요소

1) 시스템 제공자

비디오텍스 서비스를 위해 필요한 컴퓨터 시스템 및 소프트웨어를 제공하여, 제3의 데이터베이스 소유자(백화점, 호텔, 은행 등의 외부정보 서비스센터)에게 중계연결을 해 주는 관문(gateway)의 역할을 한다.

2) 정보 제공자

데이터베이스 제작을 위한 정보 입력시스템을 갖춰 사용자가 필요로 하는 정보를 수집 · 가공하고 사용자용 데이터베이스에 정보를 제공한다.

3) 서비스 제공자

서비스의 판매 및 권리, 고객 판촉, 홍보, 요금 징수 분배와 정보 제공의 체계화, 새로운 응용 서비스의 도입 등 정보 및 서비스를 제공하는 역할을 담당한다.

4) 통신망 제공자

이용자와 시스템 간, 정보 제공자와 시스템 사이의 통신망을 제공한다.

5) 이용자

서비스 제공자로부터 정보 및 서비스를 제공받는다.

▸ 하드웨어적 구성

1) 중앙정보센터

시스템 운영자가 소유하며 각종 정보가 저장되어 있는 데이터베이스와 호스트 컴퓨터(host computer)

가 있어 정보를 처리, 정리, 가공, 축적, 분배하고 시스템을 제어한다. 또한 비디오텍스 시스템의 센터 역할을 수행하며, 회선의 제어, 사용자 확인, 시스템에 대한 통계 및 감시, 관리 기능, 사용자 단말기 제어 등 통신 제어기능을 수행한다.

2) 정보 입력 단말기

정보입력 기기, 정보작성 및 편집기, 복사장치, 소규모 데이터베이스, 제어용의 마이크로 또는 미니컴퓨터로 구성되며, 정보 페이지의 작성, 수정, 삭제 기능 및 정보축적, 정보전송 기능을 한다.

3) 전기 통신망

공중전화망(PSTN), 공중데이터통신망(PSDN), 전용회선 등을 사용하며, 정보자료를 전송해 주는 통신매체의 역할을 한다. 비디오텍스 정보의 중계, 정보센터와 이용자 간의 프로토콜 변환, 코드 정보와 패턴 정보간의 미디어 변환 등을 수행하는 통신처리장치 기능을 수행한다.

4) 수신단말

비디오텍스 전용단말, 가정용 TV에 디코더를 연결하는 어댑터형, 디코더가 TV에 저장되어 있는 내장형 및 퍼스널 컴퓨터 형태 등이 있으며, 키패드(keypad) 또는 키보드(keyboard)를 부착하여 숫자화된 문자나 그림 정보를 검색하며 사용자와 시스템 간의 인터페이스 역할을 한다.

【표 5.4】 국제적 3방식의 기능

항목 방식	CAPTAIN	NAPLPS(북미방식)	CEPT(유럽방식)
주도형 표시방식	Photographic	geometric	모자이크
문자, 기호 표시기능	영문자, 숫자, 기호, 한자, 일본문자.	영문자, 숫자, 기호	영문자, 숫자, 기호
도형 표시 기능 ① photographic	있음	없음	자연화표시만 있음 (64kbps 전송을 전제)
② geometric	있음	있음	있음
③ 모자이크	CAPTAIN 독자 모자이크	CEPT 모자이크를 일부 이용	CEPT 독자 모자이크
④ DRCS	있음	있음	있음
표시 문자수	(표준) 15열×8행(한자) 31열×16행(영자, 숫자) (최대) 31열×16행 62열×32행	(표준) 40열×24행	(표준) 40열×24행

▸ **원리**

전화 또는 디코더 내의 자동 다이얼(autodial) 기능으로 중앙정보센터를 호출해 수신 단말을 호스트 컴퓨터와 연결한 후 키패드나 키보드로 컴퓨터내의 데이터 베이스로부터 원하는 정보를 선택하는데, 키보드를 이용하는 경우 키보드에 의한 정보검색 및 정보서비스의 이용과 사용자 측에서 중앙

정보센터, 외부정보센터 혹은 다른 사용자 단말측에 메시지를 전송할 수 있다.

3. 표준화 동향

▸ **Data syntax I** (CAPTAIN) : **알파 포토그래픽방식**

일본의 캡틴에서 처음 채택한 방식으로 패턴(pattern)방식이라고도 하며 팩시밀리와 같은 원리로 정보를 구성하는 각 화소를 디지털 코드화하여 한 화면을 구성하는 화소 정보 전체를 전송하는 방법을 채택하였다.

▸ **Data syntax II** (CEPT) : **알파 모자이크방식**

영국 프레스텔에서 처음 채택한 방식으로 대부분의 유럽지역에서 사용되며 도형 정보를 모자이크 블록으로 조합하여 표현하고, 이들 모자이크 패턴을 코드화하여 전송한다는 것이 이 방식의 기본 개념이다.

▸ **Data syntax III** (NAPLPS) : **알파지오메트릭방식**

이 방식은 캐나다의 텔리돈에서 처음 채택하였으며 ISO에서 정한 코드 확장 기법을 사용하여 7비트 또는 8비트 코드로 문자나 도형, 제어 명령 등을 표현한다.

4. 서비스 응용분야

비디오텍스의 활용 분야는 그림 5-9와 같다.

응용 분야	시스템 형태	내용
정보 검색 (information retrival)	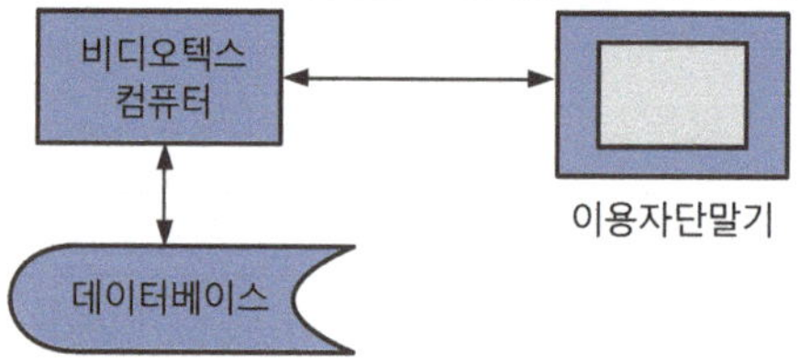 비디오텍스 컴퓨터 ↔ 이용자단말기 비디오텍스 컴퓨터 ↔ 데이터베이스	뉴스, 일기예보, 광고, 물가, 비행기, 시간표 등에 대한 최신 정보, 전화번호 검색
거래처리 서비스 (transaction service)	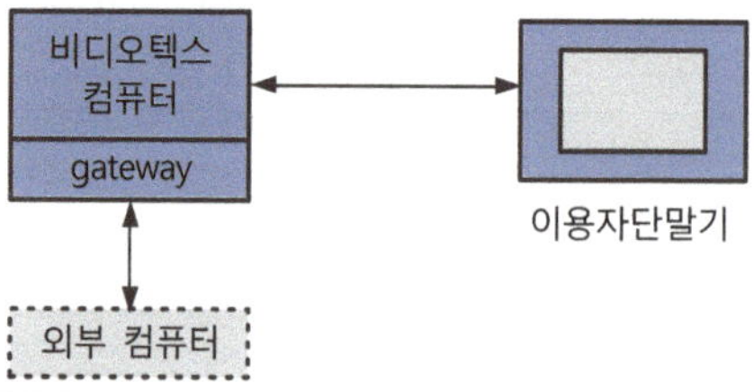 비디오텍스 컴퓨터 / gateway ↔ 이용자단말기 gateway ↔ 외부 컴퓨터	홈뱅킹, 홈쇼핑, 상품 소개 및 주문, 티켓 주문, 예약
원격감시 서비스 (telemonitoring)	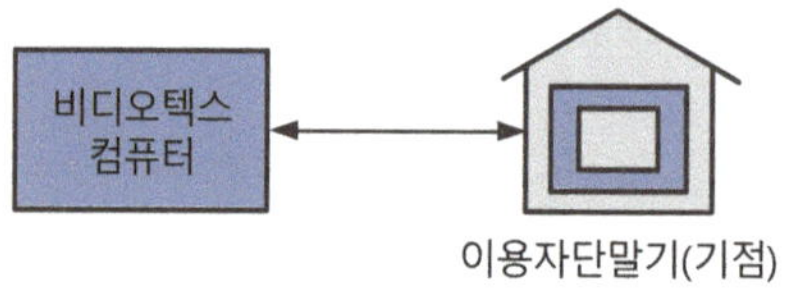 비디오텍스 컴퓨터 ↔ 이용자단말기(기점)	도난 및 화재 경보, 의료 경보 시스템, 에너지 관리 시스템

[그림 5-9] 비디오텍스의 응용 분야

5.3.2 문자방송(Teletext)

1. 개요

TV영상은 매초 30장의 화면이 연속해서 비춰지는데 이 화면과 화면 사이에는 약간의 시간 틈이 있다.

이 시간의 틈에 본래 화면에는 영향을 주지 않도록 점이 도형의 문자를 넣어 보내는 방법인데 화면과 화면 사이에 원하는 내용을 중첩시켜 보내 시청자들이 화면에 재생시켜 볼 수 있도록 하는 방송 시스템을 문자방송이라 한다.

2. 기본 구성

▸ **텔리텍스트 시스템의 기능**

- 취재, 정보수집 및 신호 전송 기능
- 프로그램 제작 및 송출 기능

▸ **프로그램 형태**

- 독립 프로그램으로 TV의 주프로그램과 별개의 방송이다.
- 보완 프로그램으로 TV의 주프로그램과 관련 방송이다(청각장애인을 위한 방송 등이며, 주프로그램과 동시에 진행하고 자막으로 나타내는 것이 대표적인 예이다).

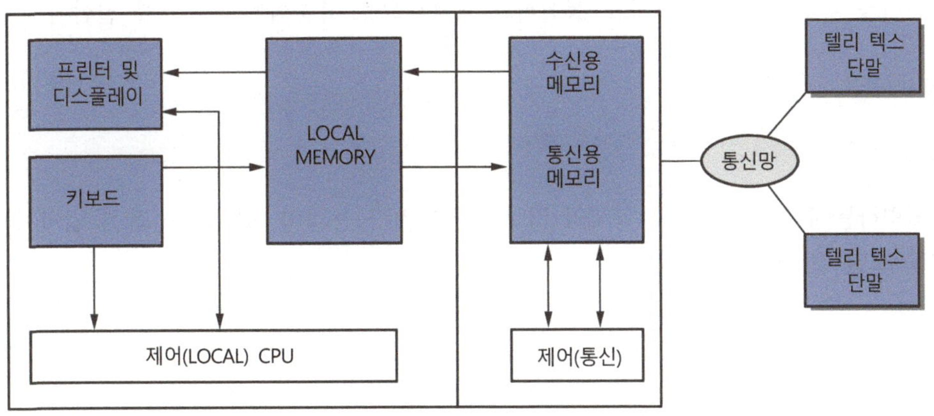

【그림 5-10】 텔리텍스트의 구성도

▸ **전송방식**

1) 부호(code)방식

수신기 측에 문자는 각각의 문자에 대응되는 부호로 기억시켜 놓고 송신 측에서 문자를 지정하는 부호로 전송하여 화면에 표시되는 문자와 도형을 표현하면, 수신기에서 각 부호에 해당하는 문자를 문자 발생기를 이용하여 표시하는 방식이다.

2) 패턴(pattern)방식

문자나 도형 패턴 정보를 화소단위로 분해하여 디지털 신호 형태로 전송하며, 화면 표시상의 한 개 라인을 전송상의 한 개 라인(수평주사시간)에 대응하는 것으로 데이터 형식이 고정되어 있다.

3) 혼합방식

부호방식과 패턴방식을 혼용하는 방식으로 문자는 부호방식으로, 도형이나 복잡한 한자는 패턴방식으로 전송하는 방식이다.

5.3.3 텔리텍스(Teletex)

1. 개요

국제통신이 가능한 문서 통신용 단말기로 텔렉스의 단점인 통신 속도가 느리고, 사용되는 문자가 제한을 받으며, 전송에러검출방법이 미흡하다는 점을 해결할 수 있다.

2. 특징 및 기능

텔리텍스는 기존의 텔렉스(TELEX)에 비해 정보의 전송 속도가 빠르고, 편집기능을 갖춘 새로운 사무용 문서 통신 시스템으로, 문서 편집 기능을 가진 단말기와 단말기 사이에 일반적인 타자기에 사용되는 문자를 부호화 하여 고속으로 통신하는 국제적으로 표준화된 서비스를 말한다.

▸ **단말기의 구성**

1) 입력부

문서를 입력하는데 타이프라이터 형식의 키보드가 널리 사용되며, 장래에는 음성 입력 등의 편리한 방법도 쓰일 것이다.

2) 출력부

프린터나 디스플레이 등으로 이루어진다. 프린터는 도트(dot)식 프린터가 널리 쓰이고, 디스플레이는 문서의 내용을 표시하고 편집 작업에 이용된다.

3) 기억부

입력된 문서를 축적하는 일과 외부 통신망으로부터 들어오는 문서를 축적하는 일을 동시에 수행하는 기능을 갖고 있다.

4) 처리부

입출력 정보를 처리하고 외부 통신망과의 통신활동을 제어한다.

▸ **통신망**

- 공중전화망(PSTN), 회선교환데이터망(CSDN), 공중데이터통신망(PSDN) 등의 통신망에 연결 사용이 가능하다.
- 텔리텍스-텔렉스간의 상호 연결은 TTU(Teletex-Telex Converter Unit)라는 변환 장치를 사용하여 전송 속도나 부호 변환처리, 메모리에 축적, 변환 처리하는 방법을 사용하고 있다.
- 텔리텍스 통신에 전화망을 사용할 경우의 장점은 회선이 연결되었을 경우 수초 동안만 사용하더라도 전달할 내용을 송신하는 것이 가능하기 때문에 회선 사용료가 저렴하다.

▸ **터미널의 기능**

- 수신된 문서의 에러 검색이 가능하다.
- 문서의 편집, 수정, 복사, 저장, 수신, 송신이 가능하다.
- 기존의 공중 전화망에 연결함으로서 어떠한 전화 가입자와도 텔리텍스 서비스가 가능하다.
- 자택 교환기(in-house switching) 장치 또는 사설 교환기(PABX)에 연결함으로써 자택 서비스(홈뱅킹, 전자 우편 등)가 가능하다.
- 사용자의 작업이나 부재중에도 문서 수신이 가능하다.
- 데이터 뱅크에 연결하여 용량을 확장할 수 있고 다른 서비스 시스템(팩시밀리, 비디오 택스 등)과 상호 연결사용이 가능하다.

3. 텔렉스와 텔리텍스의 비교

텔리텍스는 회사 사무실 등에 보급되어 사무용 문서 통신에 이용될 뿐만 아니라, 보다 많은 지역에 텔리텍스 단말기가 보급되면 전자우편에도 이용될 것이다.

텔렉스는 전용 텔렉스망이 별도로 필요하며, 팩시밀리는 문서 편집이 불가능하고 문서 기억 및 검색 능력이 없다.

5.3.4 팩시밀리

1. 개요

기존 우편물의 속성을 전기 회선에 이용함으로써 일반 서류, 도면, 사진 및 각종 자료를 거리에 관계없이 신속하게 원본대로 송수신할 수 있는 문서 통신 기기이다.

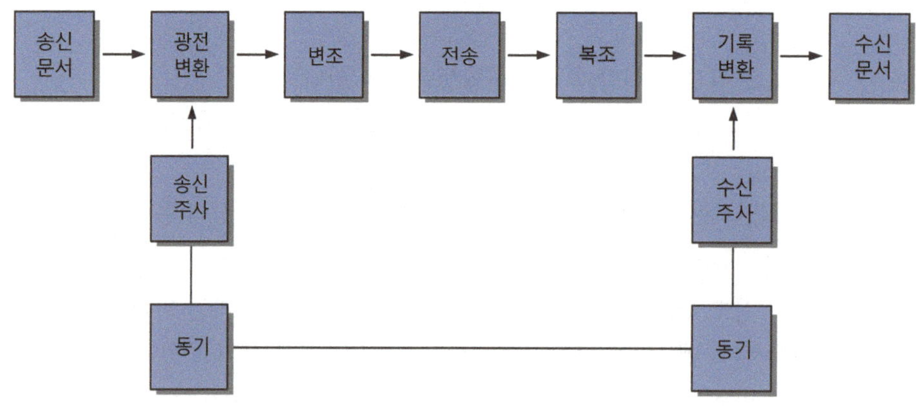

【그림 5-11】 팩시밀리 기본동작

2. 팩시밀리의 종류와 기능

▸ **문서 팩시밀리**

CCITT에서 전송 기술(전송속도, 신호처리방식 및 전송로의 구성)에 따라 분류한 G1(Group 1), G2(Group 2), G3(Group 3), G4(Group 4) 팩시밀리를 말한다.

【표 5.5】 문서 팩시밀리의 종류 및 특성

종류	특성	OCTTT 관련 권고안	권고시기
G1 (6분기)	• 신호대역을 압축하지 않고 주파수 변조를 사용하여 A4 원고를 약 4~6분에 전송가능 • 아날로그 전송방식을 사용함	T.2	1968년 (1972년, 1976년 수정)
G2 (3분기)	• 아날로그 신호방식을 진폭변조를 사용하여 A4원고를 약 2~3분에 전송가능 • 대역 압축기술을 이용하여 고속화시킴	T.3	1976년
G3 (1분기)	• 디지털 신호방식으로 MH, MR부호화방식에 의해 데이터를 압축하여 전송하며, A4 원고를 1분 내에 전송가능, 현재 사용되는 대부분의 팩시밀리가 이에 속함	T.4 T.30	1980년
G4	• 디지털 신호방식으로 디지털 전용망을 사용 • G3 팩시밀리에 비해 전송시의 에러 정정 • 믹스트코드 터미널과 통신가능, 높은 해상도에 의한 선명한 화상을 얻을 수 있음. • A4 원고를 3~5초 내에 전송이 가능 • 텔리텍스와의 통신 호환성 여부에 따라 클래스 1~3으로 분류됨	T.563 T.6	1988년 1984년

▸ **사진 팩시밀리**

언론사와 경찰업무 등에 주로 사용되며, 기록 시 일반 사진의 형태로 인화지에 출력된다.

▸ **컬러 팩시밀리**

TV방송국의 정보전송에 주로 사용된다.

▸ **특수 팩시밀리**

지도와 같은 대형 도면(600×410mm)을 고해상도로 전송하기 위한 인쇄 팩시밀리, 중요한 문서 등에 접촉하지 않은 형태로 자료를 전송하는 팩시밀리, 위성과 광파이버를 이용한 초고속 팩시밀리, 마이크로 필름을 검색하면서 그대로 전송할 수 있는 팩시밀리가 실용화되고 있다.

【표 5.6】 G4 팩시밀리의 특성

항목	특성				비고
분류	• 1급 : 팩시밀리정보의 송 · 수신이 가능 • 2급 : 1급의 기능에 텔리텍스와 혼합 문서의 수신이 가능 • 3급 : 2급의 기능에 텔리텍스와 혼합 문서의 송 · 수신이 가능				상위 기종은 하위 기종의 기능을 포함한다.
해상도	분류	1급	2급	3급	혼합형 터미널로
	표준	200	200,300	200,300	동작시 240의 수신
	선택	240,300,400	240,400	240,400	능력이 요구됨
종이 크기	A4 및 북미크기(B4, A3, A5, A6는 선택)				
부호화	전송 에러가 하위 계층의 제어 절차에 의해 정정된다는 것을 가정한 라인 대 라인 부호화(MR부호화)방법(G3의 EOL 비트 및 IME FILL 비트는 사용치 않음)				
프로토콜	T.62, T.70, T.73에 근거한 텔리메틱 프로토콜 (계층1, 2, 3은 망에 따라 다름)				
상호 접속	텔리텍스와 혼합모드로 운용가능				
기억용량	압축정보용으로 128k 옥테트 이상				1급 : 용량불필요
망	PSDN, CSDN, PSTN, ISDN				
전송속도	2.4, 4.8, 9.6, 48kbps(ISDN에서 Kbps)				

5.4 패키지(Package)계 뉴미디어

5.4.1 개요

패키지계 뉴미디어라 하면 사람에 따라 다르지만 대체로 비디오 디스크, 광디스크, PCM 레코드 테이프, 전자우편, 팩시밀리 신문 등을 패키지계라 부른다.

영상 정보 패키지 뉴미디어의 특성은 다음과 같다.

- 정보를 패키지로 취급하여 판매가 가능하다.
- 사용자가 사용 도중에 중단이 가능하다.
- 정보 내용의 선택 범위가 넓다.

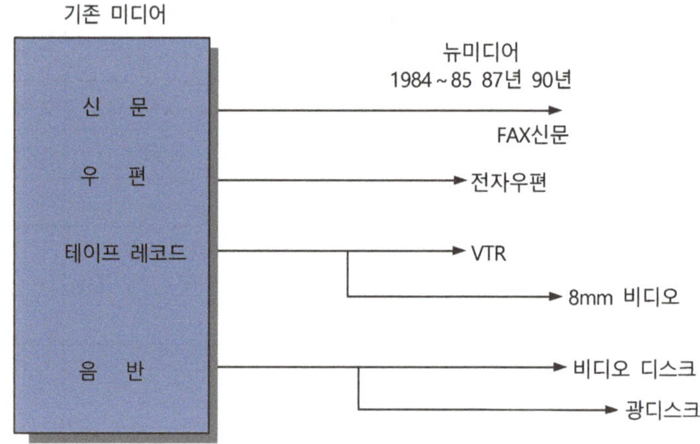

[그림 5-12] 패키지계 뉴미디어

5.4.2 기본구성

1. 비디오디스크(Video Disk)

비디오디스크는 영상정보를 디스크 상에 기록하고, 그것을 재생기에서 TV신호로 변환하는 시스템을 말한다. 기록방식은 광방식과 정전용량방식이 있다.

2. 광디스크(Optical fiber disk)

컴퓨터의 메모리 또는 사무실에서 정보(데이터)를 대량으로 기억시키는 디스크를 광디스크라 한다.

광디스크에는 재생전용, 추기형(DRAW: Direct Read After Write), 재생 · 소거 디스크의 3종류가 있다. 광디스크의 특징으로는 대량의 정보를 기록하고, 기록된 정보는 영구 보존이 가능하다. 또한 시스템 확장이 용이하고, 랜덤 엑세스로 정보를 신속하게 읽을 수 있다.

3. 패키지 계의 디지털 정보를 처리하는 화면

화면장치 중 LCD(Liquid Crystal Display)에 의한 화상에서 액정 표시는 수광(受光)형이기 때문에 보기가 쉽고, 평면화를 목표로 하는 표시장치의 대부분이 이 액정 표시장치로 대체될 전망이다. 또한 패키지 미디어용 표시장치는 그 주변 기술을 바탕으로 고정세도화(高精細度化 : 현재의 LCD화소는 200㎛ 정도의 크기이며, 이것을 10㎛ 정도까지 작게 함)로의 실용화가 가능할 것으로 보인다.

4. DVR(Digital Video Recoder)

DVR은 CCTV에서 입력되는 비디오 신호(아날로그 신호)를 고화질의 디지털 신호로 바꾸어 컴퓨터 하드웨어에 압축, 저장했다가 녹화된 디지털 영상을 사용자가 검색할 수 있도록 녹화 및 검색기능을 제공한다.

또한 여러 대의 카메라 영상을 1대의 모니터에서 분할하여 감시할 수 있도록 하는 모니터링 기능, 원격지에서도 전화선이나 LAN, 인터넷을 이용하여 녹화검색 및 실시간 화면을 감시할 수 있는 영상 전송기능을 제공한다.

기능에 비해 가격이 저렴하여 기존의 아날로그 CCTV를 대체할 수 있는 감시장비이다. DVR은 디지털 이미지로 변환되어 녹화된 영상을 반영구적으로 하드디스크에 저장하는 기능과 사용자가 녹화된 데이터를 검색할 수 있는 기능, 여러 대의 카메라 영상을 1대의 모니터에서 감시할 수 있는 멀티플렉서 기능, 원격지에서도 모뎀이나 LAN, xDSL 등에서 녹화검색 및 실시간으로 화면을 감시할 수 있는 영상전송 기능이 내장된 디지털 녹화 감시장비이다.

5.5 유비쿼터스(Ubiquitous)

5.5.1 유비쿼터스 컴퓨팅의 개념

1. 정의

유비쿼터스라는 용어를 IT분야에 처음으로 도입해서 사용한 사람은 미국제록스의 마크와이저(Mark Weiser)로 1991년 "어디에서나 컴퓨터에 접근이 가능한 환경"을 '유비쿼터스 컴퓨팅(ubiquitous computing)'이라는 개념으로 제시하였다.

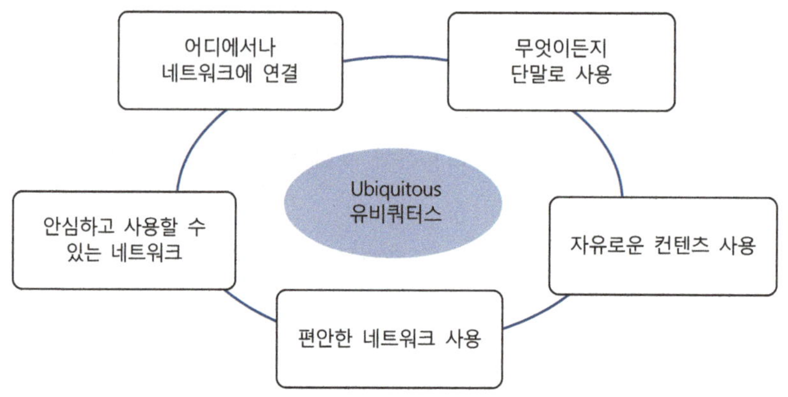

※ 자료 : http://www.ubiquitousdream.or.kr/htm_kor/ubi_1.htm

【그림 5-13】 유비쿼터스의 의미

원래 유비쿼터스라는 용어는 '도처에 널려있다', '언제 어디서나 동시에 존재한다'라는 의미를 지닌 라틴어에서 유래한 개념이다. 그러나 최근에 들어서의 의미는 언제, 어디서나, 누구라도 컴퓨터와 네트워크를 통해 손쉽고, 편리하고, 안전하게 이용할 수 있는 환경을 의미하는 용어로 대변되고 있다.

2. 유비쿼터스 컴퓨팅(Ubiquitous Computing)

유비쿼터스 컴퓨팅은 반대로 모든 사물과 환경에 초소형 컴퓨터 칩을 내장(Embedding)하여 사물자체를 지능화시켜, 사물의 일부로서 주변공간의 문맥(Context)을 인식하고, 사람들도 지리적으로 떨어진 대상사물과 그 주변 환경의 변화를 자각하거나 추적할 수 있는 기술이다.

3. 유비쿼터스 네트워크(Ubiquitous Network)

유비쿼터스 네트워크는 사물 대 사물, 사물 대 인간 간 연결을 강조하는 것으로 네트워크를 통한 연결에 초점을 두고 있다. 한 예로 휴대용기기나 정보가전 등 기존 전자기기에 초점을 두고 이들 기기에 컴퓨팅을 통한 네트워크 연결을 이루고 이를 통해 인간생활과 연계하는 개념이다.

4. 유비쿼터스 IT(Ubiquitous IT)

사람과 사람을 언제 어디서나 광대역의 네트워크로 보다 잘 연결하고, 더 나아가 사물과 사물까지 모든 개체를 연결함으로써, 인간의 의식을 거치지 않고서도 사물 스스로 자율적인 판단과 처리가 가능한 IT환경을 말한다.

5.5.2 유비쿼터스 관련 기술

1. RFID/USN(Radio Frequency IDentification/Ubiquitous Sensor Network)

사람과 사람을 RFID/USN(Radio Frequency IDentification/Ubiquitous Sensor Network)은 모든 사물에 부착된 RFID 태그 또는 센서를 초소형 무선장치에 접목하여 이들 간의 네트워킹과 통신으로 실시간 정보를 획득·처리·활용하는 네트워크 시스템이다.

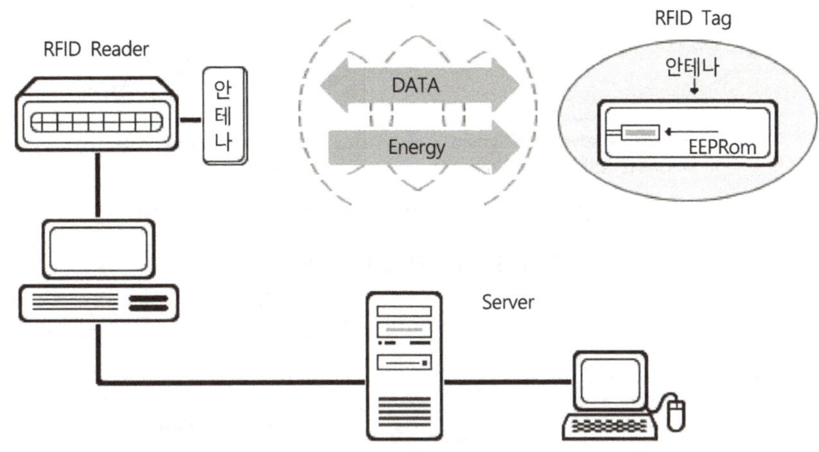

【그림 5-14】 RFID 시스템

기본적인 동작원리는 RFID의 안테나와 리더의 안테나가 전파를 이용, 통신을 하여 데이터를 주고받는 행위를 수행한다. RFID 태그 안에 내장된 안테나가 리더로부터 전파를 수신하며, RFID 태그 안에 내장된 IC칩이 기동하여 칩 안의 정보를 신호화하여 태그의 안테나로 신호를 발신한다. 리더는 발송된 신호를 안테나를 통하여 정보를 수신하고 수신된 정보는 유무선 네트워크를 통해 서버에 전달되고, 수신된 정보를 서버에 저장하거나 또는 서버에 저장된 사물의 정보를 다시 리더기로 전송하게 된다. 대표적인 센서/태그기술인 RFID는 초소형 마이크로칩과 안테나를 내장한 태그이며, 물품 등에 부착되어 전자방식으로 당해 물품 등에 관한 정보를 표시하여 감지기(reader, sensor기)를 이용하여 정보를 읽고 쓰고 지울 수 있는 무선감지장치이다.

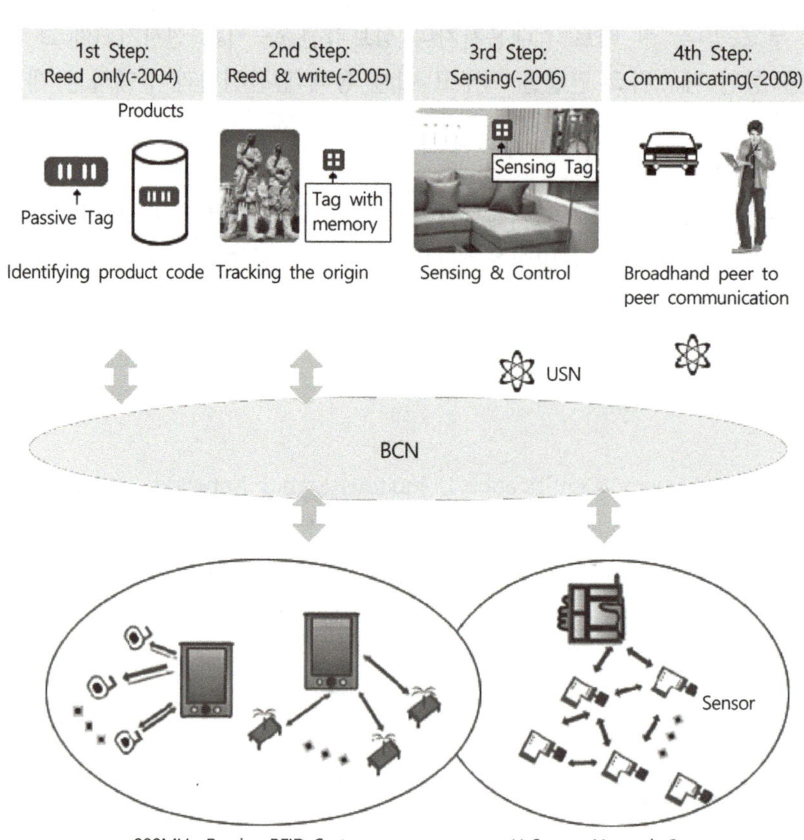

※ 자료 : 정보통신부, 「IT839 전략기술개발Master Plan」, p90

【그림 5-15】 RFID/USN 개념도

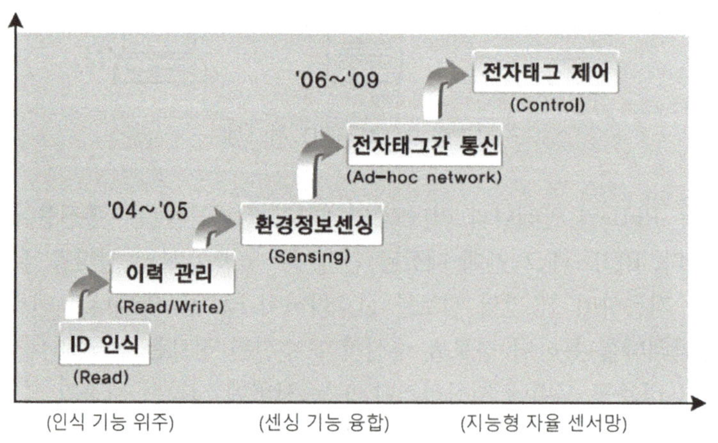

※ 자료 : 정보통신연구진흥원, 「IT839 전략보고서」

【그림 5-16】 RFID/USN 발전전망

2. 홈네트워크 서비스

홈네트워크 서비스란 가정 내 가전기기 및 시스템을 상호 또는 외부의 정보기기와 연결하여 원격 접근 및 제어가 가능하고, 음악, 비디오 등 콘텐츠를 사용할 수 있도록 양방향 통신서비스를 말한다.

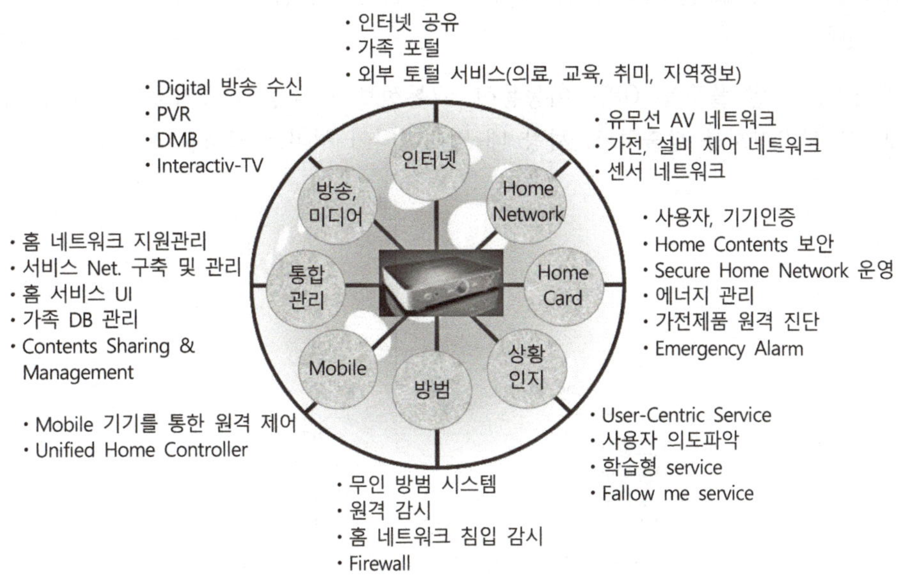

※ 자료 : 삼성종합기술원, 「IT산업전망컨퍼런스」

【그림 5-17】 RFID/USN 발전전망

홈네트워크 서비스는 인터넷을 통하여 가정으로 멀티미디어 서비스를 제공하는 기능을 수행하며, 대표적인 서비스로 대화형 서비스와 스트리밍 서비스가 있다.

대화형 서비스는 영상전화와 같은 실시간 멀티미디어 서비스를 의미하며, 스트리밍 서비스는 인터넷 방송이나 VOD와 같은 멀티미디어 서비스를 말한다.

홈네트워크 서비스는 미래지향적 홈서비스 제공을 위해 통신 · 방송 · 게임이 융합된 엔터테인먼트 서비스와 홈오토메이션 및 인터넷 서비스를 제공할 수 있는 홈 플랫폼으로 발전할 것으로 예상된다.

우리나라는 가전시장에서 국제경쟁력과 세계 최고수준의 초고속 통신 인프라를 바탕으로 구축 초기단계인 홈네트워크 분야를 잘 접목한 경쟁력을 가지고 있다.

3. 텔레메틱스(Telematics) 서비스

텔레메틱스(Telematics)는 통신(Telecommunication)과 정보공학(Informatics)의 합성어로 위치정보와 무선통신망을 이용하여 차량운전자에게 교통안내, 긴급구난 정보, 원격차량진단 등을 제공하고, 동승자에게 인터넷, 영화, 게임 등 서비스를 제공하는 "차량용 멀티미디어서비스" 즉, Mobile

Office 환경을 제공하는 서비스이다.

텔레매틱스는 유무선 통신 및 방송망을 통해 차량을 사무실과 가정에 이어 제3의 인터넷공간으로 재구성 하며, 가정과 사무실에서 이용하는 서비스를 차량에서도 이용하는 Seamless 서비스를 제공한다.

이러한 텔레메틱스 서비스는 차량과 정보통신 관련 산업을 중심으로 새로운 개념의 부가서비스를 창출할 수 있다.

즉, 텔레메틱스는 단말 플랫폼, GPS, 이동통신, 교통정보, GIS 등의 IT기술을 차량에 적합하게 가공하여 새로운 부가가치를 창출하고, 차량 내 멀티미디어 서비스 환경을 제공하는 것을 목적으로 한다.

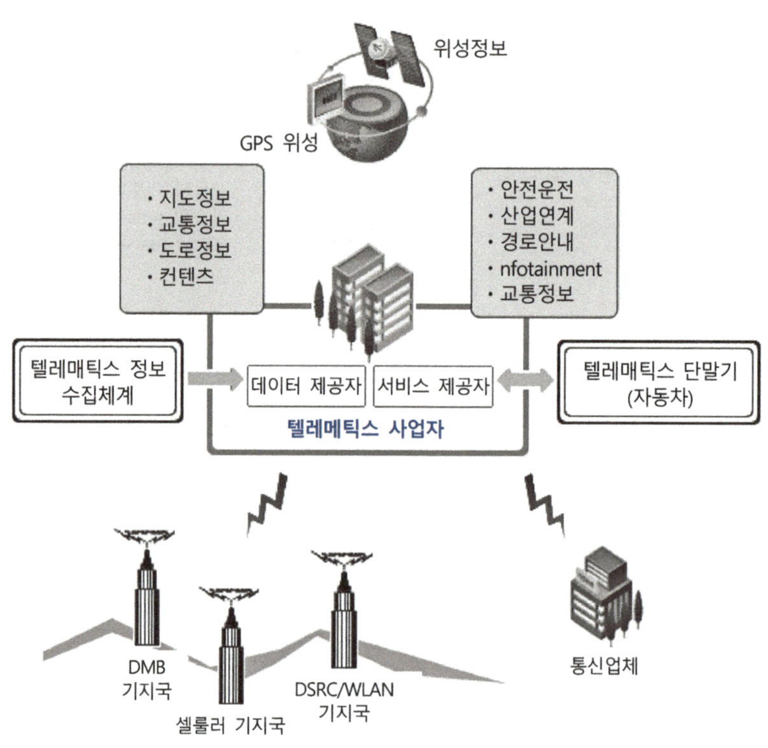

※ 자료 : 정보통신연구진흥원, 「IT839 전략보고서」

【그림 5-18】 텔레메틱스 개념도

구 분	'04	'05	'06	'07	'08	'10	'12
제품/서비스	고정밀 측위 부품		Galileo 통합 측위 부품			고정밀 실내 측위 시스템	
	텔레매틱스 단말 SW 플랫폼		DMB / Wibro 통합 단말 SW 플랫폼			상황인지 지능형 플랫폼	
	텔레매틱스 ASP S/W		실감영상 경로안내 S/W			고정밀 개인 네비게이션 S/W	
	교통정보 통합제공 서비스		양방향 실시간 교통정보 제공 서비스				
	다중 경로 안내 서비스		실시간 동적 경로안내 서비스			지능형 경로안내 서비스	
	모바일 인터넷 서비스		On-Demand 엔터테인먼트				
	졸음 방지 / 응급 구난		원격차량 진단 / 충돌회피			자동운전지원	
	사용자 인증기반 PIMS		선호도 관리 / 차량 자동 세팅			지능형 개인화 서비스	
	물류 연계 서비스		보험 / 정비 연계 서비스			차량이동 정보기반 서비스(VRM)	
텔레매틱스 테스트베드 기술	텔레매틱스 테스트베드 운영기술 개발						
텔레매틱스 핵심서비스 기술	텔레매틱스 ASP 서비스 기술개발						
	개방형 서비스 응용 프로토콜 처리 기술개발						
	개방형 LBS 핵심 공통기술 개발						
		텔레매틱스 실감컨텐츠 구축 / 관리 기술개발					
		DMB기반 텔레매틱스 플랫폼 기술개발					
텔레매틱스 단말기술	단말 SW 플랫폼 및 정보관리 기술						
텔레매틱스 기반 기술	무선통신 통합기술						
	60GHz Pico Cell 통신용 SoP						
	고정밀 Positioning 부품 개발						
전파기술 개발	전파자원 이용 기반 기술개발						
	전자파 저감 소재 및 부품 기술						
	멀티센서 공간영상정보 통합 처리 기술개발						
	지능형 전파감시 기술개발						
		스펙트럼 사용효율 개선을 위한 cognitive radio 기술개발					

※ 자료 : 정보통신연구진흥원, 「IT839 전략보고서」

【그림 5-19】 텔레매틱스 서비스 예상로드맵

4. 차세대 이동통신

차세대 이동통신은 정지 및 이동 중 다양한 형태의 멀티미디어 정보를 이동통신망, 위성통신망 등을 이용하여 고속, 고품질로 송수신하는 기술을 말한다. 이것은 4세대이동통신, 휴대인터넷(Wibro), Enhanced IMT-2000 및 초고속 무선LAN을 포함하는 개념으로 2012년 서비스가 제공될 것으로 예상된다.

차세대 이동통신 서비스의 경우, 2006년경에는 HDTV급 고속 휴대 인터넷서비스(Wibro)가, 2012년경에는 입체 TV급 양방향서비스(100Mbps)가 제공될 전망이다. 또한, 단말기의 고성능화로 컬러 LCD, 화음 모듈칩, 디지털카메라, 디지털캠코더, PDA, 게임기 등이 복합된 다기능 멀티미디어의 단말기화 추세에 있다.

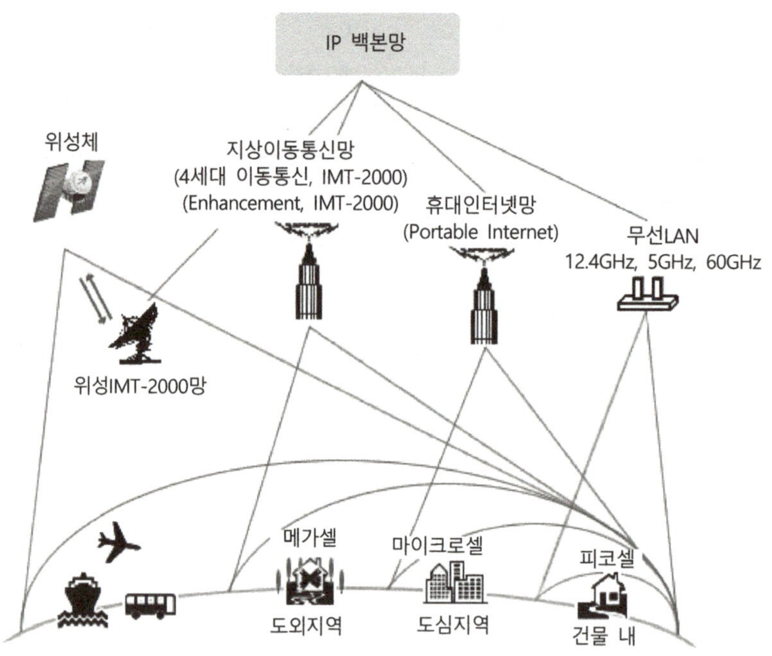

※ 자료 : 정보통신연구진흥원, 「IT839 전략보고서」

【그림 5-20】 차세대 이동통신 개념도

5. 디지털 콘텐츠 및 SW 솔루션

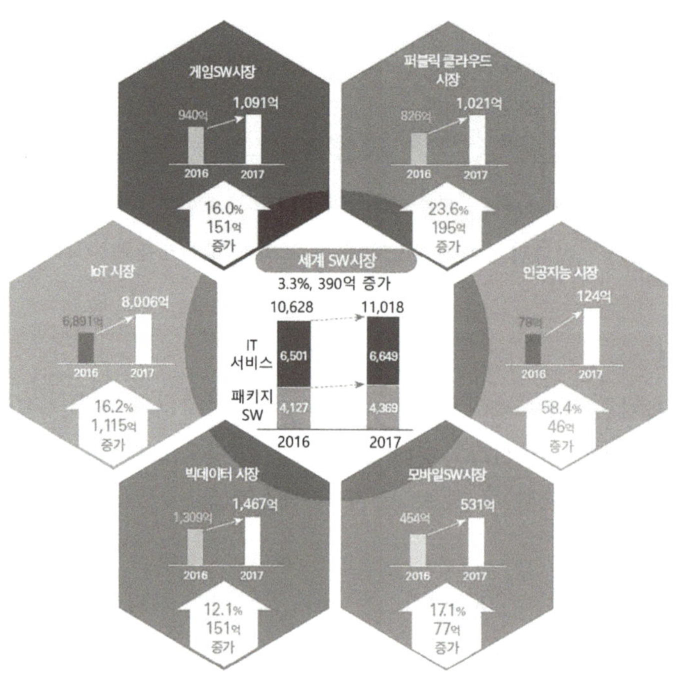

(단위 : 억 달러, 성장률(%))

※ 자료 : 과학기술정보통신부, 「2017 소프트웨어산업 연간보고서」

【그림 5-21】 소프트웨어 기술 발전 전망

소프트웨어 산업은 정보기기 시스템 및 단말 등에 탑재되는 각종 소프트웨어의 개발, 제작, 생산유통 등과 이와 관련된 서비스 및 정보시스템의 구축, 운영 등을 포함하는 산업이다. 디지털 콘텐츠 산업은 문자, 음성, 음향, 영상 등의 콘텐츠를 디지털 포맷으로 가공처리하고 이를 정보통신망, 디지털방송망, 디지털저장매체, 휴대정보 단말기기 등을 통하여 활용 및 서비스하는 산업으로 정의된다.

S/W 및 디지털 콘텐츠는 유·무선 방송/통신망 및 정보 단말기를 풍부하게 채워주고, 이동통신, 차세대 PC, 텔레메틱스, 디지털TV 등 타 성장동력산업의 부가가치를 증대시키는 지식산업이다.

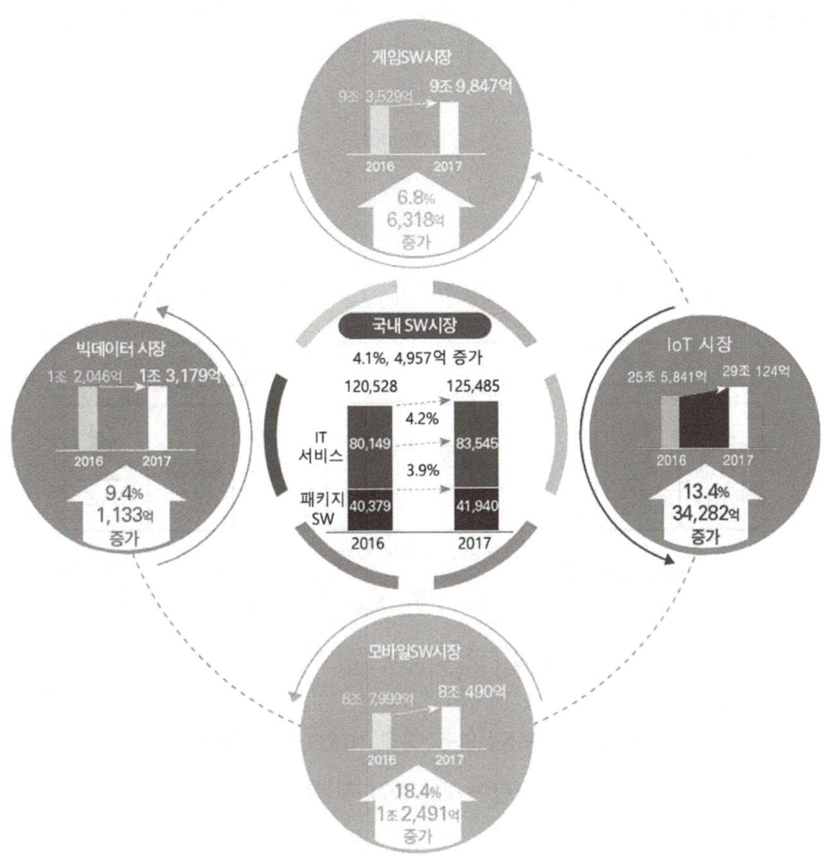

※ 자료 : 과학기술정보통신부, 「2017 소프트웨어산업 연간보고서」

[그림 5-22] 소프트웨어 기술 발전 전망

6. 광대역통합망(BcN)

광대역통합망(BcN; Broadband convergence Network)은 음성과 데이터, 유선과 무선, 통신과 방송의 융합형 멀티미디어 서비스를 언제 어디서나 편리하게 이용할 수 있는 차세대 통합 네트워크를 의미한다. 단말 환경에 구애받지 않고 다양한 정보 서비스를 끊김없이(seamless) 이용할 수 있는 유비쿼터스 서비스 환경을 지원하는 BcN이 구축되면 유무선 및 방송·통신이 융합되는 정보통신 환경에서 광대역 멀티미디어 서비스를 고품질로 서비스할 수 있게 된다. 즉, BcN은 통신, 방송, 인터넷 등을 통합하여 광대역 멀티미디어 서비스를 안전하게 제공할 수 있는 품질 보장형 통합 네트워크이다. 방송통신위원회는 초광대역 융합서비스(UBcN; Ultra Broadband convergence Network)는 초광대역, 방송망, 전화망 등에서 현재보다 더 향상된 품질과 속도의 서비스를 제공하기 위한 사업이다.

유선 초광대역망은 최대 1Gbps, 광대역망은 50~100Mbps, 그리고 무선 초광대역망은 평균 10Mbps, 광대역망은 1~2Mbps의 속도로 서비스를 제공한다. UBcN 구축의 가장 큰 장점은 전국 어디서나 양방향 맞춤형 서비스를 쉽게 이용할 수 있고, 고화질의 HDTV보다 4~16배 가량 선명한 초고선명TV인 UDTV의 서비스를 경험할 수 있다.

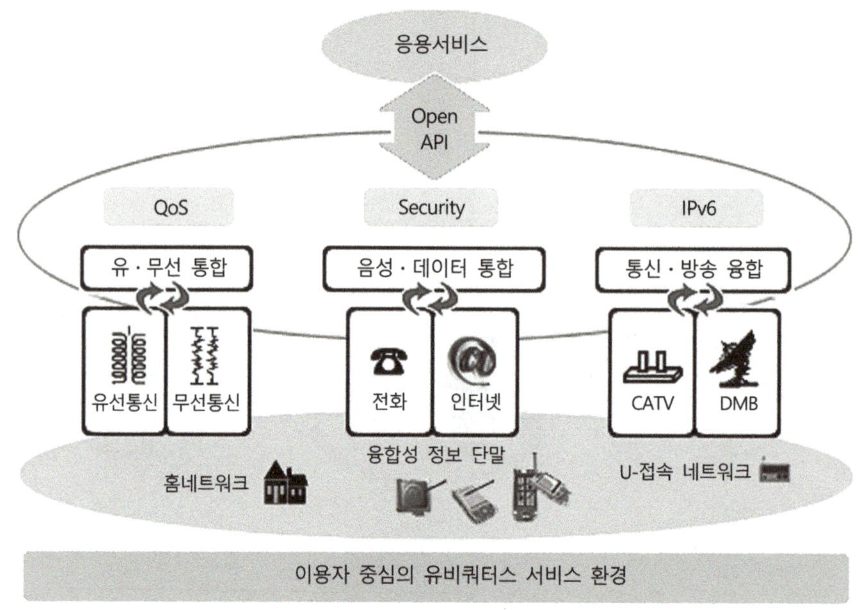

※ 자료 : 정보통신연구진흥원, 「IT839 전략보고서」

【그림 5-23】 BcN 개념도

7. WIPI

WIPI는 "Wireless Internet Platform for Interoperability" 이동전화 단말기 소프트웨어를 말한다. SK텔레콤, KTF, LG텔레콤 등 국내 이동통신 3개 사와 한국무선인터넷표준화포럼(KWISF)이 공동으로 개발한 것으로 2.0 버전까지 개발이 완료되어 2004년 2월에 공식 표준규격이 채택되었다. 2003년 6월 처음으로 WIPI를 적용한 휴대폰이 출시되어 국내에서 판매되는 휴대전화에 의무적으로 탑재되고 있다.

8. 4세대이동통신

4세대 이동통신시스템 주요 기술로 부상되고 있는 것이 LTE(Long Term Evolution)로 3세대 이동통신을 "장기적으로 진화시킨 기술"이라는 뜻에서 붙여진 명칭이다. 4세대 이동통신의 기준은 이동하면서도 고화질 동영상이나 3D 입체 영상 등을 끊임없이 빠르게 이용할 수 있어야 한다. 4세대 이동통신은 3세대인 LTE 및 WiBro를 확장 개선한 기술로 모바일 기기에서 최소 600Mbps까지 무선전송이 가능하다.

무선망 시스템은 스마트폰 및 태블릿 PC 확산에 따른 대용량화, 이종망간 연동 및 다양한 응용서비스(교통, 의료, 위치기반, 증강현실 등)의 제공을 위한 수요가 증가하는 추세이다. 4세대 이동통신방식은 LTE-Adv. 기술과 국제표준을 주도하는 IEEE 802.16m(국내에서는 Wibro-Adv.로 알려짐) 기술이 대표적이다.

LTE 계열은 W-CDMA에서 발전된 3세대 이동통신인 LTE(100Mbps)와 LTE-Adv.(600Mbps)방식이 있으며 에릭슨, 노키아 등이 주도적으로 참여하고 있다. Wibro계열은 고정형 WiMAX에 이동성을 보완하여 발전한 IEEE 802.16(50Mbps)과 IEEE 802.16m(300Mbps 이상)방식이 있으며 삼성, 인텔 등이 표준화를 주도하고 있다.

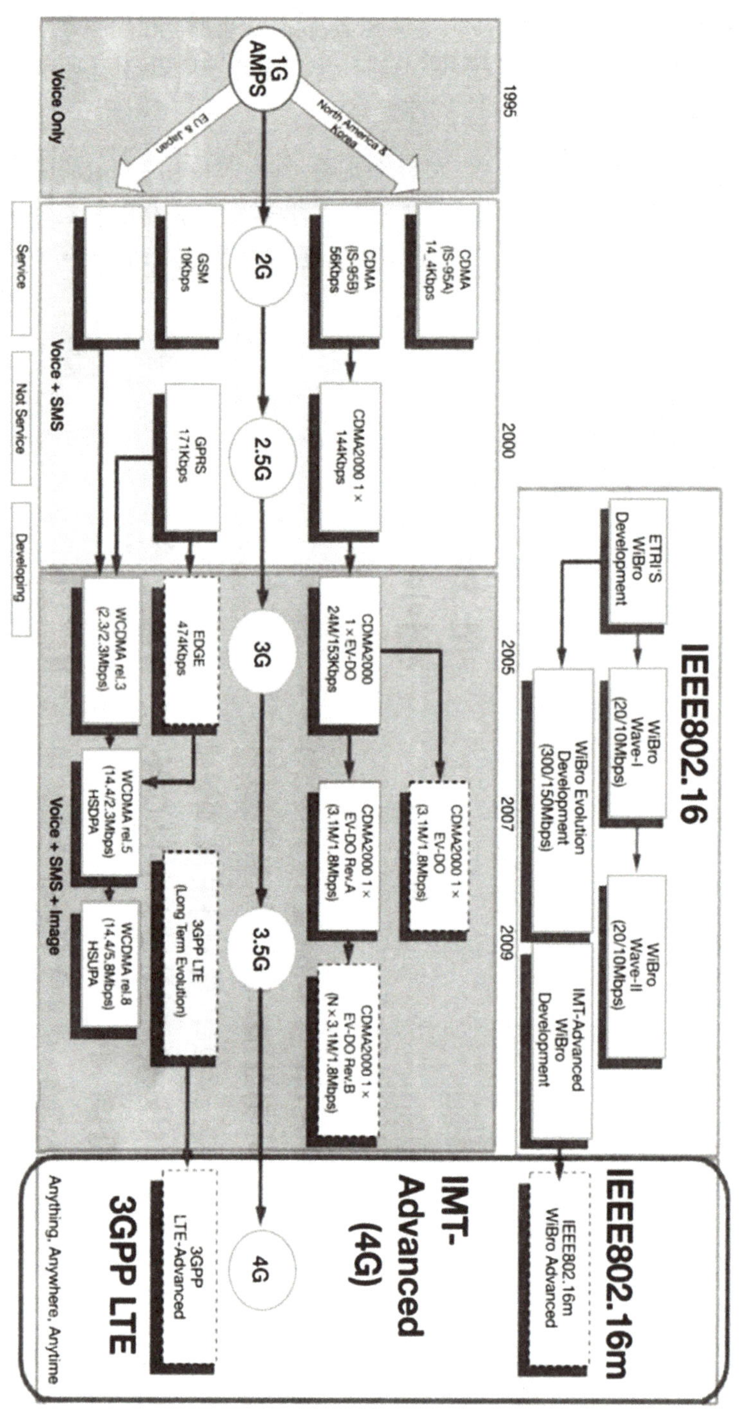

【그림 5-24】 차세대 모바일 주도권 확보전략 세미나 발표자료('10.12.22 ETRI)

연습문제

01. 뉴미디어 개요에 대해 설명하시오.

02. 고선명TV(HDTV)와 NTSC방식을 비교하여 설명하시오.

03. CATV를 정의하고, 망 구성에 대해 설명하시오.

04. 비디오텍스(videotex)에 대해 설명하시오.

05. 문자방송(teletext)에 대해 설명하시오.

06. 텔리텍스(teletex)에 대해 설명하시오.

07. 패키지계 뉴미디어에 사용되는 기본구성에 대해 설명하시오.

08. 유비쿼터스에 대해 설명하시오.

09. 광디스크에 대해 설명하시오.

10. RFID/USN에 대해 설명하시오.

11. 홈네트워크 서비스에 대해 설명하시오.

12. 텔레매틱스에 대해 설명하시오.

13. 차세대 이동통신에 대해 설명하시오.

14. 광대역통합망(BcN)에 대해 설명하시오.

정보통신 개론

지 은 이 | 이호웅 · 백덕화

펴 낸 이 | 김형근

펴 낸 곳 | 도서출판 기한재

주　　소 | 경기도 파주시 회동길 56
(파주출판도시)

전　　화 | 031)955-0900~2

팩　　스 | 031)955-0100

등　　록 | 1990년 3월 15일 제2-968호

발　　행 | 2022년 3월 10일 1판 3쇄

정　　가 | 20,000원

Published by Kihanjae Co.

ISBN 978-89-7018-794-5

http://www.kihanjae.com

E-mail : kihanjae@hanmail.net